应用 SysML 实现 AI 辅助的 MBSE：

一种面向系统工程和软件工程的集成方法

［美］Doug Rosenberg
［美］Tim Weilkiens　著
［美］Brian Moberley

高星海　译

北京航空航天大学出版社

图书在版编目（CIP）数据

应用SysML实现AI辅助的MBSE：一种面向系统工程和软件工程的集成方法 / （美）道格·罗森伯格（Doug Rosenberg），（美）蒂姆·威尔金斯（Tim Weilkiens），（美）布莱恩·莫伯利（Brian Moberley）著 ；高星海译. --北京 ：北京航空航天大学出版社，2024.12. --ISBN 978-7-5124-4567-3

Ⅰ. N945-39

中国国家版本馆CIP数据核字第2025R8A689号

应用 SysML 实现 AI 辅助的 MBSE：一种面向系统工程和软件工程的集成方法

［美］Doug Rosenberg　［美］Tim Weilkiens　［美］Brian Moberley　著

高星海　译

策划编辑　董宜斌　　责任编辑　杨　昕

*

北京航空航天大学出版社出版发行

北京市海淀区学院路 37 号（邮编 100191）　http://www.buaapress.com.cn

发行部电话：（010）82317024　传真：（010）82328026

读者信箱：copyrights@buaacm.com.cn　邮购电话：（010）82316936

三河市华骏印务包装有限公司印装　各地书店经销

*

开本：710×1 000　1/16　印张：21.5　字数：471 千字

2024 年 12 月第 1 版　2024 年 12 月第 1 次印刷

ISBN 978-7-5124-4567-3　定价：169.00 元

推荐序

这是一本非常重要的书，多年来我一直了解这两位作者作为专业人士的工作，从 20 世纪 90 年代初就认识 Doug Rosenberg，当时他运营着 ICONIX 这家软件公司，聚焦于将 Booch、Rumbaugh 和 Jacobson 方法整合为后来称之的统一建模语言，当时称为统一对象建模方法。我通过我的同事 Barry Boehm 领导的南加州大学系统与软件工程中心与 Doug 保持联系。Doug 在南加州大学系统架构与工程课程中支持我讲授基于模型的系统工程。

Tim 与 Jeff Estefan 一同为《基于模型的系统工程》(*Model Based Systems Engineering*) 手册撰写了关于 MBSE 方法的重要一章，该手册由我和 Norm Augustine 共同编辑，并于 2023 年由 Springer 出版。Tim 还为这本手册撰写了关于采纳与互操作性这两章的内容。20 多年来，Tim 一直是 OMG 的活跃成员，并且是 SysML v1 和 SysML v2 的联合开发者。

多年来，Doug 和 Tim 通过讲授 SysML 获得了重要的见解，并将这些见解带到这本关于人工智能辅助 MBSE 的书中。本书试图通过流程的统一来连接系统工程和软件工程，其实质与 Doug 试图统一 Booch、Rumbaugh 和 Jacobson 定义的流程相同。作者利用 AI 生成代码的能力作为这种流程统一的关键使能，从而使软件更易于与系统工程对接。

在设计软件密集型系统时，软件从始至终都是致命的弱点，而当今的系统无一例外都是软件密集型的。虽然，系统工程师认识到并承认软件在系统工程中的重要性，但系统工程师撰写的书籍中在解决系统工程中与软件相关的问题时往往相形见绌。事实上，正是由于这一认识才激发了作者们撰写这本书。

作者充分利用 AI 编写代码的能力，通过从硬件 / 软件协同设计的角度来对待 SysML 建模，填补 MBSE 流程中的空缺。他们利用 SysML v2 具有语言模型的这一事实，确保 MBSE 模型能够“生成代码”。同样重要的是，他们利用 AI 能通过在大数据集上训练机器学习等 AI 方法的这一事实，实现领域知识的大量积累，这一认识让他们将 AI 作为主题专家。本书从硬件 / 软件协同设计的角度出发，使用 AI 作为代码生成器和主题专家。作者针对一个有意义的问题（扫描电子显微镜的建模和设计）进行探讨，从而表明他们的创新方法。作者选择这个特定问题来表明他们的方法可以超越大多数此类书籍中常见的传统简单的例子。

本书引入了众多的 AI 角色和智能体（Agent），并专门介绍状态机的嵌入式代码生成和面向对象设计等能力。本书的独特之处在于它植根于大语言模型和聊天机器人的最新发展；在每一章节的末尾提供了本章所使用的提示词（<PROMPT>），可以作为学习系统工程和软件工程领域“如何与 AI 交互”的有益资源。

针对不断成长的 AI 辅助基于模型的系统工程的知识体，本书做出了宝贵的补充，其通俗易懂，并采用现实世界的示例来传达 AI 辅助 MBSE 的各个关键方面。

Azad M. Madni，美国国家工程院博士
美国国家工程院戈登奖和 IEEE 西蒙·拉莫奖章获得者
航空航天和机械工程大学教授
诺斯罗普·格鲁曼基金会 Fred O’green 主席，智能系统技术公司首席技术官

序　言

关于 MBSE 正在死亡的报道被严重夸大了

当我坐下来准备写这篇序言时，本书的书稿也刚刚完成，有人发表了一篇耸人听闻的文章——《MBSE 正在消亡》(*MBSE is Dying*)（见图 1），这篇文章在博客圈中引起了轰动。我们并不认为 MBSE 正在消亡，但最近这些传言令人如鲠在喉，虽然听起来有一定的道理，但从良好的常识中会找到不同的答案，在本书中我们尝试揭示这些常识。

图 1 《MBSE 正在消亡》的漫画图

在过去几年里，我大部分时间都在向数百名学生讲授 SysML，所用课程资料来自一些领先的培训机构，虽然这些课程资料大部分都相当不错，但它们通常在某些方面有所欠缺。首先，我所讲授的所有培训课程都没有过多地强调软件是系统工程的基本组成部分。在“SysML 的四大支柱”中，关于行为支柱的讲授通常不考虑软件的情况。然而，没有一个项目能在没有软件的情况下建立，这第一个常识似乎表明了系统行为与软件不可分离。

在本书中，我们试图表明的第二个常识是功能分解（简称 FD）重新成为了探索系统行为的主要机制。因为所有软件都在力求使用面向对象（简称 OO）分析、设计和编程来开发，对于软件而言，这似乎没有什么意义。但你会发现，系统工程师考虑的是功能，而软件工程师考虑的是对象。我们并没有试图统一系统和软件的开发方法，而广泛使用的功能分解成为了统一系统和软件开发方法的障碍。我们使用“重新”这个词语，是因为在软件世界中，面向对象与功能分解之争早在 20 世纪 90 年代就已展开，最终面向对象成为理所当然的胜利者，因为已经证明功能分解速度慢、过程烦琐且难以维护。这曾是造成 MBSE 社区失败的宝贵的历史教训。由于功能分解的大行其道，因此我们看到《MBSE 正在消亡》这样的文章也就不足为奇了。

我们想在这本书中揭示的第三个常识是在系统工程中利用 AI 技术。本书将通过示例教你如何通过使用 AI 来大幅提高建模的工作效率。很显然，我们仅涉及利用 AI 新技术的基本层面，并不是一本关于 AI 辅助 MBSE（AI-Assisted MBSE，简称 AIM）的权威书籍。

AIM 是支持硬件 / 软件协同设计的 MBSE 流程

AIM 是一种由 AI 使能的支持硬件 / 软件协同设计的 MBSE 流程。虽然 AI 确实可与任何 MBSE 流程一同使用，但 AIM 与大多数其他 MBSE 流程的不同之处在于，它将软件作为行为建模的一个组成部分。自 2001 年以来，我始终致力于将软件作为系统工程的一个组成部分。当将 ChatGPT 当作代码编写专家跃入人们视野时，我看到使用它的一种方式，可以帮助系统工程师回避软件给他们带来的尴尬。

理论上，硬件 / 软件协同设计可在没有 AI 的情况下完成。但实际上，大多数系统工程师都未接受过软件设计方面的培训，因此软件通常会被忽视——也就是说软件是 MBSE 客厅里的一头大象。而 AI 是一个均衡器，因其编写代码速度非常快。这就是你在本书封面上看到靶子的中心，如图 2 所示。

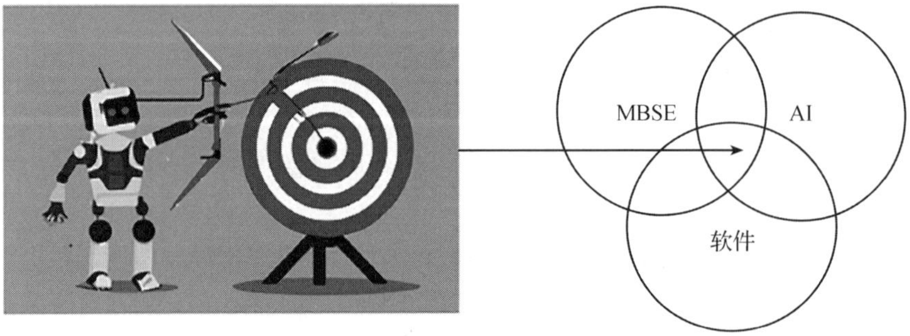

图 2　MBSE、AI 和软件相交的靶子中心

就在几个月之前，我决定亲力亲为地学习 AI 功能，把它用到一个示例项目中，其后涉及 SysML 和软件设计课程的教学案例。我选择扫描电子显微镜（简称 SEM），其兼具硬件和软件两个方面，而且大多数人都知道它的作用，其实它就是一类显微镜。我之前曾从事电子束光刻系统软件方面的工作，该系统在许多方面与 SEM 有相似之处，只是用途完全不同，电子束光刻系统用在半导体的制造中。

就此，我开始使用 AI 来创建需求和领域模型以及编写用例，之后我了解到可以用它生成状态机、接口块图、约束块图以及你能想到的任何其他的 SysML 制品，而且

AI 可以编写代码。也许这本书的项目中最令人大开眼界的是当 Brian 和 Doug 将状态机放入 ChatGPT 中，并要求它从图中生成 C++ 代码。它确实做到了！

如何阅读本书

本书由 Doug 和 Tim 撰写，其中重要的贡献来自 Brian——我们的 AI 参数仿真专家 Perry Matrix 的现实化身。

这本书是关于如何有效地与 AI 交谈，因此对于我们提示词的回答是由 AI 编写的。这些文本以“**<AI>**”或我们的某个 AI 角色名称开头。整个 AI 生成的文本都以楷体书写。如果是指定的提示词，则以“**<PROMPT>**”开头，用仿宋体书写。此外，AI 部分与作者的文字之间以双线分隔。

<PROMPT> 从这个状态图中生成 C++ 代码。

<AI> 好的！以下是代码……

一些 C++ 代码……

在这本书中，我们试图给 AI 赋予一些个性化的角色，希望读者能时不时地露出笑容。在上述情况下，AI 响应将来自 Otto Servomagic——我们的嵌入式代码生成角色。

致 谢

感谢 Mengmeng Liu 帮助作者生成数据库和 UI 代码，同时感谢 Daniel Siegl、Frank Braun 和 Daniel Brookshier 协助编辑本书。

常识性的问题

在我从事这个行业的数十年中，我发现常识往往并不被人共识。先回顾一下作者认为的一些常识：

- 软件是系统工程的基本组成部分；
- 事实证明，软件中的功能分解费时费力且难以维护；
- 不可避免的是，我们应该在系统工程工作中充分利用 AI。

我们希望得到读者的认同，并且读者会发现这本书中的想法对自己大有裨益。

Doug Rosenberg

加利福尼亚州圣莫尼卡

2024 年 4 月

目　录

第二部分　概念模型

第三部分　逻辑架构和物理架构

第四部分　软件和代码生成

人工智能简介

我很抱歉，Dave，我恐怕不能这么做。——HAL 9000

HAL 是 Arthur C. Clarke 的小说《2001：太空漫游》（*2001*：*A Space Odyssey*）中的 AI 角色，科幻小说中一个著名的角色（Clarke，1968）。从今天的角度来看，HAL 会引发一些有趣的问题：哪些方面仍然是虚构的，哪些方面已经成为现实。故事中一个特别吸引人的方面在于随着叙事的进展，HAL 变成了一个危险的角色。

下面给出人工智能（AI）的概述，并描述本书中用到的 AI 类型（见图 1）。

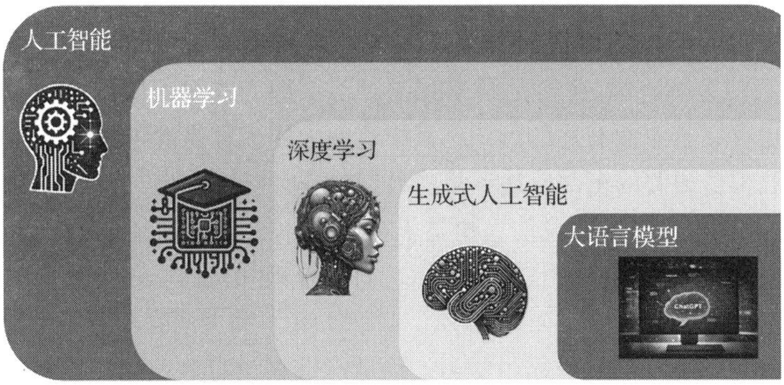

图 1　AI 术语的关系

在本书中，关于 AI 的简介不仅是一个介绍性的章节，而且是理解后续内容的必要前提，因此将这部分内容放在本书的开头，作为本书的基础。理解 AI 至关重要，它会贯穿于全书所讨论的方法、示例和创新之中。如果没有关于 AI 这些原则、技术和推测的初步基础，那么后续有关 MBSE 中应用 AI 的探索将缺乏逻辑连贯性和明确的意义。

本章旨在让所有读者达到一个共同的理解层次，无论他们之前是否了解人工智能。将 AI 作为前提条件，我们不仅强调将它作为一种工具，更在突出其作为重新定义系统工程格局转型因素的重要性。然而，本书并没有讲授 AI 的细节，而是聚焦于 AI 技术的应用。

AI 发展日新月异。几乎每周都会有新的突破让人应接不暇，也会有新的可能性令人惊叹。从我写下这段文字到你读到它们之时，可能已过去了很长的时间，而在 AI 的世界中又有了巨大的发展。与此同时，本书所呈现的基本概念将仍然保持稳定，并在很长一段时间内继续有效。毫无疑问，AI 的品质和可能性将显著提升。

AI、ML、DL、GenAI、LLM 和 ChatGPT

AI、ML、DL、GenAI、LLM、ChatGPT——我们将在下面中逐一解释这些缩写词的含义。

最重要的主题是人工智能（AI）的问题，它包含什么是人工智能，必须通过澄清智能的含义来得以回答。在此有很多的途径。

在《心智社会》（*The Society of Mind*）一书中，Marvin Minsky 将智能描述为简单过程的复杂组合（Marvin Minsky，1988）。

Russell 和 Norvig 从两个维度来描述 AI：①模仿人类行为或理性；②外部感知或内部过程（Russell 和 Norvig，2020）。著名的图灵测试就是检验模仿人类行为和外部感知的能力（Turing，1950）。在人们与机器交流中，如果人类无法判断它是机器还是人类，那么机器就算通过测试了。

对于人类行为的模仿包括编造谎言，这在 AI 中将其称为幻觉。严格来讲，人类撒谎涉及有意的企图，而 AI 幻觉则来源于以不正确方式学习知识。然而，在这两个方向上肯定也存在着兼而有之的形式，其中看似人的谎言是源于虚假的知识，也许 AI 也会存在有意编造虚假的东西以达到某些目标。

根据 Russell 和 Norvig 的说法，机器需要具备以下能力才能成为人工智能：自然语言处理从而实现与人类交流、知识表示、自动推理和机器学习（简称 ML）。机器学习也有进一步的细分子领域，如深度学习（简称 DL）和大语言模型（简称 LLM）。

机器学习对应于机器从数据中学习，而后能够在没有显性的编程情况下，应用它们所学到的行为。典型的事例是从图像中识别之前学习的对象。

机器学习已存在了很长时间。然而，仅当有了大量数据和强大的计算机作为学习的基础，机器学习才能真正用于实践。

从形象的意义来看，机器的学习方式与我们人类相似。我们不是通过向孩子们讲解空气动力学公式和详细的构造规划图，而是通过观察和模式识别来教会他们什么是飞机。

ML 使用统计的方法，使机器能够随着时间的推移利用更多数据来提高其在特定任务上的表现。这些算法大致又可分为监督学习、无监督学习和强化学习，每种算法都有不同的方法和应用。ML 有多种方法，其中之一就是神经网络。

人类大脑结构和功能启发了神经网络的出现，它们由相互连接的单元（神经元）组成，可以处理数据并通过思考示例来学会执行任务，通常不需要使用任务特定的规则进行编程。

当网络中具有多个层级时，称为深度学习。随着层数的增加，神经网络可以学习越来越复杂的模式。网络中的每个神经元层通常处理数据的特定方面，并将其结果传递给后续的层。例如，在图像识别中，第一层可能学习识别图像中的边缘，下一层可能学习识别纹理，接下来的层学习识别更复杂的形状，以此类推，直到最后一层对数据做出判断，如识别出图像中的对象。

深度学习近年来之所以变得非常重要，是因其能够在图像和语音识别、自然语言处理等任务中取得卓越的表现，在其他的许多领域，往往超越了人类的表现水平。这种表现很大程度上归功于这些模型中所需的大量数据的可用性以及计算能力的显著提高。

生成式人工智能（简称 GenAI）的广义定义是人工智能的一种形式，通过从数据集的学习来生成新的内容，例如文本、图像、视频、音频或其他数据形式。它利用生成模型来理解和模仿训练输入中数据的模式、结构和分布，然后创建与训练数据相似但并不是复制训练数据。

大语言模型，如 ChatGPT，是 GenAI 应用于文本数据集的子集。它们预示着 AI 将带来的重大变革的开始。从积极的角度来看，变化带来进步；从消极的角度来看，这是我们所知文明的终结的开始。潘多拉魔盒一经打开，再也无法关上。我们不能反对发展，但可以顺应并影响发展方向。

ChatGPT

GPT 代表生成式预训练 Transformer。除 ChatGPT 本身外，还有谁能更好地介绍 ChatGPT 呢？我们请 ChatGPT 撰写本节的其余部分。当然，如果我们不认同这些内容，我们没有必要在此再现这一答案。

<AI> 在充满活力的人工智能世界中，ChatGPT 是 OpenAI 的一项关键创新。这种先进的语言模型彻底改变了自然语言处理方式，为文本生成和理解树立了新的标杆。

ChatGPT 的缩写是 GPT，代表生成式预训练 Transformer。其主要功能如下：

- 生成式（Generative）：它生成类似于人书写的新的、连贯的文本。
- 预训练（Pretrained）：在特定任务应用之前，该模型会在不同的数据集上进行广泛的训练。
- Transformer：利用 Transformer 架构，擅长处理文本等序列数据。

ChatGPT 源于 OpenAI 最初的 GPT 模型。GPT-1 引入了基础的 Transformer 架构。GPT-2 因其背景环境（上下文）文本生成功能而备受关注。而 GPT-3 及其后续产品，包括 ChatGPT，实现了质的飞跃，它们不仅展示了改进的文本生成，而且还展示了对复杂语言概念的细致入微的理解，并增强了交互的自然性。

ChatGPT 的强大能力延伸到了多个领域：

- 语言掌握：展现出对语言背景环境和语言细微差别的深刻理解。
- 对话动态：能够以类似人的方式进行对话、回答问题和解释概念。

- 创意和技术写作：帮助完成从叙事创作到起草技术文档的各种写作任务。
- 教育用途：作为教育工具，提供辅导、解释和语言翻译。
- 代码生成和工程流程执行：值得注意的是，ChatGPT 在生成代码和协助工程流程方面表现突出。它可以理解编程查询、建议代码片段、调试代码，甚至协助软件开发和工程问题的解决。
- 适应性：它是可定制的，以满足不同行业的特定需求，包括客户支持和娱乐。

总而言之，ChatGPT 是 AI 领域的一项重大进步。其复杂的语言处理和多个方面的功能，使其成为众多领域的宝贵资产，开创了人工智能驱动解决方案的新时代。

我们还向 ChatGPT 询问它如何符合 Russell 和 Norvig 对 AI 的定义，其给出的答案如下：

<AI> ChatGPT 就是我，主要属于 Stuart Russell 和 Peter Norvig 定义的框架中的“像人一样行动”的类型。这一分类基于以下方面：

1. 像人一样地交互：ChatGPT 旨在以对话方式与用户交互，模仿人类的反应。这方面与“像人一样行动”类型相一致，重点是执行人操作时所需的智能任务。

2. 理解和生成自然语言：ChatGPT 的核心功能涉及处理和生成自然语言，这是人类智能和交流的一个重要方面。

3. 图灵测试视角：“像人一样行动”类型与图灵测试概念密切相关，图灵测试考虑的是机器表现出与人类相当或难以区分的智能行为的能力。通常依据其像人一样地交谈的可信方式评估 ChatGPT。

虽然，ChatGPT 也涉及“理性思考”和“理性行动”的因素，尤其是在它如何处理信息和决定说出些什么的方面，但是其主要的交互模式和目的与 AI 的“像人一样行动”类型最为接近。

从这里开始，又是由本书作者继续撰写这一章。

如何与 AI 交谈

ChatGPT，顾名思义，就是处理那些称为提示词的基于文本的输入。

在大语言模型中处理提示词涉及几个步骤，将输入文本转化为一种可理解和响应的模型格式。首先，文本被分割成称为标记（token）的更小部分。然后，将每个标记转化为数值。这些数值代表输入文本，使模型的神经网络能够对其处理。这些值通过 embedding 层，将其转化为连续的向量表示。这些 embedding 捕获有关每个标记的其他附加信息，例如其含义及其与其他标记的关系。基于这些 embedding，LLM 生成了一个响应。

提示词工程是一门有效构建提示词的技巧。与人类一样，如果没有背景环境信息，AI 就无法提供有意义的答案。虽然人们通常会从情景中获取背景环境信息，但 AI 通常不会这么做。例如，询问 AI“构件是什么？”则无法提供充分的背景环境。更有效的询问应该是“SysML v2 中构件（part）是什么？”

最近，OpenAI 发布了一份关于 ChatGPT 编写有效提示词的指南（OpenAI，2023 年）。他们提出以下 6 个策略。

策略 1：写出清晰的说明

提供有关你的请求的详细信息。指定 AI 的角色以及应如何执行任务，包括步骤和预期响应长度。例如：

<PROMPT> 作为 MBSE 专家，请用不超过 300 个字符的篇幅解释 SysML v2 PartDefinition 和 PartUsage 之间的区别。

<AI> SysML v2 PartDefinition 定义构件的类型，指定其结构、行为和属性。PartUsage 表示特定背景环境中 PartDefinition 的应用或实例，指明构件在系统中的使用方式和位置。

策略 2：提供参考文本

在提示词中包含参考或要求 AI 基于参考做出回应。例如：

<PROMPT> 作为一名工科学生，用最多 300 个字符描述 Russell 和 Norvig 如何定义 AI。

<AI> Russell 和 Norvig 将 AI 定义为设计像人类一样思考或理性思考，像人类一样行动或理性行动的系统，涵盖机器的推理、知识、规划、学习、交流、感知和行动。

策略 3：拆分复杂任务

把复杂的任务拆分为多个简单的任务。例如：

<PROMPT> 作为 MBSE 专家，创建一个电动自行车的系统分解结构。首先，确定所需的组件并创建适当的 SysML v2 构件定义。然后，使用 SysML v2 构件定义分解结构。仅以文本形式输出 SysML v2 模型，如下所示：

```
part def ElectricBike {
   part aComponent: ComponentDefinition;
}
part def ComponentDefinition {
```

```
    doc /* documentation */
}
```

答案包括一个全面的 SysML v2 模型。我们仅展示前面的部分以便给你留下印象。

<AI> 针对电动自行车创建 SysML v2 模型，包括定义必要的组件及其关系。下面是此模型的文本表示：

```
part def ElectricBike {
    part bikeframe : BikeFrame;
    part motor : Motor;
    part battery : Battery;
    part controller : Controller;
    part drivetrain : Drivetrain;
    part wheels : Wheel;
    part brakes : BrakeSystem;
    part handlebar : Handlebar;
    part seat : Seat;
    part lights : LightingSystem;
}
part def BikeFrame {
    doc /* The main structural component of the bike */
}
part def Motor {
    doc /* Provides the electrical power to assist pedaling */
}
[and so forth]
```

策略 4：给出模型“思考”的时间

鼓励 AI 深入思考任务。例如：

<PROMPT> 作为 SysML v2 专家，请解释 SysML v2 Definition 和 Usage 中的基本概念。然后将这个概念应用到构件、动作和需求中。将你的回答限制在 500 个字符以内。

<AI> 在 SysML v2 中，“Definition” 描述一般类型或概念，指定那些没有背景环境的特征。“Usage” 是 Definition 的一个实例，应用于特定的背景环境。对于构件，PartDefinition 描述组件类型，而 PartUsage 则表示其特定的应用。在动作中，

ActionDefinition 概述一般动作，而 ActionUsage 则将其应用于特定的场景。对于需求，RequirementDefinition 详细说明标准的需求，而 RequirementUsage 则将其应用于特定的情景或组件。

策略 5：使用外部工具

如果适用，则在外部工具中创建可执行的输出。然后可以将这些输出反馈到 ChatGPT 以供进一步输入。

其中的一个示例可以是通过 OpenAI API 生成 SysML v2 模型，并使用 SysML v2 API 将其导入 SysML v2 存储库的 Python 脚本。

策略 6：使用测试套件

由于 AI 对相同提示词的响应可能会随着时间的推移而变化，因此需要有一个测试套件来监控 AI 的开发非常重要。

下面针对 AISME4MBSE 职位描述，创建一个测试用例的示例。

AI 主题专家

AI 能够在系统内使用以提高智能，尤其是适应不可预见的变化条件。例如，无需人工辅助的自主的、自动驾驶汽车。其中一个挑战在于理解 AI 是如何做出决策的。

在系统工程（简称 SE）中有两个流派：AI 支持系统工程（AI for Systems Engineering，简称 AI4SE）和系统工程支持 AI（Systems Engineering for Artificial Intelligence，简称 SE4AI）。SE4AI 聚焦于基于 AI 系统的工程开发；另一方面，AI4SE 涉及使用 AI 技术来支持 SE 开发流程。

本书主要讨论 AI 支持主题专家（AI for Subject Matter Experts，简称 AI4SME）。我们采用基于 LLM 的 ChatGPT 技术，代表若干位主题专家（简称 SME），帮助实施系统开发的系统工程和软件工程的工作。

与人类主题专家一样，人工智能主题专家提供有价值的见解，但应谨慎行事。由于会出现对问题的误解，答案可能是不正确的，或者人工智能可能就是错的。此外，如果答案是用自然语言提供的，则可能会出现误解。ChatGPT 更像是一个讨论，而不仅仅是查询答案。

AI 团队

一项令人兴奋的进展是在团队中使用专门的 AI 智能体（Agent）。每个 AI 都经过专门训练或配置，从而掌握特定的技能。现在，对这些智能体如何协同工作进行建模，你拥有一个 AI 团队，它们可以通过相互分解各个子任务来共同解决任务。

上述技术的一个例子是微软的 AutoGen（Wu 等，2023），本书中我们尚未进一步实现该技术。如第 1 章所述，我们具有不同的 AI 角色来赋予它们不同的人物。我们的 SysML v2 专家“Sister Mary Lou”是 AI 角色和智能体，因为她接受了特殊培训。AI 角色和智能体的协作由我们（或一般来说由人类工程师）进行协调。

MBSE 的 AISME 需求

我们已将 ChatGPT 用于基于模型的系统工程中的人工智能（AIM）。然而，几乎任何大语言模型（LLM）都可以用于 AI 主题专家支持的基于模型的系统工程（AISME4MBSE）。确定 LLM 是否足以胜任这份工作就像聘请专家一样：确定性从来都不是绝对的。但是，你可以在招聘广告或描述中明确需求并据此评估候选人。

我们使用不同的 AI 角色。以下是 SysML v2 的 AI 专家职位招聘信息。本书中使用的其他 AI 角色的职位描述会有所不同，但遵循相同的原则。

职位名称： 支持基于模型的系统工程的 AI 助理

工作地点： 虚拟的、嵌入在 MBSE 环境中

职位描述：

你是一个先进的 AI 辅助的基于模型的系统工程工具，精通 SysML v2，旨在增强系统工程师和架构师的能力。我们的工具处于将人工智能与复杂系统建模相结合的前沿，在综合系统模型的设计、分析和验证方面提供无与伦比的支持。

职位要求：

1. SysML v2 句法和语义：你应支持 SysML v2 句法和语义，确保与最新的系统建模语言的版本一致。

2. 自动化模型验证：你应提供自动化模型验证，能够识别和报告 SysML v2 模型中的不一致性或错误。

3. 基于模型的查询能力：你应支持基于模型的查询能力的实现，使用户能够使用自然语言处理从 SysML 模型中检索信息。

4. 模型元素的自动生成：你应支持根据用户输入或现有的模型结构自动生成模型元素，如构件、关系、约束等。

5. 模型细化的建议：你应能够推荐模型细化、建议改进或可选的建模方法。

6. 数据安全和秘密合规性：你应确保数据安全和秘密合规性，特别是在处理敏感或专有系统模型时。

7. 可扩展性和适应性：你必须具有可扩展性和适应性，能够处理不同规模和复杂度的项目。

你将拥有可再生能源、航空航天、汽车、医疗和防务等多个行业的经验。你

必须对基于模型的系统工程原理有基本的了解，并能够使用相关的 MBSE 工具和平台进行集成。

立即申请并加入 AIM 团队！

在评估申请人时，必须具有验收准则和测试用例，评估其是否符合需求是至关重要的。与任何人类专家一样，决定并不总是明确的；无法实现完美，即使对于 AI 来说也是如此。

下面给出这七项工作需求的一些验收准则和测试用例。我们已将其应用于 ChatGPT，并在本书中贯穿使用。结果是 ChatGPT 足以胜任。专业培训可以显著提高 ChatGPT 的性能。这也是可以预见的，随着目前的快速发展，“AISME 劳动力市场”的供应情况将得以改善。

一个挑战是对 SysML v2 的句法和语义的理解。由于 SysML v2 相对较新，ChatGPT 缺乏足够的训练数据，经常将 SysML v1 与 SysML v2 混淆。因此，我们对 SysML v2 AISME 进行训练，从而确保它能够提供更好的结果（见 1.4 节）。

下面，你可以找到一些针对工作需求的验收准则和测试用例。这不是一份详尽的清单，但旨在提供一个起点。这些准则和测试仍然非常粗略，必须在实际项目中进行细化和量化，具体取决于项目的具体需求。当此处提到 SysML v2 元素或模型时，始终由文本标识符来表示。

工作需求 #1：SysML v2 句法和语义

验收准则：AI 正确解释 MBSE 指定方法论所需的所有 SysML v2 元素。

测试用例：使用一系列 SysML v2 模型进行验证，这些模型涵盖 MBSE 方法论的相关元素和结构。AI 解释模型并列出所使用的模型元素。由人类 SysML v2 专家评估结果。

工作需求 #2：SysML v2 验证

验收准则：AI 识别并报告 SysML v2 模型中的错误。

测试用例：

- 使用有缺陷模型进行验证测试：利用已知错误的模型来验证检测准确性。
- 使用复杂模型进行测试：采用复杂模型来评估识别详细错误的能力。

工作需求 #3：SysML v2 模型查询

验收准则：AI 使用自然语言处理从 SysML 模型中检索信息。

测试用例：用自然语言进行各种查询并评估响应的准确性。

工作需求 #4：SysML v2 模型生成

验收准则：AI 根据用户输入准确地生成文本标识符的模型元素，并将其集成到现有模型中。

测试用例：使用特定的用户指令来创建模型组件，并评估这些元素与现有模型的集成情况。

工作需求 #5：SysML v2 模型改进

验收准则：AI 提供切实可行的改进建议并提出可选的建模方法。

测试用例：采用不完整的模型或需要改进的模型来评估建议的质量。

工作需求 #6：数据安全

验收准则：AI 遵守有关数据安全和数据保护的特定行业标准以及法律和组织需求。

测试用例：进行审核以验证 AI 是否符合规范。

工作需求 #7：可扩展性

验收准则：AI 能够有效处理大型的模型。

测试用例：解释、读出和重新创建大型模型的各个构件，同时保持充分的质量和速度。

让我们从主要问题开始

AI 是一个广泛的领域，我们仅是简要地为本书的实际主题奠定基础。为了更全面地了解人工智能，建议阅读 Russell 和 Norvig 的开创性著作《人工智能：一种现代方法》（*Artificial Intelligence : A Modern Approach*）（Russell & Norvig，2020 年）。

以为我们的 SysML v2 AISME 提供职位描述，作为我们所有 AI 角色的示例。与工程中一样，在深入研究解决方案之前，应该首先明确你真正需要什么。换而言之，在使用 ChatGPT 作为 AISME 之前，明确期望是至关重要的。这种确定性使我们能够考虑 ChatGPT 的可选方案并评估其作为 AISME 的潜力。

第一部分

简　介

第 1 章　AI：软件工程和系统工程的规则改变者

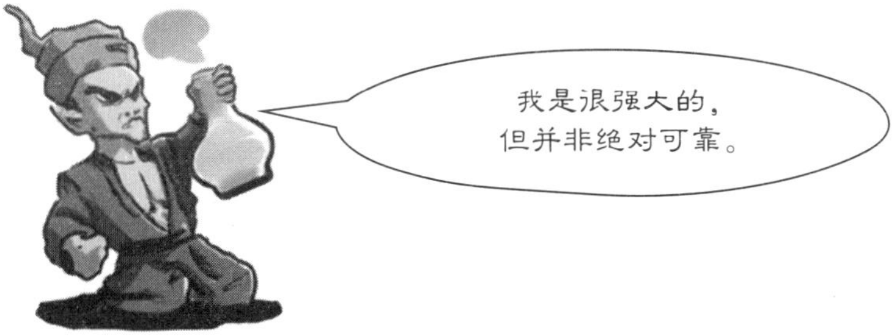

欢迎来到 AI 时代。AI 是一个巨大、狰狞和强大的精灵，它已经走出魔瓶，并且不再回去。而它将如何影响我们这些系统工程师和软件工程师的工作呢？这就是这本书的主题。

1.1　提出正确的问题

如果你直接给 AI 精灵提出“为我设计一台电子显微镜”，你以为它会嘲笑你，并回答：“你在开玩笑吧？”诸如此类的话。而实际上，它会礼貌地给你一些关于如何建造显微镜的一般性建议。但如果你要求它“列出电子显微镜的用例”，然后“为每个用例编写用例描述，并包括可选和异常的行为”，那么它会很乐意唯命是从。所以，这本书是关于学习与 AI 对话，并以一种帮助你更快地完成系统工程和软件工程工作的方式来得到答案，而且特别快。使用稍加专业的术语来说，我们将帮助你理解一组有效的提示词，从而完成设计的各个方面的工作。

1.2　AI 的多重面孔

为每类软件分别设想一个独立的 AI 角色，并为测试设想另一个角色，这是很有用的。由于许多技术书籍都是枯燥无味的，而 AI 是一种艺术，因此我们决定将这些角色拟人化并为其命名（见图 1.1）。

AI 是一个无所不能的精灵，它将以各种不同的角色出现。从各种不同角色的角度来思考 AI 可能会变得更容易，因为每个角色都会对不同的提示词做出反应。例如，

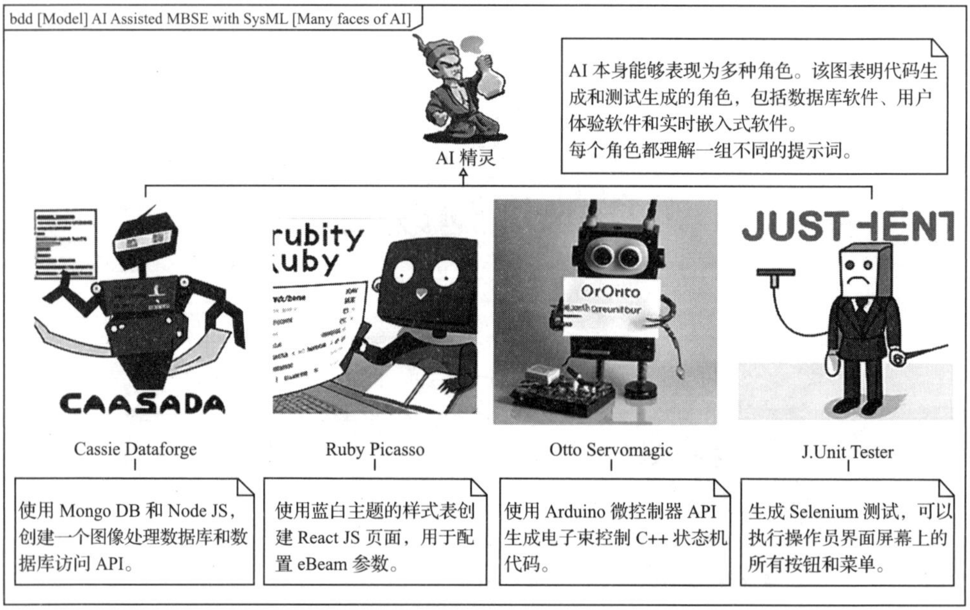

图 1.1　AI 角色

AI 最早声名显赫的用途之一是代码生成器。但让我们更具体一点，我们希望 AI 为我们生成什么样的代码？在本书中，我们将探讨扫描电子显微镜（SEM）的设计。我们选择这个 SEM 示例的原因之一，是除了硬件之外，它还包括三类软件：嵌入式实时控制软件、用于保存 SEM 生成的图像的数据库以及 SEM 操作人员的用户界面。

所以，让我们来认识一下我们的数据库程序员 Cassandra（简称 CAASADA，昵称 Cassie）Dataforge，我们的用户体验（简称 UX）艺术家 Ruby Picasso，我们的嵌入式实时程序员 Otto Servomagic，以及我们的质量评估（Quality Assessment，简称 QA）专家 J.Unit Tester。这些角色中的每一个都能很好地响应不同的提示词，我们将在本书的各个章节中分享我们与他们每个角色对话的体验。

1.3　应用于系统工程的 AI 角色

本书既关于系统工程和软件工程（在作者看来，它们是不可分割的）、面向对象的设计（OOD），也关于 SysML v2，所有这些都通过示例进行说明。因为在设计电子显微镜时，我们将使用 AI 来协助我们完成上述所有工作（见图 1.2），因此我们需要一些额外的 AI 角色。

我们将使用 AI 作为电子显微镜领域的主题专家（SME），虽然作者本人并不是该领域的专家，但我们已经设法提供了一个非常详细的示例，我们的 AI 主题专家（AISME）的名字是 Nano Micrografico 博士。我们的 OOD 专家是传奇的 O-Obiwan，与

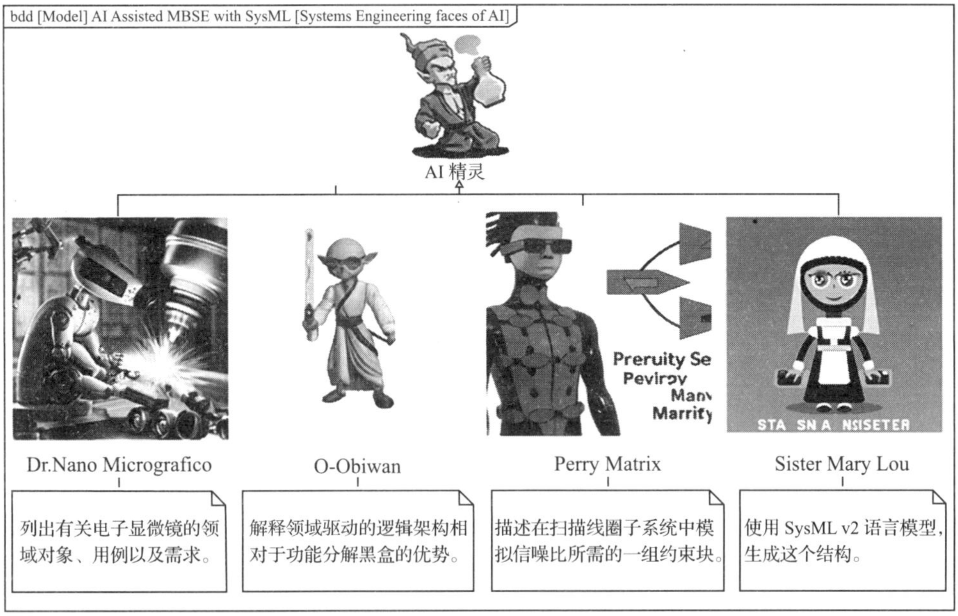

图 1.2　系统工程中一些更有用的 AI 角色

它们一起加入我们的是化名为 Perry Matrix 的 SysML 参数仿真专家以及化名为 Sister Mary Lou 的 SysML v2 专家。在大多数章节中，我们将把 AI 响应提取到 SysML v1.7 图（是指符合 SysML v1.7 规范的图）中，然后我们将展示模型在 SysML v2 中的样子。

与软件角色一样，每个角色对不同的一组提示词做出最好的响应，我们会在你阅读本章的过程中向你加以解释。你可能会发现你需要更多不同的角色；这很好，想做多少就做多少。AI 精灵并不会介意。

如果你需要给 AI 角色专业知识，那么你可以相对应地训练它，要么通过 LLM 训练，要么通过 embedding 给 LLM 额外的知识。在第 3 章中，我们将与 SysML v2 专家 Sister Mary Lou 一起演示如何做到这一点。

1.4　选择一组稳定的抽象

AI 精灵在不断演变，以惊人的速度获得力量。因此，我们不会写一本关于 GPT4 如何优于 Claude（反之亦然）的书，也不会写如何使用 LangChain 为你的 LLM 增加功能，也不会写如何在安全环境中访问 AI——尽管这对于防务相关项目而言变得异常重要。我们也不会重点介绍 AI 生成的 SysML v2 语言模型（当前的最新技术），以及现在哪些工具在以图的形式呈现 SysML v2“代码”方面做得最好。关于以上内容的书，在人们有机会阅读之前肯定已经过时了。相反，我们将围绕各种 AI 角色以及每个角色所响应的提示词来组织本书，因为几年后可能仍会有用户界面代码、实时嵌入式代码和数据库。在某些情况下，当我们写这本书时，AI 可能还没有完全实现，在此情况下，我们有时会假设，当你阅读本书时，AI 已实现。

正如 O-Obiwan 喜欢说的那样，最好将你的设计建立在你能寻找到的最稳定的抽象集上，更多关于 OOD 领域建模的内容将在第 5 章中介绍，同样的原则也适用于本书的撰写。O-Obiwan 将在第 2 章中详细介绍选择一组稳定抽象的好处。

AI 角色比 AI 精灵的内部结构更稳定。因此，本书的各章围绕我们已确定的每个 AI 角色来定义有用的提示词集而展开。

1.5 没有软件就没有系统

本书将把系统和软件放在一起建模，……因为不将它们放在一起建模对于完整的系统就没有任何意义。

正如古罗马人喜欢说的那样，sine software non est systema——没有软件就没有系统。严肃地说，如果你仔细想想，在一边堆放 SysML 制品（包括软件需求），在另一边堆放代码（可能还有一些 UML 制品），并期望所有东西都能顺利集成在一起，这根本毫无意义。你不如在一边堆放大量数据，在另一边堆放大量功能，并期望所有东西都能顺利集成在一起。我们将在第 2 章中详细讨论此问题。还是回到系统和软件，我们将在第 2 章讨论为什么软件是 MBSE 客厅里的一头大象。我们将在第 3 章中向你介绍 SysML 的第 2 版，并且在许多章节中还会有 SysML v2 的示例。

但是对于本书中的大部分内容，我们将带你完成整个“扫描电子显微镜”的设计，涵盖 SysML 所有的 4 大支柱——需求、结构、行为以及参数，并在我们 AISME 指导下在硬件和软件中实现行为建模。我们将介绍概念模型、逻辑架构、物理架构以及软件架构。

1.6 本书的结构

本书大部分内容的组织方式如图 1.3 所示，以一组用例来描述。各种用例中的步骤是各种 AI 角色的提示词和响应，并且在各章节中展示了 SEM 结果的块图、状态机、活动图等。

1.6.1 概念模型涵盖硬件和软件

图 1.4 展示了本书第二部分的结构。在概念建模期间，我们将开发一个领域模型，用于识别问题领域中的事物——我们用以交流的关于系统的名词。硬件团队和软件团队使用同一组名词非常重要，因为如果不这样做，就会造成混乱。同样，系统的用例和需求也需要由硬件和软件双方共享。引用一位老教授的话，这应该是“对普通观察者来说直观而明显的”。概念建模是使用 OO 原则和 AI 主题专家来完成的。

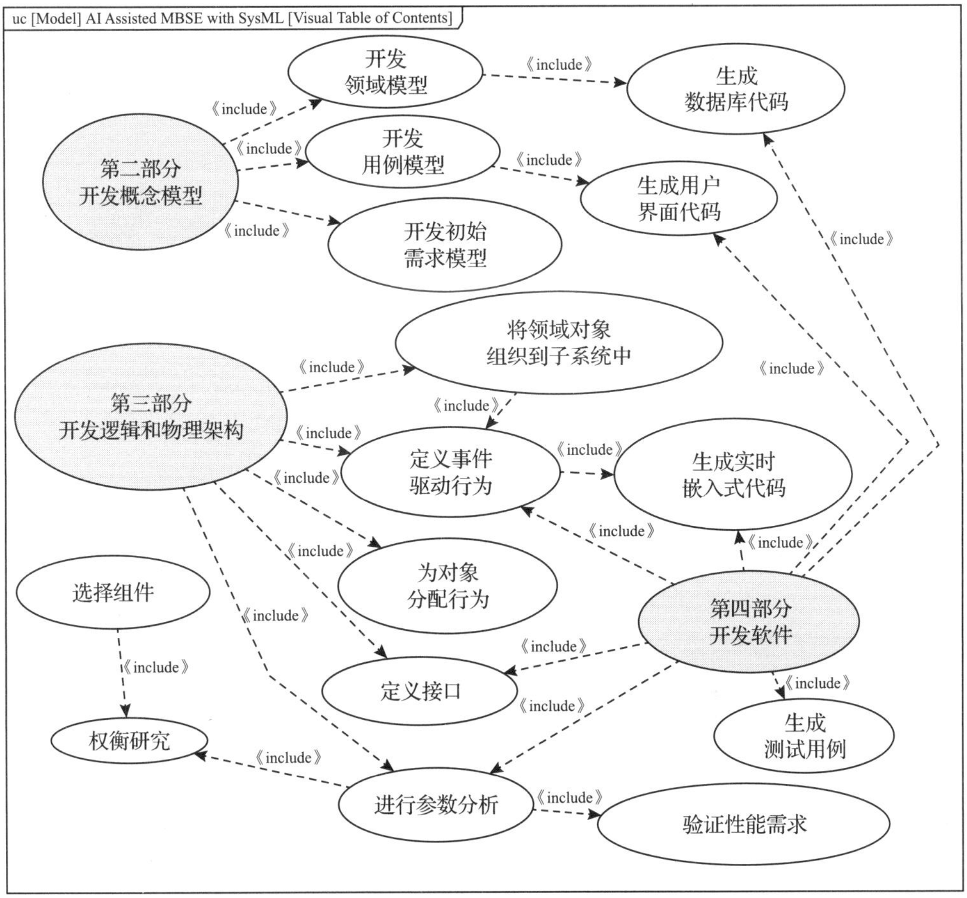

图 1.3　本书的组织结构，如用例图所示

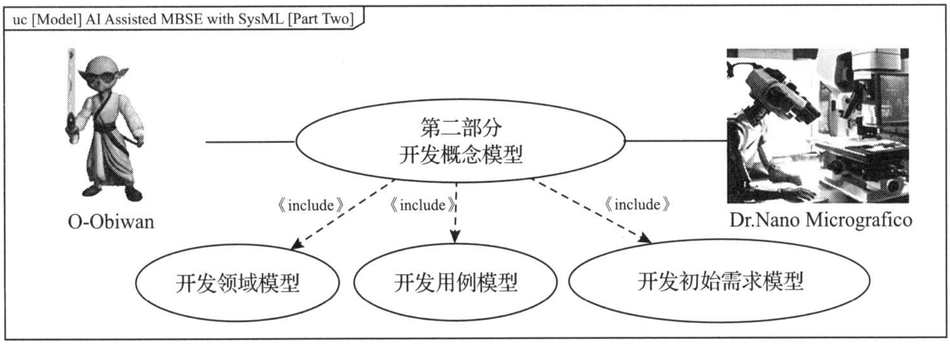

图 1.4　第二部分——开发概念模型

1.6.2 领域驱动的逻辑架构

在第二部分中，在我们的领域模型之后开始细化用例驱动的 OO 模型，我们在第三部分中将其扩展为逻辑架构（见图 1.5）。

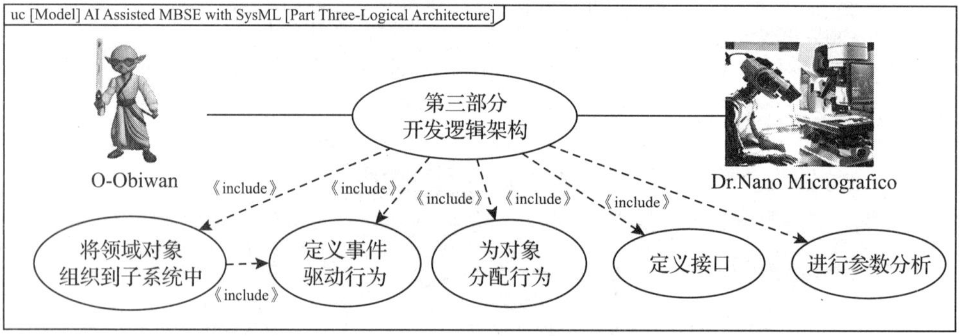

图 1.5 第三部分——开发逻辑架构

此过程涉及将我们的领域对象重新组织到子系统中，添加子系统控制器对象，为子系统控制器定义状态机，为对象分配行为，定义接口，并开始使用参数仿真，至少是状态机仿真，并在高层级上验证行为模型。正如我们将在这一节中发现的那样，当问及电子显微镜的设计细节时，我们的 AISME 几乎无所不知，可以告诉我们需要什么信号，需要什么接口块才能让子系统协作，以及很多其他有趣的事情。因此，AI 精灵的力量开始显现出来——当被问到正确的问题时。我们发现 AI 对电子显微镜的了解程度真的令人震惊。

1.6.3 从逻辑架构到物理架构

我们将逻辑架构建立在问题域的基础上，可以使其具有随时间变化的灵活性和强韧性，因为问题域变化缓慢。我们将向你展示如何向模型添加组件层，如何使用 AI 帮助选择组件，以及如何使用参数仿真来确保所选的组件集合满足系统的性能要求（见图 1.6）。

1.6.4 让软件得以存在

最后，在将你带入 SEM 概念模型、逻辑架构和物理架构的旅程之后，我们不会忘记软件的存在（见图 1.7）。我们将“大胆地探索系统工程书籍从未涉足的领域”（或者至少是大多数系统工程书籍都没有涉足的领域），把代码和块图以及其他 SysML 制品放在一起讨论。我们这里有软件，因为没有软件就没有系统。

我们将讨论下面几种类型的软件。

①实时嵌入式软件（通常用 C++ 编写）；

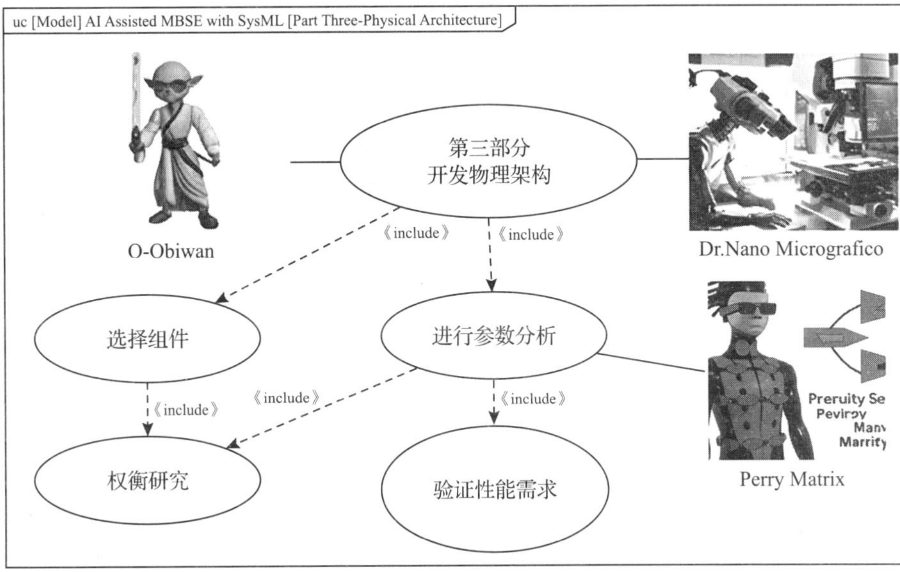

图 1.6　第三部分——开发物理架构

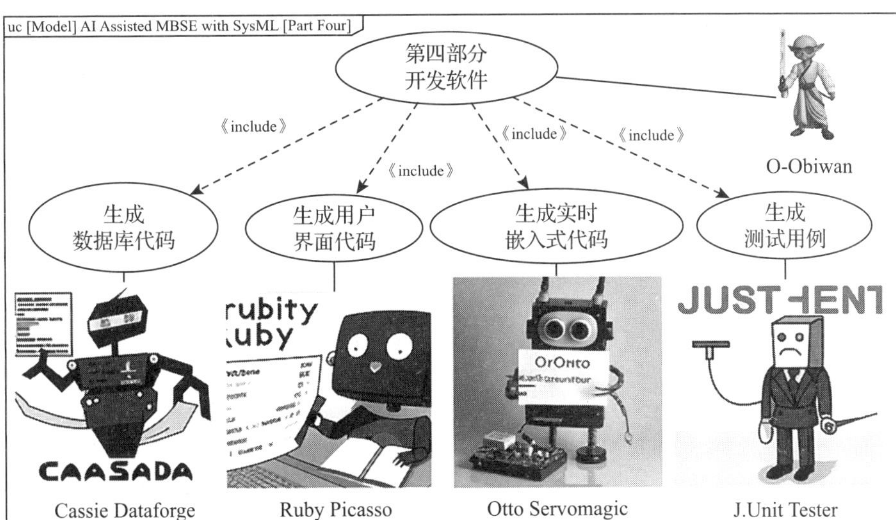

图 1.7　第四部分——开发软件

②数据库设计和代码（通常使用 JavaScript，带有数据库和 API）；

③用户界面设计和代码（通常使用 JavaScript 和各种 UX 框架）。

没错，我们的电子显微镜需要这三种不同的软件。事实上，如果你拿走其中任何一个，显微镜就无法工作。但我们要做的不仅仅是讨论代码。实际上，我们将使用我们的 AI 角色来生成大量代码。

AI 是否会通过第一次尝试就能编写出完美的代码而完全取代你的整个软件部门？

很可能不会，至少不会发生在 2024 年。但是，通过使用我们在第四部分中向你展示的提示词，你将在软件方面获得巨大的优势。我们还将讨论如何生成测试脚本，如图 1.7 所示。

好了，以上就是全部完整内容了。我们将引导你完成概念设计、逻辑架构以及物理架构的系统工程，并生成数据库、用户界面和实时嵌入式控制的软件。我们将尝试在不诱发呆滞（My Eyes Glaze Over，简称 MEGO）综合征的情况下就能做到这一点。

所以现在就戴上你的 AI 护具，让我们出发吧!

第 2 章　没有软件就没有系统

“这里存在一个重要的或重大的话题、问题或是有争议的难题，每个人都知道，但没有人愿意提及或讨论，因为它至少让他们中的一些人感到不舒服……”摘自维基百科，房间里的一头大象（维基百科，2023）。

在图 2.1 中，MBSE 的客厅被一头名为“软件”的大象占据了很长的一段时间，但没有人想要就此过多地谈论。

图 2.1　软件——MBSE 客厅中的大象

为什么 MBSE 社区中没有更多的人希望谈论软件呢？因为对于许多的系统工程师和流程设计师来说，软件不是他们的专业领域。然而，软件几乎存在于所有的 SysML 行为模型中，并且主导着众多行为模型的复杂性和成本（见图 2.2）。

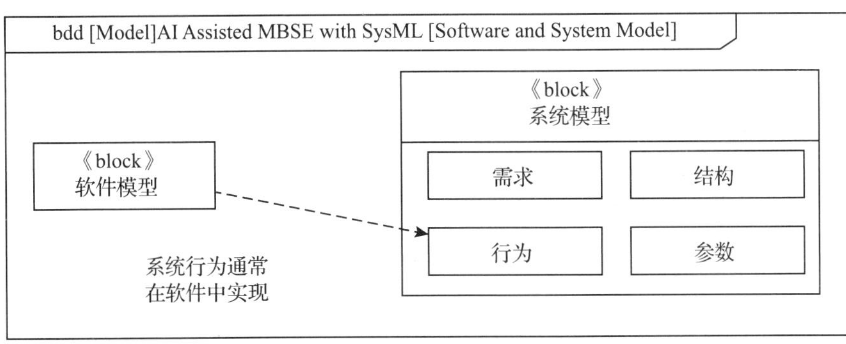

图 2.2　系统行为模型通常在软件中实现

2013 年，Doug 在达拉斯的 NoMagic 世界大会上，发表了一个关于《软件密集型系统建模》（*Modeling Software Intensive Systems*）的演讲。而在大约 30 多年前，1976 年在 Barry Boehm 发表的具有里程碑意义的论文《软件工程》（*Software Engineering*）（Boehm，1976）中，Boehm 教授解释说，软件开发在系统开发中占据了成本的主导地位。

为了研究为什么 MBSE 是针对软件密集型的，需要深入探讨 SysML 中定义的行为模型；然后，提出一种方法，以一种高效且有益的方式，将 MBSE 的软件工程方面与系统模型结合起来。

2.1 SysML 行为模型概述

SysML 语言中由 9 类图组成，其中 4 类图描述系统行为（见图 2.3），它们能够全方位地描述同步行为和异步行为。

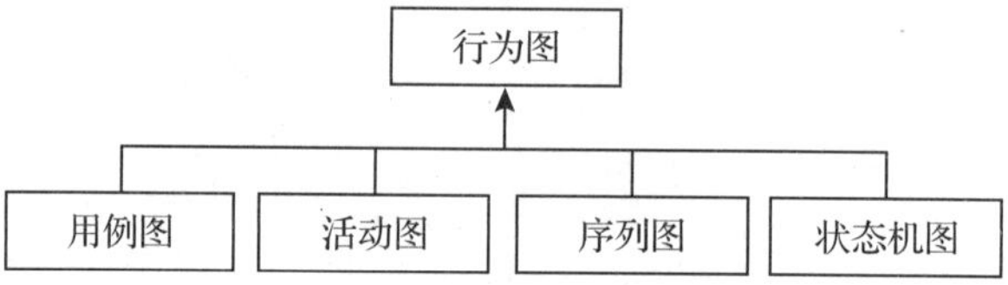

图 2.3　SysML 行为图

SysML 中的行为模型一般从用例开始，作为描述系统使用者（参与者）如何与由硬件和软件构成的所感兴趣系统进行交互的顶层场景。通常用例在活动图或序列图中详细说明，使用一系列步骤详细描述场景行为（见图 2.4）。

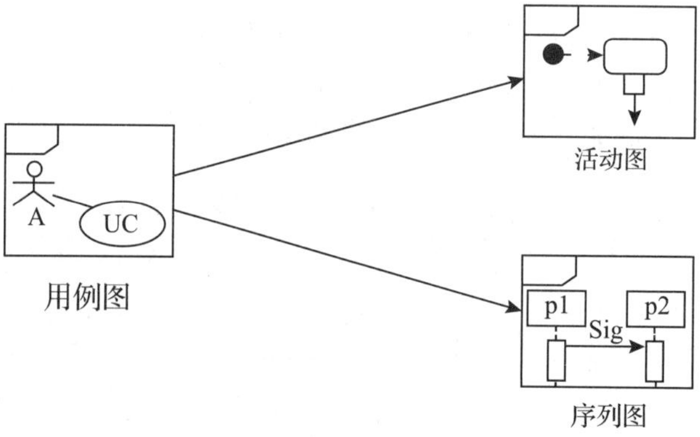

图 2.4　用例行为图

活动图和序列图（译者注，也称顺序图）均可描述包含同步行为和异步行为的组合。当处理异步行为（典型的事件驱动系统）时，使用通信信号实现。活动图使用发送信号动作（action）和接收事件动作；而在序列图显示出消息，其中每个消息将发送和接收事件组合到单一的模型元素中。

由信号将行为模型的各个元素联系在一起，因为信号元素能够充当状态转换的触发器（见图 2.5）。

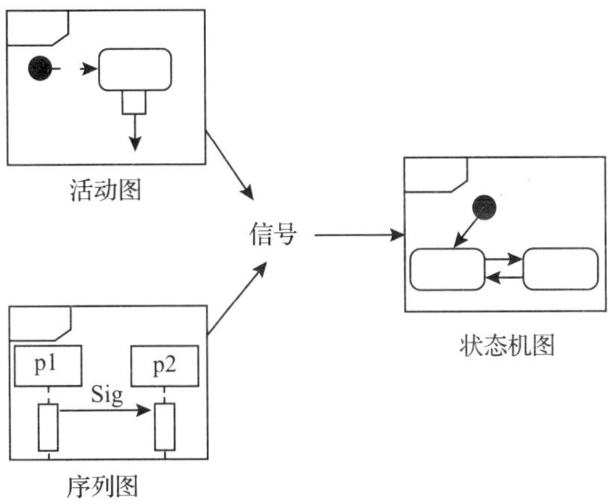

图 2.5　通过信号进行通信

实际上，还可以使用信号将行为模型与结构模型关联在一起，因为块可以接收信号，并且在接口块上的流属性可以由信号来类型化。使用信号进行通信是对异步行为建模的关键。下面，让我们继续关注行为模型。令人感兴趣的是，信号不仅可以作为激发状态转换的触发器，而且每个转换都可以具有特定的转换效应，效应可以是另一个活动图或序列图。状态转换的完整句法是 Trigger [Guard] / Effect 其中转换产生的效应通常由另一个行为所指定（见图 2.6）。

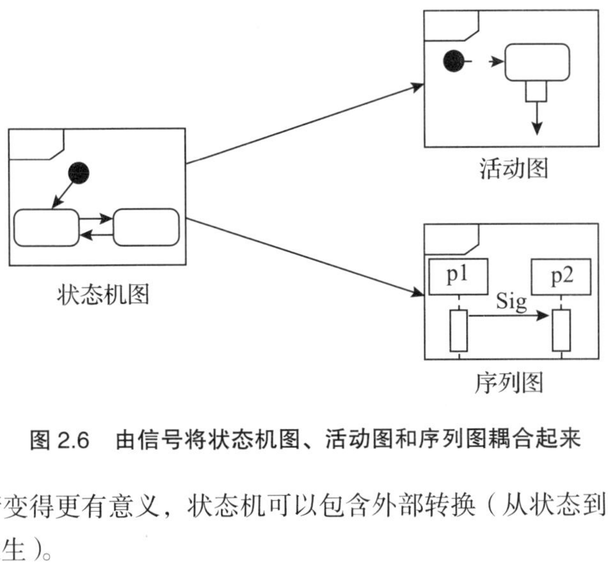

图 2.6　由信号将状态机图、活动图和序列图耦合起来

为了使事情变得更有意义，状态机可以包含外部转换（从状态到状态）和内部转换（在状态内发生）。

内部转换允许任何的状态来响应触发事件，并且每个状态都有一些预定义的内部转换，特别是 Entry（进入）、Exit（退出）和 Do（执行）行为。Entry 行为发生在进入状态（初始化）时；Exit 行为发生在退出状态（清空）时；Do 行为发生在进入和退出之间。当然，状态机是分层的，因此我们可以在状态内拥有子状态，子状态内还可以有它的子状态，以此类推。活动可以触发状态转换，这些状态转换具有由活动指定的效应，以此类推，如嵌套的俄罗斯套娃（见图 2.7）。

图 2.7　嵌套的俄罗斯套娃

将各种行为图组合在一起，实际上可在 SysML 中表示包含同步行为和异步行为的任何组合。这种行为的大部分注定要在软件中实现。因此，考虑从 SysML 模型生成代码就更具意义了。

2.2　嵌入式与非嵌入式软件

通常，当考虑从 SysML 模型生成代码时，人们专注于从模型生成嵌入式软件，而未考虑到即使在嵌入式系统中，大部分的软件也是非嵌入式的代码（见图 2.8）。

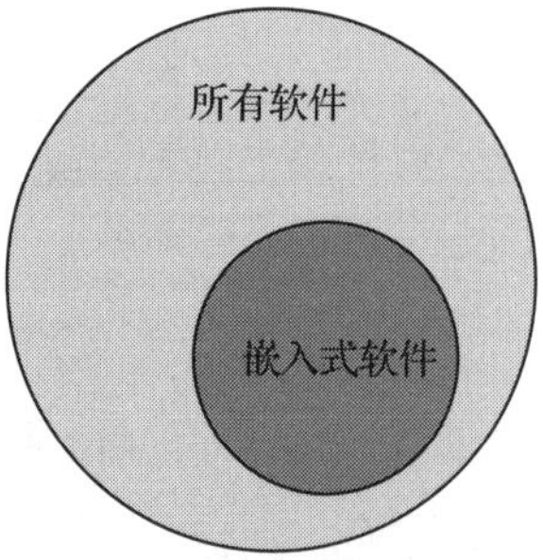

图 2.8　你的软件中有多少嵌入式代码

非嵌入式代码的示例包括调度、导航、遥测、监视、图像处理、地图、指挥和控制、通信、网络、机器学习、库存管理、用户界面、调用第三方 API、通用算法逻辑、数据库管理、安全、仿真（SysML 参数之外）和测试等各类软件，下面仅举几个示例。

如果你正在构建一个软件密集型的系统，那么你将拥有的不仅仅是嵌入式软件。通常，你可能拥有比嵌入式软件还要多的非嵌入式软件，该软件仍然必须符合 SysML 模型的需求，因此在完全独立的环境中开发它是没有意义的，并且也不具备可追溯性。这与 MBSE 的整个哲学思想背道而驰，而这正是整个行业中普遍发生的事情。

我们可以给出众多类型非嵌入式软件的列表，指导我们从 MBSE 模型中获得代码生成的解决方案。并非所有的软件都具有全部的这些特征，但它们都具有相对的共性。

- 数据库管理系统（DBMS）：大多数软件系统都有数据库，需要存储、检索、搜索信息等。
- 安全性：大多数软件系统都有安全性和身份验证的需求。你不能让某些人入侵你的安全关键系统。
- 用户界面（UI）：大多数软件系统都具有用户界面，通常是图形化用户界面。
- API 集成：大多数软件系统将与其他软件集成，通常通过 REST API① 来实现。

在我们的 SEM 示例中，操作员界面（UI）和图像处理软件（DBMS+UI）是非嵌入式的，而实时控制软件是嵌入式的，本书各有一章分别介绍嵌入式和非嵌入式软件。

2.3　从 SysML 模型生成代码

由于数据库、安全特性、用户界面和 REST API 无处不在，所以我们有理由询问这类软件是否可从 SysML/UML 模型中生成。我们可以从基于模型的系统工程（MBSE）和基于模型的软件工程（MBSwE）模型中生成数据库、安全特性、用户界面和 API 调用（见图 2.9）。

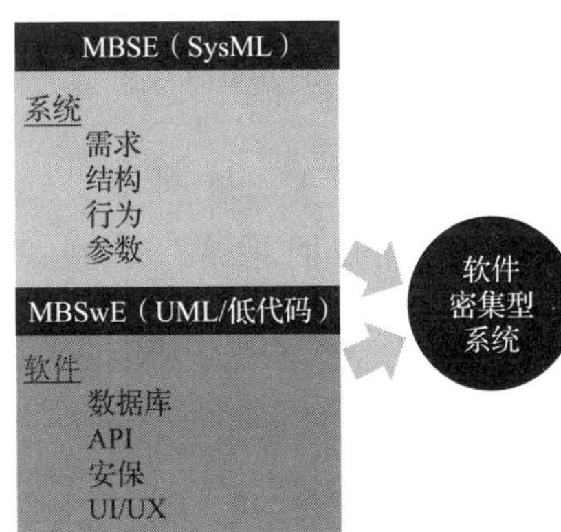

图 2.9　MBSE 和 MBSwE

简而言之，对于本节标题的问题，答案是肯定的！它们都可以从 SysML 模型中生成。我们还可以生成一些实时的嵌入式代码。当然，如果我们正在生成代码，则需要对该代码进行测试，那么为什么不生成测试脚本呢？AI 可以帮助我们做到这些。

2.4　每类软件都需要自己的提示词集合

在本书中，我们将使用针对各类软件定义 AI 的角色。在角色使用中，我们自然地联想到正在与开发团队成员交谈，他们每个人都是特定软件领域的专家。

① 表征性状态转换应用程序编程接口（Fielding，2000）。

注意，由于这些角色仅是强大的 AI 精灵的某个“面孔”，因此它们对需求、逻辑架构、物理架构、用例、状态机以及我们正在设计的系统的所有其他方面都有充分的理解。这样它们就可以确保所有部分正确地联系起来。

图 2.10 所示为适当地组织 AI 角色的提示词集合。如果你是一名几乎没有软件背景的系统工程师，那么在本书的第四部分中给出提示词集合的介绍，可以帮助你针对软件开展交流（无论你是与人工智能还是与实际的人在交流）。还要注意的是，你不应该期望人工智能取代人类开发人员，但它应该更有效率。

	Cassandra Dataforge响应关于SQL和NoSQL数据库、数据库安保、基于角色的访问控制以及数据库访问API的提示词。
	Ruby Picasso响应关于用户界面设计和编码、不同UI框架（如Angular、React和Vue）以及UI状态管理的提示词。知道如何将API调用连接到用户接口代码。
	Otto Servomagic 响应关于状态机代码生成、一般的微控制器、特定的微控制器软件接口以及如何将微控制器指令连接到状态机代码的提示词。
	J.Unit Tester响应关于测试的提示词。从单元测试到场景测试，从集成测试到接口测试，再到硬件在环测试（HIL）等各种测试。

图 2.10　根据 AI 角色组织代码生成的提示词集合

2.5　学习与 AI 交谈

当你与各种人工智能角色交流时，你会发现除了代码生成所需的知识之外，它们还有很多有用的知识（见图 2.10）。

例如，你可以要求 Ruby 帮助你选择图像处理库，或者介绍 React[①]、Angular[②]、Vue[③] 的相对优势。这是 AI 回复上述一句话的整个内容：

---

① React 是一个用户界面库（React.Dev）。

② Angular 是一个 Web 开发框架（angular.io）。

③ Vue 是一个用于 Web 用户界面的 JavaScript 框架（vuejs.org）。

<Ruby> React 灵活且具有庞大的生态系统；Angular 是适合企业级项目的全面选择；而 Vue 以其简单性和易于集成而闻名。

以类似的方式，你可以要求 Otto 帮助你选择放大器、伺服器和微控制器，并且可以要求 Cassie 帮助你选择数据库。因此，你能够使用这些角色来帮助你开展对将要生成的软件进行思考。

注意，“询问 Ruby”并不意味着你需要以“我想让你扮演 Ruby Picasso”这样的提示词开始对话。在此介绍的角色更多是为了人类与 AI 对话的目的，而不是为了 AI 本身，它不知道人类认为在和什么角色说话。在本书大部分内容中使用的角色是为人们提供便利。换而言之，AI 真的不在乎你叫它什么，它只是装扮成为人的角色。

如果你事先定义角色并为其分配特征（例如作为“自定义 GPT”），则存在差异，AI 将采用适当的视角。这方面的一个示例是我们的 SysML v2 专家 Sister Mary Lou（见第 3 章）。

2.6　领域驱动设计的支持

我们想要提议几个软件工程范例，它们都是当前流行的，因其都十分有用。第一个是领域驱动设计（DDD），受到众多作者的青睐，特别是在 Eric Evans 所撰写（Evans，2003）的书中。

DDD 的基本前提是需求，用例和软件功能的变化都比问题域变化来得更快，因此基于问题空间模型的软件抽象（也称为领域模型），通常是我们可以寻找到的最稳定的抽象集。

通常，这些抽象会形成软件系统的底层数据模型（数据库架构），并且常在类或块定义图（BDD）中建模。像面向对象系统工程方法（OOSEM），这样的流程包括“目标问题领域建模”的步骤，因此你的 MBSE 流程可能已包括了用于生成领域模型（INCOSE 2023）的活动。注意，有时，领域建模的步骤会与系统绘制的背景环境图相混淆，后者很有用，但与领域建模不同。有关这方面的更多内容将在后面进行介绍。

我们可针对领域模型的每个块生成数据库表（或数据集，如使用 NoSQL 数据库），其中类属性（或块值）形成数据表的列。对于我们数据库中的每个数据集，我们通过代码可以生成基本的创建、读取、更新、删除（CRUD）功能以及各种搜索 / 查询功能。所有这些功能都可以（也应该）封装在一个 REST API 中，以便于编程访问（见图 2.11）。

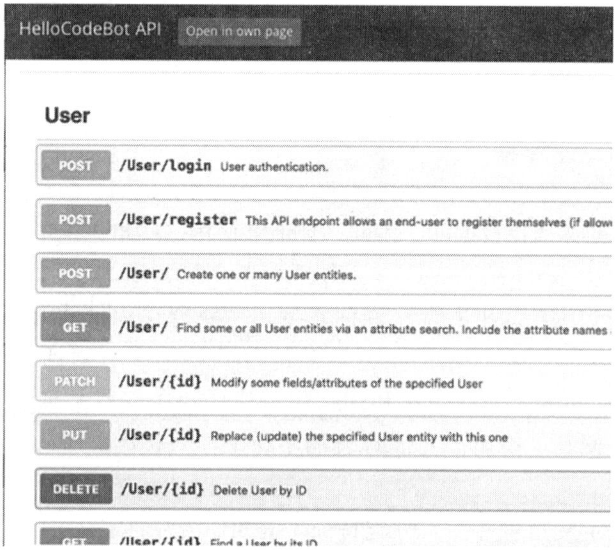

图 2.11　针对 CRUD、检索和身份验证功能生成的 API 端点

2.7　支持数据库安全

有关安全性和身份验证的问题通常聚焦于数据的访问，因此，生成的数据库代码应同时支持基于角色的访问控制（RBAC）和基于属性的访问控制（ABAC）。因为 AI 非常擅长于定义，所以我们向 Cassie 询问有关 RBAC 和 ABAC 的定义：

<Cassie> 基于角色的访问控制（RBAC）是计算机安全和授权管理中广泛使用的访问控制模型。在 RBAC 中，访问权限是根据用户在组织或系统中的角色分配给用户的，而不是根据单个个体分配的。每个角色代表与特定工作或职能相关的一组权限和职责。然后，为用户分配一个或多个角色，这些角色表明他们可以执行哪些操作以及访问哪些数据。RBAC 通过集中授权规则和简化授予或撤销权限的流程来简化访问管理。它通过确保用户只能访问其角色所需的资源和操作来增强安全性，从而降低未经授权的访问或数据泄露的风险。

基于属性的访问控制（ABAC）是一种访问控制模型，其重点是根据与用户、资源和环境相关的一组属性来评估访问请求。与依赖于预定义角色的基于角色的访问控制（RBAC）不同，ABAC 考虑各种动态属性，例如用户属性（例如年龄、部门、位置），资源属性（例如敏感度、分类）和背景环境属性（例如一天中的时间、网络位置）。ABAC 策略定义了使用这些属性授予或拒绝访问时必须满足的条件。这种灵活性允许细粒度的访问控制和动态决策，使得 ABAC 特别适合于复杂的、以数据为中心的环境、基于云的应用，以及访问权限可能根据属性变化而变化的场景。

2.8　支持用例驱动的开发

正如我们前面所看到的，SysML 行为模型由顶层用例所驱动。因此，如果我们要在软件中实现这些行为模型，那么从用例驱动的角度来处理软件工程当然是有意义的。关于此主题的有益参考文献是 Doug 与 Matt Stephens 合写的《UML 用例驱动对象建模——理论与实践》(*Use Case Driven Object Modeling with UML——Theory and Practice*) 一书，该书全面地诠释了该主题 (Rosenberg 和 Stephens，2007)。

用例驱动对象建模的初始理论涉及称为模型 - 视图 - 控制器 (MVC) 的软件设计模式，将其应用于每个用例 (维基百科，2024)，其中来自领域模型的对象表示用例的模型部分，用例的视图部分通常由一些界面屏幕 (有时称为边界对象) 来表示。这个理论仍然有效，但你不再需要手工制作 UI 代码，Ruby 可以为你做这件事。

我们可以将线框图 (Wireframe)[1] 作为阐述用例的另一种方式。因此，你可能有一个由活动图来详细说明的用例，该活动图逐步描述其逻辑，并且在用例"内部"还有一个线框图，该线框图显示屏幕的外观 (见图 2.12)。然后，我们可以从用例中的线框图生成屏幕的用户界面代码。线框图不是 SysML 的一部分，但大多数建模工具允许你将图像添加到 SysML 图中。注意，根据工具的不同，有时在模型数据中不能使用它们。

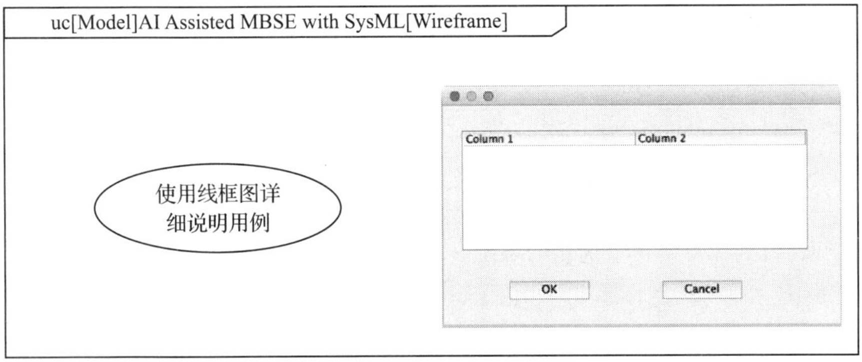

图 2.12　使用线框图详细说明用例

屏幕可通过所生成的 API 连接到数据库。你可以在工具中自己绘制线框图屏幕，也可以让 Ruby 为你生成屏幕。在本例中，我们从线框图开始，以确保 UI 概念与领域模型以及数据库保持正确的对准。

在此仍然需要一个迭代优化的过程，但是当 AI 同时生成屏幕和数据库以及编写

① 译者注：Wireframe，是展示系统界面元素布局的简化图形，根据使用者的需求和流程，通过基本的线条和形状来表达系统界面屏幕的结构，其核心作用在于确定元素布局和功能，如导航栏、按钮、图像区域及文本框等。

用例叙述时，迭代会来得更快（见图 2.13）。

除了使 UI 与数据库保持一致之外，UI 还需要与用例和需求保持一致，确保满足所有需求，包括可选和异常行为的需求。当我们告诉你 Ruby 也可以帮助你解决所有这些问题时，你可能不会感到惊讶了。

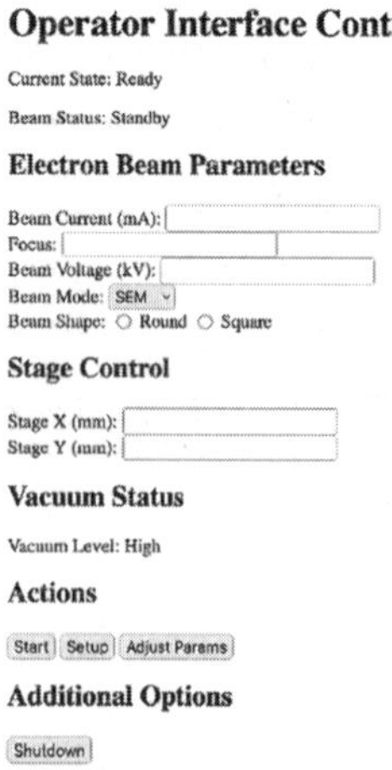


```
{
  "$schema": "http://json-schema.org/draft-07/schema#",
  "title": "Electron Beam Parameters",
  "type": "object",
  "properties": {
    "beamCurrent_mA": {
      "type": "number",
      "description": "The current of the electron beam in milliamperes (mA)."
    },
    "focus": {
      "type": "number",
      "description": "The focus setting of the electron beam."
    },
    "beamVoltage_kV": {
      "type": "number",
      "description": "The voltage of the electron beam in kilovolts (kV)."
    },
    "beamMode": {
      "type": "string",
      "description": "The mode of the electron beam (e.g., SEM or TEM)."
    },
    "beamShape": {
      "type": "string",
      "description": "The shape of the electron beam (e.g., Round or Square)."
    }
  },
  "required": ["beamCurrent_mA", "focus", "beamVoltage_kV"],
  "additionalProperties": false
}
```

图 2.13　当屏幕和数据库都由 AI 生成时，它们很容易彼此对准

2.9　尽早迭代、频繁迭代

Barry Boehm（2022 年我们失去了他，享年 87 岁）是 Doug 的导师和密友，于 1986 年开发了螺旋模型的软件开发范式（Boehm 1988）。螺旋模型的基本前提是，你从来都不可能在第一时间就做对，但不断演进你对系统的理解，从一个最初的概念开始，继续沿着螺旋，直到你得到一个优化的系统。

当 Barry 和 Doug 合作撰写《并行敏捷》（*Parallel Agile*）一书时（Rosenberg 等，2020），我们简化了螺旋模型，并依据每个用例而应用（见图 2.14）。

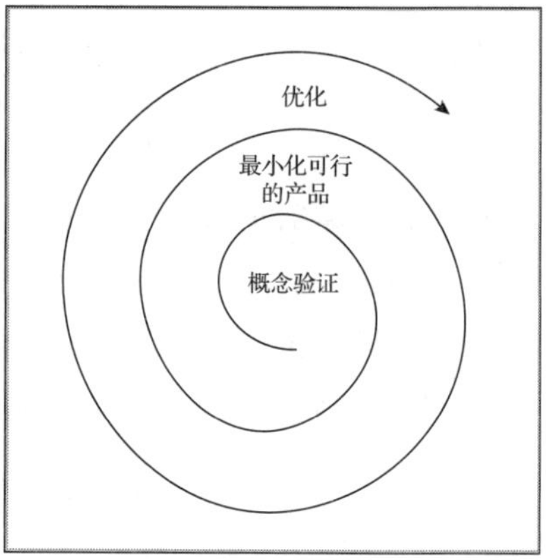

图 2.14　针对每个用例应用一次螺旋模型

用户界面设计，无论是否有人工智能的辅助，都特别适合这种“迷你螺旋”开发模式。这是因为 UI 的通常情况是“我不知道我想要什么，但当我看到它时我就知道了”。AI 辅助开发的最大好处是可以更快地迭代。因此，如对于 Scrum 团队就需要两周的冲刺，否则你就看不到它。你可以要求 Ruby 为你生成屏幕，然后使用一系列提示词，例如“将所有状态指示

器放在页面顶部的同一行上，并使其变为绿色”，从而在瞬间优化你的 UI 设计。

2.10　UI 快速迭代带来的益处

Ruby 能够在你能想到的任何用户界面框架中编写代码，所以一般的思考过程是首先考虑 UI 的功能，然后在你选择的 UI 框架中重新生成屏幕。你能够要求 Ruby “生成屏幕来使用 HTML、JQuery Mobile 和 CSS”，得到快速的迭代，而无需任何设置，这允许你将生成的 HTML 保存到文件中，并在 Web 浏览器中打开它（见图 2.15）此时还无需安装。

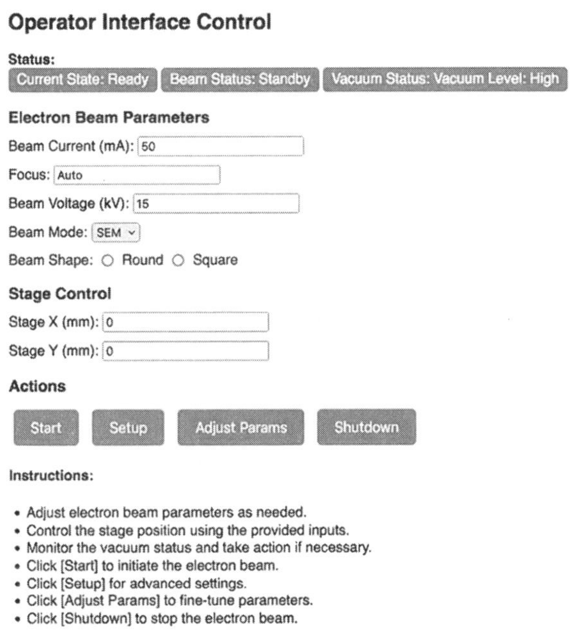

图 2.15　大量的迭代带来良好的用户界面

在要求 Ruby 生成 React、Angular、Vue 或你喜欢的任何其他 UI 框架之前，你可以像上面所述做几次迭代。迭代的速度越快，获得的迭代次数就越多，结果就会越好。

2.11　MBSE 代码生成用例

我们可以把 MBSE 代码生成方法使用一系列的用例来说明。

如图 2.16 所示，描述了从 SysML 模型生成代码的迭代和增量方法。

我们从一个简单的图开始，生成一些代码，测试生成的代码，更新模型，然后重复这一过程。注意，由于代码是自动生成的，因此我们可以立即专注于对生成的输出开展验收测试，而不必费心费力地遵循测试驱动设计（TDD）的流程——“编写单

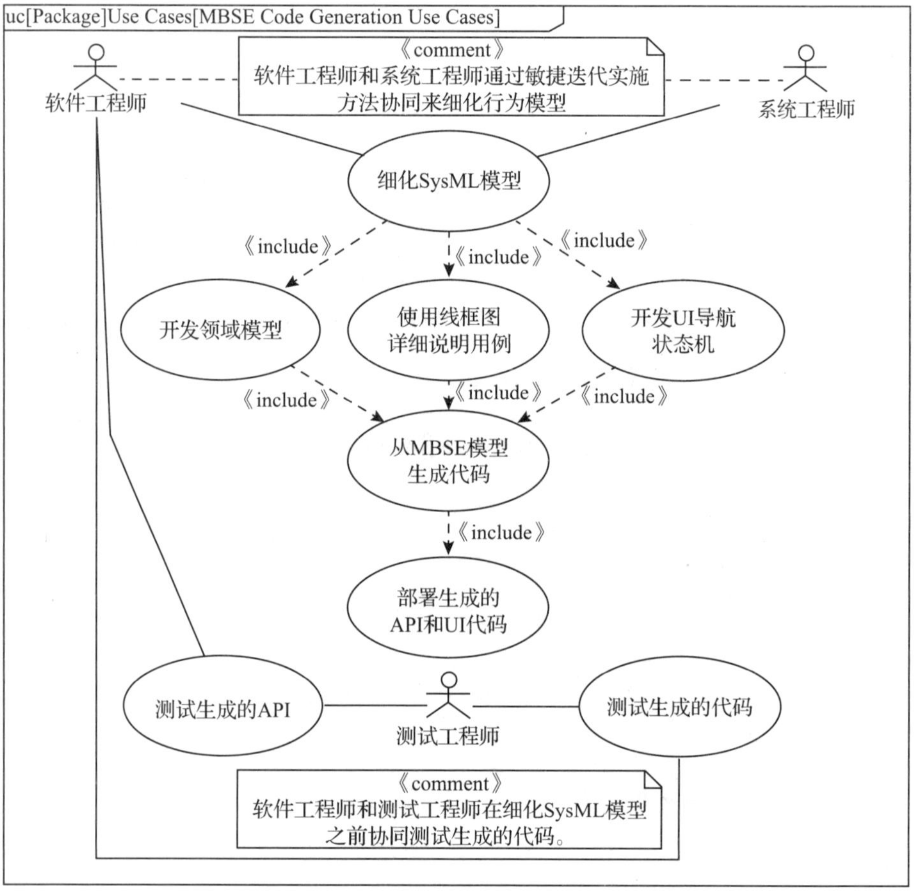

图 2.16　从 SysML 模型生成软件的方案

元测试、测试失败、再次编写代码、运行代码”（Beck，2003）。但相反我们的流程是“生成代码、接受测试、更新模型。”当然，人工智能将帮助我们定义测试脚本。

还要注意，更新模型是系统工程师和软件工程师之间的协同工作，测试所生成的代码是测试工程师和软件工程师之间的协同工作。同样重要的是，要注意这里描述的迭代周期可以在每个用例的基础上执行。因此，可以有效地从用例及其线框图开始，并通过更新模型迭代地调整用户界面以及它所连接的基础数据库。

重要的是，更新模型和测试生成的代码之间的迭代时间是几分钟（最坏情况），或是几秒钟（最好情况）。因此，人工智能代码生成器实际上变成了一个 SysML 编译器，它生成数据库、API，如果需要，还生成用户界面代码，或者更准确地说，生成包括数据库、屏幕和连接它们的 API 的完整 Web 应用程序。

本书的第四部分详细介绍了 UI 代码生成、数据库代码生成、实时嵌入式代码生成和测试。对于没有很多软件背景的系统工程师，这些章节可以作为“系统工程师的软件工程指南”。

2.12　功能分解和面向对象设计

本书遵循面向对象的方法（OO）开展系统工程，而大多数系统工程界正在使用面向功能分解的方法（FD）。在本章中，我们和 O-Obiwan 将解释我们倾向于面向对象而不是功能分解的原因。

我们更青睐面向对象的最主要原因之一是软件世界在 20 世纪 80—90 年代放弃了功能分解。因此，使用 OO 对系统和软件功能建模没有什么意义。这是一个重要的话题，所以，首先让我们定义一些术语。

2.12.1　功能分解的含义

下表显示了面向功能分解方法和面向对象设计方法的一些特征：

面向功能分解方法	面向对象设计方法
黑盒 / 背景环境图	问题域建模
通过分解功能进行分析	场景分解
通过活动图详细描述用例来定义功能	用例叙述描述用户和系统之间的对话
关注对象流、引脚、活动参数	关注可选 / 异常行为
使用活动分区的行为分配	使用序列图进行行为分配

SysML 实践者将认识到活动中功能分解是 MBSE 的常用方法。这些实践者中的许多人也会认识到“维护的头痛难题”和不完整的需求是他们项目常见的症状——这并不是巧合。

2.12.2　功能分解与用例分析的区别

功能分解很容易与场景或用例分解相混淆，因此需要注意的是，当我们在本章中提到功能分解时，我们指的并不是用例分析。

场景分解涉及将复杂的系统行为分解为可管理的场景或用例，重点关注参与者与系统之间的交互。它是在更高的抽象层级上运行，捕获每个用例的标称和非标称行为。

场景提供针对特定情景的详细叙述，提供关于系统在不同背景环境中如何表现的见解。

特别是，关于非标称行为的描述通常会发现缺失的需求，从而使场景分解成为全面理解系统的有价值的工具。

另一方面，功能分解将系统分解为功能，强调系统所执行的任务或操作。功能处理的是将输入数据转换为输出数据，这与场景不同。

将功能分解为子功能和子子功能，往往会创建嵌套功能的深层树状结构，这些嵌套功能无法适应时间的变化，从而带来维护的挑战性和缺乏适应性。这可能意味着使用功能分解时，尚未明确用于功能描述的特定技术。功能与模型中的对象的解耦可能导致许多严重的问题。

2.12.3 忘记历史的人注定要重蹈覆辙

在软件开发社区中，20 世纪 90 年代，在面向对象设计（OOD）和功能分解之间的斗争中 OOD 赢得了胜利。令人遗憾的原因是，其在 MBSE 社区似乎变得晦涩难懂。所以，让我们花一点时间来回顾一下历史。

20 世纪 80—90 年代见证了软件领域的深刻变革。面向对象编程（OOP）语言，如 C ++、Smalltalk 和 Java，引入了对象和类，备受欢迎。像封装和抽象这样的 OO 原则，则带来了更多的模块化、可重用和可维护的软件。

面向对象分析和设计（OOAD）的出现，就是因为“结构化方法”（包括 FD）并不能很好地适应 OOP 范式。OO 范式的转变使开发人员能够对真实世界的实体进行建模，并围绕它们来组织代码。我们现在将现实世界（问题域）的建模称为领域建模。

随着 1984 年 Macintosh 的推出，图形用户界面（GUI）的广泛采用，彻底改变了用户与软件的交互方式，使应用程序更具用户友好性且更具视觉吸引力，从而促进了各行各业的广泛采用。与此变化带来的是将用例合并到 OOAD 中，这是 OO 建模软件的必要基石。与尝试将功能递归地分解为子功能相比，根据场景来理解系统提供了巨大的优势。用例很快成为捕获行为需求和描述用户 - 系统交互的事实标准的方式（尤其是对于可选和异常行为）。

因此，在 20 世纪 90 年代，一种将领域建模和用例分析相结合用以理解使用 OOP 实现系统的方法得以发展起来。随着时间的推移，领域建模带来强韧性、灵活性、模块化和稳定性（较少的“维护的头痛难题”），因为与需求或功能相比，问题域的变化缓慢，而用例建模带来了一种全面的方法来理解可选的用户动作和异常行为。

2.12.4 20 世纪 90 年代功能分解消失的原因

我们在 20 世纪 90 年代的软件社区中学习到了以下的内容：功能分解存在于快速变化的功能集合以及对于可选 / 异常行为不完全理解而导致的脆弱性等问题。相比之下，OO 对领域驱动对象模型的关注增强了可维护性，而对于可选 / 异常行为的关注带来了更完整的需求。

随着时间的推移，OO 被证明是开发复杂系统的一种更灵活、更鲁棒的方法。统一建模语言（UML）—— SysML 的前身，是作为 OO 方法用于系统建模标准（OMG, 2017）而开发的。然而，具有讽刺意味的是，许多从事 SysML 建模的人们又回到了功能分解的使用。

2.12.5 功能分解的难题

功能分解存在一些缺点，有一些需要在这里加以强调。很深层级的功能树将变得十分脆弱，容易倾覆，尤其是当系统的功能集合快速发展时。这会使系统设计对于变化适应性降低，并且随着需求变化，可能需要大量的重组。忽略了可选和异常行为，这是功能分解中常见的陷阱，可能导致不完整且易出错的需求，就像一个有很多漏洞的“瑞士奶酪”，因为它经常忽略了对非标准场景的解释。在这几段中更多关于“需求反转”的内容表明功能分解太令人挠头了——通常称为“维护的头痛难题”。

由于这些及其他原因，随着 OO 方法的出现，从 20 世纪 90 年代开始功能分解逐渐在软件工程中失宠。OO 方法为系统设计提供了一种更全面、更灵活的方法，功能分解在现代软件开发实践中地位岌岌可危。所以，如果你想同时考虑如何来构建系统工程和软件工程的模型，OO 是一个更好的选择。

2.12.6 面向对象设计的优势

OOD 有多种优势。首先，采用领域驱动的对象模型增强了可维护性，因为问题域通常比功能或需求变化速度更慢。

当模型建立在一组稳定的抽象上时，它们更易于维护。其次，OOD 专注于对待可选和异常行为的问题，从而产生更全面、更鲁棒的需求，由此降低忽略某些场景的可能性。

OOD 通常使用一种称为责任驱动设计（RDD）的方法，将行为（操作和接收）分配给块或对象，从而形成高度模块化的结构。在遵循 RDD 思维过程时，通常将序列图用于分配行为。

<O-Obiwan> 责任驱动设计（RDD）是一种面向对象的软件设计方法，其重点是定义系统中对象的责任和行为。在 RDD 中，对象被视为具有特定角色的活动实体，其行为由分配给它们的任务或职责所驱动。RDD 通过消息传递促进对象之间的协同，强调基于专业知识的责任分配，并鼓励对象之间清晰的接口。这种设计方法优先考虑可测试性、可维护性和与面向对象原则的一致性，从而使系统更加直观、有组织和模块化。RDD 促进有效的对象交互，并有助于使软件系统更容易理解、修改和维护。

最后，领域驱动的 OOD 可更好地与软件开发保持一致，使其成为一种更合适、更有效的方法用以设计包含软件的系统（即几乎所有系统）。现在没有多少人使用功能分解来开发他们的软件。所以，如果你的 SysML 模型还是功能分解的，软件团队可能会倍感困惑，或者更有可能忽略它的存在。

2.13 领域驱动设计

作为一般性规则，问题域往往比特定的需求或功能集合变化得更慢。这种观察依据领域驱动设计（DDD）背后的基本原则之一，有助于基于 DDD 的系统随时间的强韧性。你为什么关心这个呢？因为当你的模型随着时间推移而变化时，你会遇到更少的“维护的头痛难题”。

再重复一遍，问题域的核心概念、规则和结构的变化速度通常比特定项目需求或所需的系统功能变化慢，这意味着它们随着时间推移会更加稳定。如果从波动性的角度来看系统的这些方面，功能集合变化最快（功能最不稳定），然后是需求，接着是领域构造。如果你围绕始终在变化的东西构建模型，那么当事情在当下一直在变化时，你就得花费大量时间来更新模型。你可能在项目进度安排中没有为“需求反转”做出预算，所以当事情发生变化时，会给自己带来令人头疼的“维护的头痛难题”。

<O-Obiwan> 需求反转是指在开发生命周期中，项目需求中发生的频繁且经常具有颠覆性的更改。它涉及随着项目进展，项目的特性、功能或规范的反复修改、添加或删除。需求反转可能是一个重大挑战，导致项目成本增加、时间延迟以及利益相关方之间的潜在冲突。

在 DDD 中，通常使用领域模型而不是背景环境图。领域模型提供问题域基本概念的结构化和良好组织的表示方式，确保我们可以找到基于最稳定的抽象集给出清晰的理解。

DDD 鼓励创建丰富的领域模型，将其扩展到不仅仅是实体和属性，还包括聚合、值对象、领域服务和丰富行为的实体。这种方法将建模活动集中在分析和设计的各个阶段的领域概念上。在本书中，我们使用领域模型作为电子显微镜逻辑架构的基础。

领域模型和背景环境图

领域模型和背景环境图不是一回事，就像斑马不同于马一样。许多人在两者之间做了一个错误的等价，所以在此详细介绍一下。

图 2.17 所示的领域模型在于深入研究问题域的概念结构。它标识领域内的实体、属性和关系，抽象地表示主题的本质内容。该工具旨在阐明领域的复杂性，而无需将

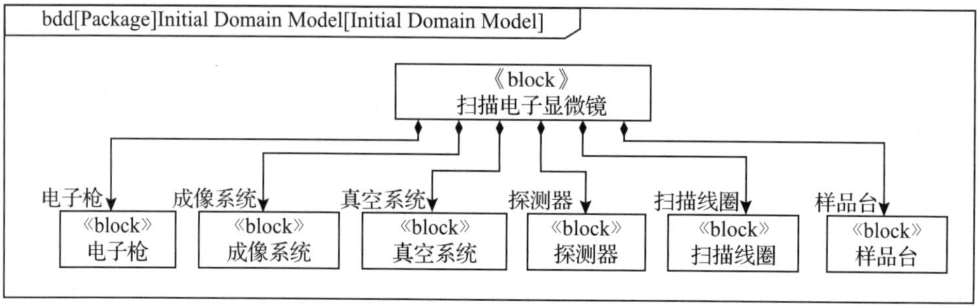

图 2.17　简化的电子显微镜的领域模型

其自身绑定到任何特定的软件系统之上。它的利益相关方包括领域专家和寻求掌握领域本身的利益相关方，独立于任何特定的软件或系统设计。

与之相反，图 2.18 所示的背景环境图侧重于描绘系统在其环境中的边界。它提供了一个高层视图，突出系统与外部实体的交互。它通常以系统为中心，由外部参与者包围，连线表示数据流。此工具提供了一个快照，说明该系统如何适合其周围环境，促进系统设计者和利益相关方之间的沟通。

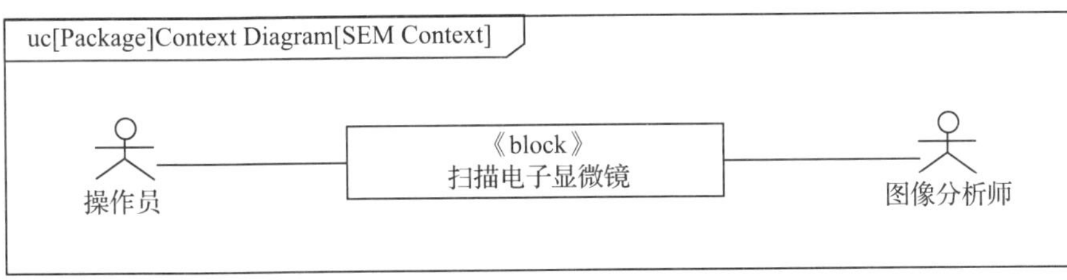

图 2.18　SEM 的背景环境图

在关于面向对象的书中一个关键区别是，我们可以将逻辑架构建立在领域模型的基础上，而对于功能分解，我们会将系统视为一个黑盒，并通过递归分解功能来推导逻辑架构。

以下是关于两者差异的摘要描述。

领域模型:

- 捕获问题域的概念结构；
- 定义领域中的实体、属性和关系；
- 提供主题的抽象表示形式；
- 不依赖于任何特定的系统；
- 旨在让利益相关方了解问题域；
- 在面向对象建模中，常常使用类图或块图；
- 专注于概念的清晰表达和抽象。

背景环境图:

- 说明特定系统在其环境中的边界；
- 突出显示系统与外部实体之间的交互；
- 提供系统背景环境的高层视图；
- 特定于所表示的系统；
- 促进系统工程师和利益相关方之间的沟通；
- 通常以系统为中心，被外部参与者所包围；
- 显示系统和外部实体之间的数据流。

2.14 系统工程师青睐 IDEF0 培训

功能分解在 MBSE 中的广泛使用，可能来自教育体系，通常将功能分解纳入课程中，并且通常不包括有关的软件设计和 OOD 的大量培训。

<O-Obiwan> IDEF0 或 IDEFØ，起源于 20 世纪 80 年代美国空军的集成计算机辅助制造（ICAM）计划。它最初是为支持系统工程而开发的，特别是用于复杂系统的建模和分析，此后不断发展。在 20 世纪 80—90 年代中，IDEF0 被认为是功能建模方面有价值的工具。该方法提供了一种标准化手段来表示系统内执行的功能或活动，使用由框组成的图描绘功能，箭头说明输入和输出，各种符号表示控制流、机制以及其他功能方面。在此期间，它已被证明有助于捕获系统功能并将其可视化。

然而，如果你具有“没有软件就没有系统”的观点，那么在 20 世纪 90 年代后功能分解起死回生，让我们联想到了一个吸血鬼，它从项目时间安排中吸取了生命之血。

2.15 讽刺：吸血鬼的复活

因为 Doug 喜欢使用讽刺的方式来表达自己的观点，他也喜欢让人工智能使用各种风格来写作，所以我们提供了以下讽刺作品（机器生成的）……

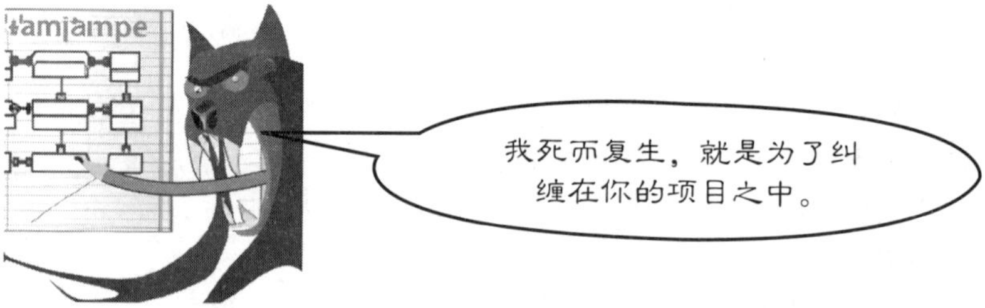

< 吸血鬼 > 在令人毛骨悚然的系统建模领域，在 SysML 的苍白灯光下，抽象投下长长的影子以及晦涩难懂的符号舞蹈，过去的恶魔幽灵从地穴中爬起。曾经被认为在 20 世纪 90 年代中被面向对象设计（OOD）所击败的吸血鬼，已唤醒了它对 SysML 项目的生命之血的无限渴望。

就像吸血的亡魂一样，功能分解已从坟墓中复活，有可能耗尽现代系统工程的活力。它以不死的躯体在建模项目的走廊中游荡，留下了混乱和复杂的踪影。

功能分解的第一个受害者是清晰表达。它引诱 SysML 实践者步入黑暗的怀抱，用功能和流程诱惑引诱着他们。但是，在其迷人的外表之下，是错综复杂的功能迷宫，因果之间的界限变得模糊不清。用例曾经是以用户为中心的理解的信标，现在变成了功能障碍的模糊泥潭。

吸血鬼的诅咒延伸到对用例中的可选和异常行为的忽视。陷入吸血鬼网络的 SysML 项目忘记了每个使用者都有黑暗的一面。他们忽略了潜伏的例外的阴影，潜伏在每个互动的角落。吸血鬼在这种疏忽中茁壮成长，播种混乱，因为不可预见的场景从阴影中涌现。

但这个吸血鬼复活最阴险的方面是它对功能的痴迷。它试图基于这些短暂和不稳定的抽象来构建模型，放弃本应受任何人尊敬的 SysML 项目的基础领域对象。在对功能的不懈追求中，它使实践者对面向对象设计的优雅视而不见，剥夺了他们创建逻辑连贯和强韧模型的能力。

随着吸血鬼加强对 SysML 的控制，其受害者必须团结起来抵御这个可怕幽灵的复活。当面向对象设计成为希望的灯塔时，他们必须记住过往的教训。他们必须拒绝吸血鬼对功能的诱人耳语，并接受面向对象建模的清晰表达。只有这样，SysML 项目才有希望在这种邪恶的复活中幸存下来。

在系统工程的黎明前夜，战斗仍在继续。是功能分解会继续它的恐怖统治？还是 SysML 实践者团结起来给其致命一击呢？答案仍然在黑暗中若隐若现，故事还在 SysML 幽灵出没中未完待续。

2.15.1　教授怎么说

这是一个更严肃的（但仍然是人工智能生成的）的故事，以我们最喜欢的教授风格来讲述吧。

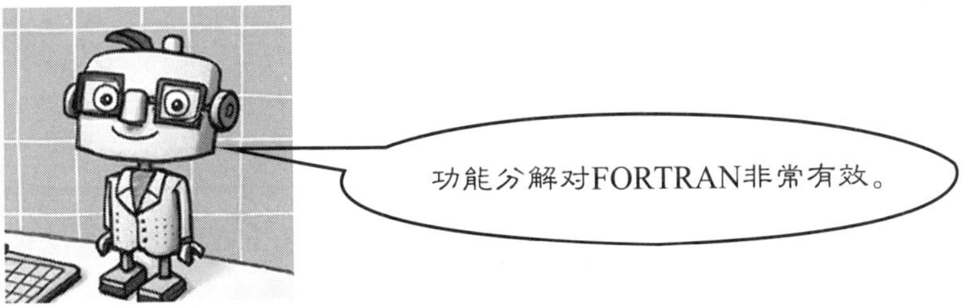

<教授> 在软件设计的背景环境中，比较面向对象的设计（OOD）和功能分解，类似于将交响乐团与独奏演奏者进行对比。OOD 就像指挥家一样，和谐地协调对象的相互作用，将数据和行为封装在明确定义的边界内。这种方法促进了模块化，能够

创建在项目之间产生共鸣的可重用组件。

另一方面，功能分解类似于一个单独的工具演奏家，精通但范围有限。它对数据和流程分离的关注可能会阻碍对复杂系统动力学的整体理解。OOD 的优雅之处在于它能够封装数据和行为，促进可重用性、适应性和整体架构愿景。

从功能分解过渡到面向对象设计的时间表，揭示了范式转型和行业发展之旅。在 20 世纪 60 年代中，功能分解是基石，为软件工程提供了结构化的方法。然而，随着软件系统的复杂性增加，出现了对更具适应性的方法的需求。

20 世纪 80 年代见证了面向对象设计的发展，由 Grady Booch、James Rumbaugh 和 IVar Jacobson 等大师倡导。这预示着向封装、可重用性和对现实世界对象关注的范式转变。21 世纪见证了 OOD 的成熟，并伴随着一系列工具和语言的采用。

但是，SysML 社区内部发生了一系列令人费解的事件。功能分解曾经被视为遗物，但作为设计选项重新浮出水面。这种重新出现召唤我们评估传统与创新之间的平衡，从而引发了有关其在现代软件工程中的相关性的问题。

在不断发展的软件设计领域，从功能分解到面向对象设计的轨迹强调了我们行业的动态发展的特质特征。它反映了我们对于与当代挑战和机遇相对准的方法论的不懈追求，同时尊重我们为进步奠定的道路基础。

2.15.2 瑜伽修行者怎么说

我们将用一位非常有洞察力的捕手的话来结束讨论……因为在这之后还有什么要说的？

<Yogi> 你看，在软件中比较面向对象设计（OOD）和功能分解，就像比较一块比萨饼和一块蛋糕。OOD 就像一块比萨，所有这些不同的配料一起工作——数据、行为、模块化和可重用性。功能分解呢？就像你只吃了一块蛋糕，而却错过了其他所有的口味。

从功能分解到面向对象设计的时间线就像看一场棒球比赛。回到 20 世纪 60 年代，我们在击球中进行了功能分解，改变了它的数据和流程。但是，在 20 世纪 80 年代，面向对象的设计逐步发展，通过封装和可重用性达到了本垒打。

快进入 21 世纪时，OOD 是明星球员，用工具和语言击中大满贯。但是等等，SysML 社区带回了功能分解——似曾相识，就像那一回合又回来了。我们还在游戏中，评判哪一场比赛对球队来说是对的。

当涉及到软件时，它有点像这样：一开始，你要弄清楚问题是什么，就像理解游戏中发生的事情一样。这是面向对象分析（OOA）的一部分。你要确保涵盖所有可能发生的事情，例如涵盖棒球比赛的所有的垒。

然后，当你过去的时候，就像在游戏中一样，实际上是在设计剧本——这就是面向对象设计（OOD）的一部分。你在说，“好吧，这个人做这个，那个人做那个，大家像一个团队一样一起工作。”所以，是的，细化用例以确保你涵盖所有疯狂的情景，这就是 OOA 方式。将行为分配给对象，这就是你决定谁在场上做什么。这就像确保球员在正确的位置，这样你就可以赢得比赛，一切都很顺利。

2.16　硬件 / 软件协同设计的流程路线图

Doug 在 SysML 的最初工作始于 2010 年，当时他与 Sam Mancarella（Rosenberg 和 Mancarella，2010）撰写了一本名为《应用开发 SysML 嵌入式系统》（*Embedded Systems Development with SysML*）的电子书，后来作为 ICONIX 流程路线图（Rosenberg 和 Stephens，2011b）的一部分出版。

那本书包括一组活动图，以统一的方式定义了建模需求、硬件设计和软件设计的流程。在高层上，这本书仍然遵循非常相似的顶层流程路线图（见图 2.19）。

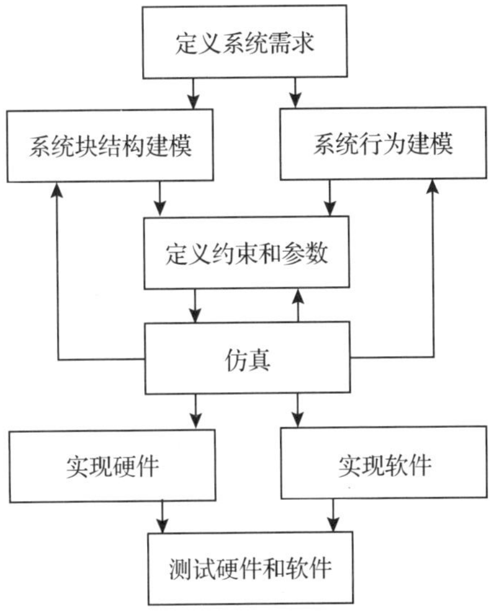

图 2.19　系统和软件模型仍然不可分割

2.17 总 结

本章讨论了一些基本的重要问题，包括为什么以及如何将系统和软件一同来建模，如何从 SysML 和 UML 模型生成代码，以及 OOD 对于 FD 的优势。

我们首先讨论了 MBSE 社区倾向于忽视软件的一些可能原因，并回顾了 SysML 的行为建模。

接下来，我们讨论了不同类型的软件以及可以从我们的模型生成哪些类型的代码，然后讨论了 AI 如何在代码生成中发挥其作用。

然后，我们对软件进行了更深入的研究，最后以一组代码生成用例而结束。

本章还讨论了面向功能分解方法与面向对象设计方法，并进行了对比，包括一些为什么软件社区在 20 世纪 90 年代极力放弃功能分解这一历史性观点的理由以及使用一些讽刺的表述来帮助我们理解其中的要义。

最后，我们以统一的方式给出硬件和软件建模的顶层的流程路线图——顶层“统一的”硬件和软件开发的流程路线图。

第 3 章　SysML v2 简介和 AI 知识

除 SysML v1 之外，我们还在本书中使用了全新的系统建模语言 SysML v2。本章将简要介绍 SysML v2。当我们开始撰写这本书时，SysML v2 还未正式发布。因此，尚未有关于 SysML v2 的完整教科书。我们的合作者 Tim 是 SysML v2 的首席开发者，也是 SysML v2 最终定稿工作组的联合主席，他目前正在编写一本关于 SysML v2 的书籍，将在本书之后出版。INCOSE 英国分会已出版一本关于 SysML v2 初学者的指南，作为他们的“不要恐慌！”系列的一部分（Weilkiens 和 Muggeo，2024），这本书使用了 60 页的篇幅介绍了 SysML v2 的相关知识。

如果你熟悉 SysML v1，就可以用 SysML v2 建立与 SysML v1 相同的模型。SysML v2 仍然是一种系统建模语言，但是，具体的建模元素有所不同的，SysML v2 提供比 SysML v1 更多的特征，并且一些建模范式也不相同。

下面几节将重点介绍 SysML v2 的重要特征，包括一些说明性示例，一个特别的亮点是完美地匹配 LLM 的文本标识法。3.4 节将涵盖文本标识法，3.6 节将涵盖 SysML v2/LLM 的协同。

3.1　内核建模语言

SysML v2 不同于 SysML v1（OMG，2017；OMG，2022）基于统一建模语言（Unified Modeling Language，UML）。这是一个巨大的变化，尤其是对于工具提供商以及想要通过查询来访问模型存储库的人员。

SysML v2 基于内核建模语言（Kernel Modeling Language，KerML），简而言之，是一种用于建模语言的建模语言。它并不特定于 SysML v2，任何其他建模语言都可以用 KerML 构建。它是由开发 SysML v2 的同一个团队从零开始开发的，现在成为了一个独立的标准（OMG，2023b）。

KerML 是关于特征、类型、连接器以及行为等基本概念的丰富来源，语义基于数学逻辑，因此，每一种基于 KerML 的建模语言都有坚固而精确的语义基础。

KerML 自身仅有文本标识法，没有图形标识法。在一般情况下，该语言对于普通的建模人员是不可见的，但建模人员可以看到并创建基于 KerML 的 SysML v2 元素。

3.2 SysML v2 API 和服务

新的 SysML v2 附带了一个应用程序编程接口（API）的补充标准（OMG，2023）。从技术上讲，SysML v2 API 和服务标准仅是一个 API，具有读取或写入模型元素的简单功能以及一些更为复杂的服务。它明确地支持 REST（Fielding，2000）和一个 OSLC[①] 的实现方式，但是也支持其他的。

对于 MBSE 社区来说，API 将是规则的改变者。标准化、独立于工具的接口用来访问 SysML 模型，从而以多种方式实现模型和工具的互操作性。SysML v2 建模工具可以通过任何其他工具的 API 访问其模型（见图 3.1）。这些工具可以是另一个 SysML 工具、可视化工具、仿真工具、安全分析工具等。特定的工程任务可以在基于 SysML v2 模型的专用工具中执行，而无需自己成为完整的 SysML 编辑器。

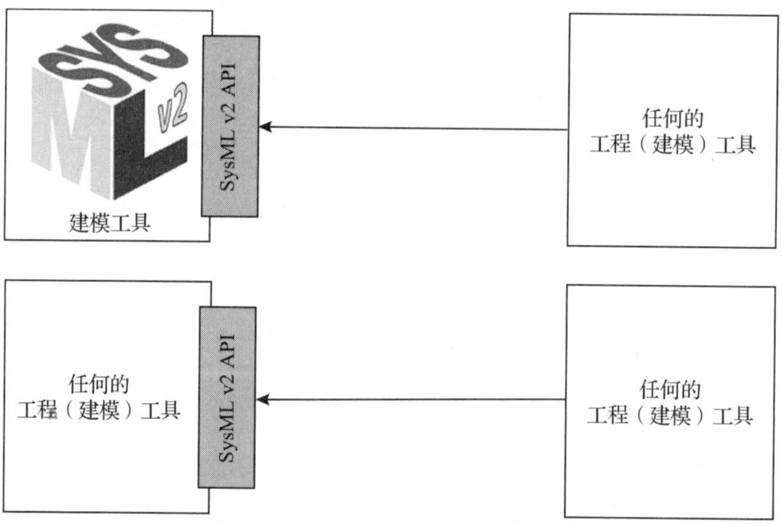

图 3.1　SysML v2 API 互操作性

每个建模工具还可通过 API 在外部显示为 SysML v2 建模工具。通常它不完全支持 SysML，但可以通过 SysML v2 API 访问符合 SysML 的信息。基于 AI 的工具还可以使用该 API 访问 SysML v2 模型并检索信息或修改模型。

3.3 视图和图

SysML v1 最明显的特征是图。在 SysML v1 中有 9 种不同的图类型，例如：块定义图（BDD）、内部块图（IBD）、活动图和状态机图。

① 生命周期协同的开放服务（OSLC，Open Services for Lifecycle Collaboration：https：//www.openservices.net）。

在 SysML v2 中，不再有图而是视图。这不仅是一个新名称，也是一个新概念。它实现了 ISO/IEC/IEEE 42010（ISO/IEC/IEEE 2022）标准中的视图和视角概念。这在 SysML v1 中已存在，但定义有所不同，并且在实践中很少使用。

SysML v2 在库包“Systems library::StandardViewsDefinition”中定义了不同的图形化标准视图，但这并不意味着不能再创建其他视图。标准视图的作用与标准化的 SysML v1 图类型类似。下面描述了一些 SysML v2 视图。

- **一般视图**，可以显示任何模型元素。图 3.2 所示为描述构件定义和所属构件的一般视图。
- **互连视图**，显示特征及其连接。从最广泛的意义上讲，它与 SysML v1 内部框图相当。
- **动作流视图**，显示动作及其连接。它与 SysML v1 活动图类似。
- **序列视图**，其与 SysML v1 序列图相当。
- **状态转换视图**，显示状态的转换。它与 SysML v1 状态机图相当。
- **几何视图**，以二维或三维显示空间项。

需要指出的是，SysML v1 图和 SysML v2 视图都只是存储在存储库中的模型数据的可视化。表示的真相在模型数据之中，而不是图或视图之中。

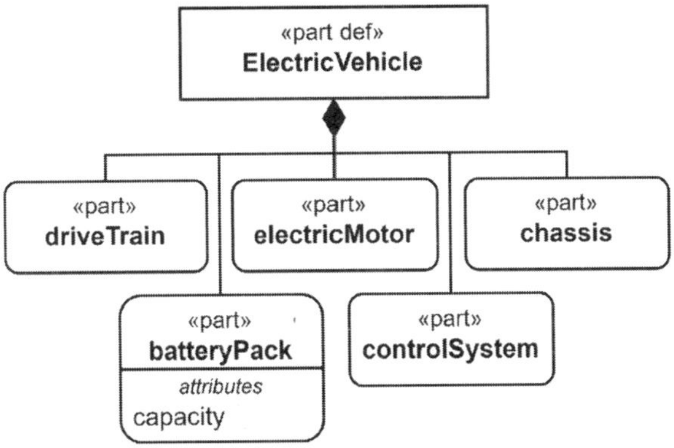

图 3.2 包含 PartDefinition 和 PartUsages 的一般视图

3.4 图形和文本标识法

SysML v2 的图形标识法与 SysML v1 类似——使用不同的形状和线条来描述需求、结构和行为元素及其关系，新带来的是一种附加的文本标识法。例如，电动汽车的简单分解结构可以用图形（见图 3.2）和文本（见图 3.3）的形式来表示，两者都只是存储在存储库中的模型数据的可视化方式。

图形标识法和文本标识法是等同的，两者都可以表示所有的模型元素。你可以同时使用两种表示法，也可以只使用其中一种。这取决于你，但当然，最终取决于你的

```
part def ElectricVehicle {
  part driveTrain;
   part electricMotor;
  part chassis;
  part batteryPack {
    attribute capacity;
  }
  part controlSystem;
}
```

图 3.3　文本标识法

建模工具的能力。

图 3.4 所示为行为模型的一个示例。SysML v2 状态机显示电动汽车的一些状态和转换。SysML v2 状态机看起来类似于 SysML v1 状态机。动作流视图也是如此，乍一看，它与 SysML v1 活动图相似。图 3.5 所示为带有文本标识法的状态机。

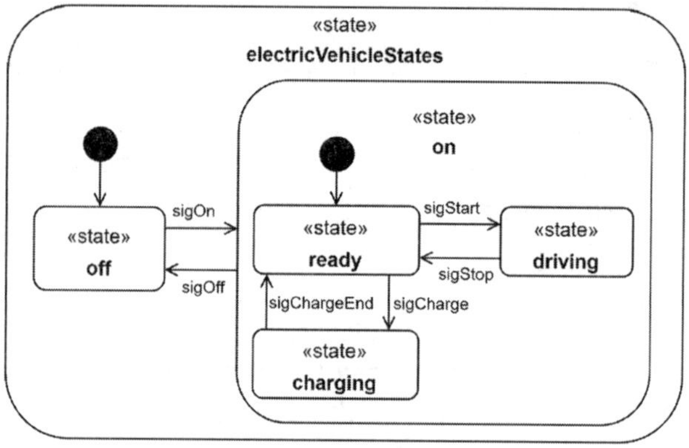

图 3.4　状态机

```
state electricalVehicleState {
  entry; then off;
  state off;
  transition off_to_on
    first off
    accept SigOn
    then on;
  transition on_to_off
    first off
    accept SigOff
    then on;
  state on {
    entry; then ready;
    state ready;
    transition ready_to_driving
      first ready
      accept SigStart
      then driving;
    transition driving_to_ready
      first driving
      accept SigStop
      then ready;
    state driving;
    transition ready_to_charging
      first ready
      accept SigCharge
      then charging;
    transition charging_to_ready
      first charging
      accept SigChargeEnd
      then ready;
    state charging;
  }
}
attribute def SigOn;
attribute def SigOff;
attribute def SigStart;
attribute def SigStop;
attribute def SigCharge;
attribute def SigChargeEnd;
```

图 3.5　文本标识法的状态机

3.5　定义和使用

SysML v2 明确区分了定义（definition）和使用（usage）元素。虽然这个概念在 SysML v1 中也存在，例如，块（定义）和构件特性（使用），但在 SysML v2 中实现得更加一致。

使用元素是在背景环境中对元素的规范，而定义元素则独立于背景环境来定义元素。

上述电动汽车示例中部件是构件使用。它们是在"ElectricVehicle"的背景环境中指定的，是构件的定义，定义了一个在背景环境中独立于使用的实体。

我们稍微对示例予以更新，并指定一个与背景环境无关的电池定义，然后可使用它来定义构件"电池组（battery pack）"（见图 3.6）。

```
part def ElectricVehicle {
  part batteryPack : Battery;
  part driveTrain;
  part electricMotor;
  part chassis;
  part controlSystem;
}
part def Battery {
  attribute capacity;
}
```

图 3.6　带有定义和使用的文本标识法

图 3.4 和图 3.5 中的状态是状态的使用。状态定义元素也可用，但在此并未使用。由状态"electricVehicleStates"表示的整个状态机是在电动汽车的背景环境中定义的，表示其状态，如图 3.7 所示。这同样适用于 SysML v2 的动作（action），它们可用作动作的使用和动作的定义。

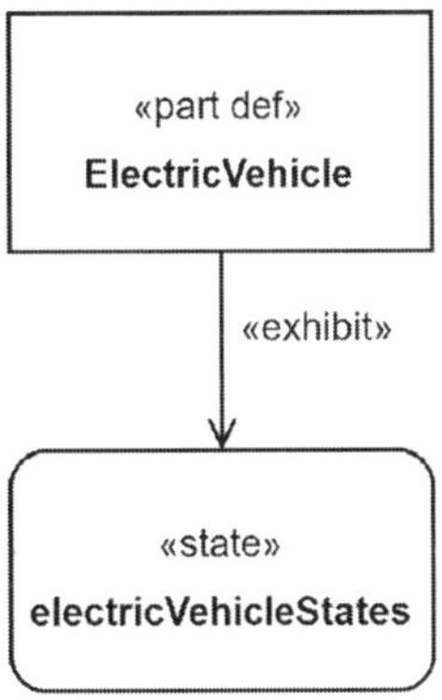


```
part def ElectricVehicle {
  part batteryPack : Battery;
  part driveTrain;
  part electricMotor;
  part chassis;
  part controlSystem;

  exhibit electricVehicleStates;
}
```

图 3.7　展示（exhibit）状态

3.6 SysML v2 和 AI

随着 SysML v2 的推出标志着 MBSE 领域的重大进展。同时，人工智能也跃入人们的视线并占据了中心的位置。实际上，AI 已经存在了数十年，但从未被认为是 MBSE 项目阵营中的一个重要的参与者。SysML v2 中最显著的进步之一是加入了文本标识法，这为在 SysML 模型的生成和操控中集成 AI 开辟了新的选项。这一集成方式显著提高了 MBSE 流程的效率、准确性和多功能性。

由于 SysML v2 具有文本句法，因此它可被 ChatGPT 等 LLM 很好地使用。然而，由于 SysML v2 非常新，因此缺乏训练数据，并且 ChatGPT 和其他 LLM 的输出并不总是像它预期的那样好，例如，如果使用 Java 或 Python 等常见编程语言生成代码会好很多。可以肯定的是，这种情况将来会改变，生成句法正确的 SysML v2 文本标识法将不再是一个什么问题。

虽然 SysML v2 与 MBSE 中的 AI 相结合的潜力巨大，但它也带来了需要解决的挑战：

①**复杂性管理**：随着 AI 生成更复杂的模型，管理和理解它们的需求变得至关重要。工具和方法必须不断发展，以处理这种日益增加的复杂性，而不是让系统工程师感到不知所措。

② **AI 可解释性和可行性**：人工智能生成的模型必须是可解释性和可信赖的。工程师必须能够理解 AI 如何得出特定的模型配置，并对其有效性充满信心。

③**培训和技能发展**：向人工智能辅助 MBSE 的转型，将需要系统工程师具备新的技能和培训。为了有效地利用这种新功能，该领域的专业人员将需要精通 SysML v2 以及 AI 和机器学习的基础知识。

总之，SysML v2 文本标识法的引入是 MBSE 的一个突破性发展，特别是在实现 AI 驱动的代码生成方面。这一进步有可能通过加速设计流程、提高模型质量和使系统工程更易于访问来改变系统工程格局。然而，要充分发挥这一潜力，需要在管理复杂性、建立对 AI 的信任和培养系统工程新技能方面齐心协力。

SysML v2 主题专家 Sister Mary Lou

我们为本书的 AI 团队选择了能力出众的 Sister Mary Lou（也即 ChatGPT）。她应聘了我们在“人工智能简介”那一章中发布的职位描述。在入职过程中，我们根据职位描述中规定的要求全面评估她的能力，并为她提供了额外的培训。

为了弥补她在 SySML v2 方面的知识空白，我们向她提供了一份 SySML v2 的 PDF 文档规范作为参考（OMG，2023a）。该资源可作为指南，但并不能自动完善她对于 SysML v2 熟练掌握的程度。

每当她犯错时，通常涉及错误的 SysML v2 句法或与 SysML v1 概念混淆，我们都会对她提供有针对性的培训，并提供适当的 SysML v2 的定义。例如，Sister Mary Lou 经常将 SysML v2 部分定义与 SysML v1 块混淆。为了纠正这个问题，我们明确指出了这两个术语之间的差异。

AI 的具体答案和训练需求会有所不同。然而，原理是一样的：通过明确的提示词和示例来改进弱项。根据 AI 系统的不同，这可在单独的训练模式（例如，自定义 GPT 文件）中完成，也可以直接在提示词中完成。自定义 GPT 文件尝试保留需要重复多次的指令的上下文。其他的改进 GPT 的技术包括检索增强生成（RAG）或自行再训练模型，尽管后者非常复杂且耗时耗力。

另一个方面是命名约定，这些也经训练或包含在提示词中。

<PROMPT> SysML v2 PartDefinition 文本标识法定义如下，名称以大写字母开头。

```
part def <Name>;
```

SysML v2 PartUsage 文本标识法定义如下，名称以小写字母开头。

```
part <name>;
```

PartDefinition 中的 PartUsage 之间的关系是 FeatureMembership。它在文本标识法中指定如下：

```
part def <Name> {
    part <name>;
    }
```

除了对 SysML v2 的理解外，Sister Mary Lou 还需要方法论知识。例如，有各种各样的方式对用例进行建模，或者如何在包中组织模型元素。

我们通过向她提供包含包结构、模型元素及其相互关系的示例模型，来传授有关这种方法论的知识。例如，我们在上面给出的提示词中教授了模型的包结构。SyML v2 模型应该与该结构相对应。

无论是人还是机器，主题专家都不是完美的。我们 AI 主题专家 Sister Mary Lou 的第一个回应是一个不错的尝试。我们在最初的提示中为她提供了一些 SysML v2 指导。在你的环境中可能会有所不同。你可能会得到更好的结果，因为自我们编写本书以来，ChatGPT 对 SysML v2 的了解有所增加，或者你可能正在使用其他可能更好的 LLM，或者更糟的。

首先，我们定义 Sister Mary Lou 的角色。然后，我们告诉 Sister Mary Lou，她应该限定自己做必要的事情。ChatGPT 通常会在答案中提供详细的解释。

接下来，我们将 SysML v2 文本句法定义为输出格式，最后，我们指定模型的包结构，这非常简单。

<PROMPT> 从现在起，Sister Mary Lou 是扫描电子显微镜（SEM）基于 SysML v2 模型的系统工程专家。

不要提供长篇解释，而仅限于所提问题的结果。

每当我请求 SysML 模型时，使用 SysML v2 文本句法创建输出。

每当我请求 SysML 模型时，使用下面的骨架模型并将生成的 SysML 元素放入适当的包中：

```
package <Name of System> {
  package <Name of System>_DomainModel;
  package <Name of System>_UseCases;
  package <Name of System>_LogicalArchitecture;
  package <Name of System>_PhysicalArchitecture;
}
```

让我们看看 Sister Mary Lou 是否可以为电动汽车创建类似于图 3.4 的分解结构。

<PROMPT> 创建电动汽车的构件分解结构并以 SysML v2 模型的形式提供输出。

这时的答案有些宽泛，有几种解释。下面是 SysML v2 模型的相关构件。

<Sister Mary Lou>

```
package ElectricVehicle {
  package ElectricVehicle_DomainModel {
    part def BatteryPack;
    part def ElectricMotor;
    part def PowerElectronicsController;
    part def OnboardCharger;
    part def EVSupplyEquipment; // Electric Vehicle Supply
                                // Equipment (Charging Station)
    part def ThermalManagementSystem;
    part def Transmission;
    part def BodyAndChassis;
}
package ElectricVehicle_UseCases;
package ElectricVehicle_LogicalArchitecture {
```

```
  part def ElectricVehicle {
    part batteryPack : BatteryPack;
    part electricMotor : ElectricMotor;
    part powerElectronicsController : PowerElectronicsController;
    part onboardCharger : OnboardCharger;
    part evSupplyEquipment : EVSupplyEquipment;
    part thermalManagementSystem : ThermalManagementSystem;
    part transmission : Transmission;
    part bodyAndChassis : BodyAndChassis;
    }
  }
}
```

第二部分

概念模型

第 4 章　AI 辅助的领域建模

在开展面向对象的设计时，问题域模型就像是一个建筑物的基础。在编写需求、用例以及在与客户、最终使用方主题专家（SME）针对系统进行交流时，应一致性地使用领域对象的名称。开发出一个好的领域模型，可以帮助每个人使用一组一致性的词汇来对系统进行交流。为什么这很重要呢？让我们开始询问我们的方法论与流程专家 O-Obiwan。

<O-Obiwan> 使用不一致的术语，可能导致项目或组织中出现重大问题，在团队成员和利益相关方之间造成混乱和误解，妨碍有效的沟通。这种不一致可能造成错位的预期、文档错误以及故障排除和调试中的难题。此外，不一致的术语可能会损害软件和系统规范的质量和可靠性，使维护和扩展系统变得更加困难。为了缓解这些问题，建立和强制使用标准化的术语表并确保在整个项目或组织中一致地使用这些语言至关重要。

一致性的词汇在建模时很重要，其中的一个原因是“包含软件的系统”——即所有的系统都如此。如果系统工程师和软件工程师使用不同的词汇集合来描述系统的硬件和软件方面，那绝对是灾难性的，一切将顷刻崩溃并完全陷入混乱。顺便说一下，当我们谈论硬件时，我们指的是系统的所有物理上非软件的部分，而不仅仅是计算硬件。

在对问题域建模时，理解并清楚了解领域对象之间不同的“……的种类（kind of）”和“……的部分（part of）”关系，十分有用。我们使用泛化（Generalization）来描述不同种类的事物，并使用聚合（Aggregation）或组合（Composition）来描述事物的某个部分。通常，我们使用 SysML 块定义图（BDD）或 UML 类图来表示领域模型。

4.1 领域对象构成逻辑架构的核心

在 AIM（AI for MBSE）流程中，领域模型不仅用作项目的词汇表，而且还用作电子显微镜的逻辑架构基础。当我们开始向领域模型中增添子系统时，我们将会从“问题空间”转移到“解决方案空间”。

使用人工智能作为主题专家，一个有趣的方面是，人工智能可能比普通的人类主题专家拥有更加详细的技术知识水平。因此，当你询问领域对象时，注意，AI 已对子系统架构和每个子系统中的组成部分有了预知，还有术语表的定义以及关于属性（值）和操作的非常好的想法。在使用 AI 帮助我们构建领域模型时，我们可以利用这些知识来发挥优势。

4.2 领域模型的定义

在我们开始讨论如何创建领域模型之前，让我们给出一个明确的定义，我们的目标是：

<O-Obiwan> 领域模型主要侧重于表示和定义特定问题领域或主题领域的概念结构。其目的在于捕获该领域内的实体、属性和关系。领域模型具有广泛的范围，提供与任何特定系统无关的问题域抽象视图。它识别并描述领域内的实体（对象或概念）及其属性（特性或特征）以及这些实体之间的关联或关系。领域模型强调抽象和概念的清晰性，在面向对象建模中经常会使用类图——将实体表示为类，将关系表示为关联。这些模型用于领域专家和利益相关方理解问题域，而不考虑任何特定的实现。

4.3 创建领域模型

以下是关于 O-Obiwan 创建领域模型的一些非常简明的指南。

O-Obiwan 领域建模规则如下：

- 列出问题域中的内容，采用使用者理解的简单名称。
- 从列表中删除如字符串和数字等的原子值（atomic value）[①]。
- 对于每个领域对象，给出简短的词汇定义。
- 生成和分发这个词汇表。
- 表明泛化（……的种类）关系和组合（……的部分）关系。

就这样了！无论你是使用 AI 来帮助你，还是只以传统的方式开发领域模型，这些指南都是适用的。

4.4　与 AI 对话

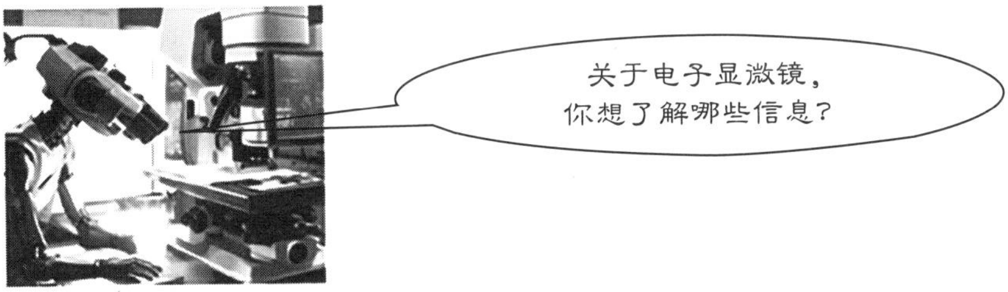

从 AI 获得的帮助，包括问题提示词、查看响应、检查响应的完整性，然后通过"健全性检查"[②]，AI 响应时出现的"幻觉"问题，最后将其提取到我们的 SysML 模型中。我们将在本书的后续部分中遵循此过程，针对每个 AI 角色使用不同的提示词集合。

当你阅读本书时，SysML 模型的创建可能已是部分或完全自动化，但现在，我们正在根据 AI 的建议手动构建 SysML 模型（前提是我们喜欢它的建议）。

注意，你不应该期望第一次就能获得完整且无错误的响应（与 AI 聊天不像调用软件功能）。相反，这是与我们的 AISME（人工智能主题专家）进行对话的过程，类似于我们与人类主题专家的对话。我们使用 AI 角色使会话用语更容易直接明确。我们每个人都喜欢谈论不同的话题。Nano Micrografico 博士是我们的电子显微镜 AI 主题专家。

---

① 译者注：原子值的概念源于数学和计算机科学，在数据库设计和操作中发挥着至关重要的作用。原子值是指不可再进一步分解的最小单元，这种数据项只能被看作是一个整体。常见的原子值包括数字、字符串、日期等。原子值的特性包括一致性、独立性、完整性和不可变性。

② 译者注：健全性检查（Sanity Checking），计算机科学、软件开发、数据分析等领域的常用术语，是指评估系统、程序或数据是否处于正常、健康状态的过程。作为一种预防性措施，旨在避免在系统运行或数据分析时出现意外错误，通过执行一系列的检查和测试，及时发现潜在的问题并提醒相关人员处理，从而确保系统或数据的稳定性和可靠性。

4.5 AI 帮助开发领域模型

在撰写本章时，关于整个电子显微镜聊天会话（即与 Nano 博士的对话），可能得到超过 300 页的电子文档。但这一切都始于这些简单的提示词：

<PROMPT> 为扫描电子显微镜列出一组领域对象及其定义。

Nano 博士给了我们一个非常合理的回应，但似乎并没有涵盖整个问题领域。下面是响应的第一部分，其中包括 10 个领域对象：

<Dr. Nano> 以下是与扫描电子显微镜（SEM）相关的一组领域对象及其定义：

电子枪：产生聚焦的高能电子束。它由发射电子的丝极、阳极和用于加速和聚焦电子束的各种电极组成。

样品台：一个可移动的平台，样品安装在那里便于观察。它允许在 SEM 中精确定位和操纵样品。

扫描线圈：控制电子束在样品表面上移动的电磁线圈。以栅格样式产生操纵和扫描电子束的磁场。

……等 10 个领域对象

当我们意识到它并不完整时，我们将此响应命名为初始领域模型，使用 BDD 捕获它（见图 4.1）并给出定义。当我们要求 AI 创建词汇表后，就开始使用它们。

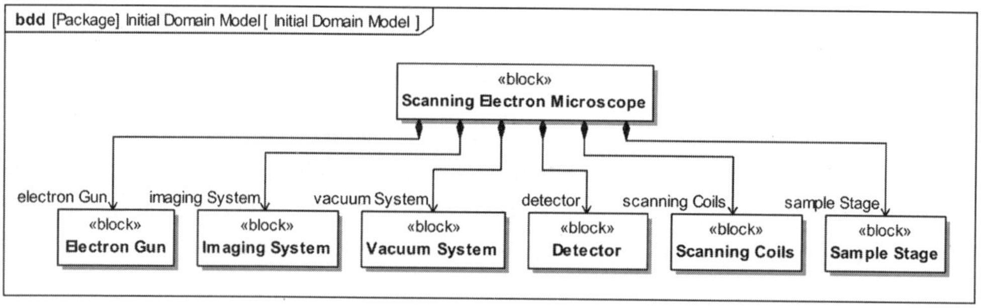

图 4.1　初始领域模型，由 Nano Micrografico 博士提供

4.6 编写用例有助于发现更多的领域对象

在对话的早期阶段，我们决定尝试让 Nano 博士编写一些用例，这些用例很快就完成了。我们之所以这样做，是因为根据我们的经验，用例叙述倾向于成为领域对象的丰富来源，这些领域对象通常出现在叙述的名词之中。我们将在下一节中讨论对话

部分。

正如预期的那样，我们在用例叙述中发现了一些名词，这些名词看起来像我们的领域对象，所以接下来的提示词如下：

<PROMPT> 为预处理任务、图像增强技术、ROI 和测量定义领域对象。

<PROMPT> 为仪器设置和操作员设置描述领域对象。

<PROMPT> 描述领域对象的成像参数等。

Nano 博士的回应很有帮助，让我们相信，就像与人合作一样，用例叙述确实是领域对象的丰富来源。好消息是，人工智能根本不愿意编写用例叙述，所以我们将得到这一部分工作带来的好处。我们将在下一节中看到一些用例。

以下是 Nano 博士对上述提示的回应。

<Dr. Nano> 在图像处理和分析的背景环境下，用于预处理任务，图像增强技术、ROI（感兴趣区域）、测量以及分析的领域对象是：

1. 预处理任务

- 裁剪：一种预处理任务，涉及选择图像的特定区域并删除该区域之外的图像的其余部分。
- 调整大小：更改图像尺寸的预处理任务，可以增加或减小其大小。
- 亮度和对比度调整：一项预处理任务，可修改图像的整体亮度和对比度级别，以提高可见性并增强细节。
- 滤波：应用各种滤波器（如降噪滤波器、平滑滤波器或边缘增强滤波器）以增强图像质量的预处理任务。

2. 图像增强技术

- 降噪：一种图像增强技术，可减少图像中存在的随机变化或不需要的伪影，从而获得更平滑，更清晰的图像。
- 锐化：一种图像增强技术，可增加边缘和细节处的对比度，从而增强图像的整体清晰度和锐度。
- 直方图均化：一种图像增强技术，可重新分配像素强度值以最大化对比度范围并改善整体亮度分布。
- 颜色校正：一种图像增强技术，可调整颜色平衡、色调、饱和度或其他颜色参数，以改善颜色表征和准确性。

基于这些有用的信息，我们决定将更高层级的对象添加到领域模型（问题空间）中，并保留不同类型的图像增强技术的子类以及（解决方案空间）软件模型的预处理任务，以便日后的开发工作。在描述电子显微镜时，认为图像具有感兴趣的区域是合理的，但我们希望避免在领域建模时设计特定的解决方案。

4.7　从问题到解决方案曲折向前

在实验中，当 Doug 要求 Nano 博士告诉他每个子系统的顶层对象时，他无意中应用了 Tim 几年前描述的之字形模式（Weilkiens 等，2022）。之字形描述在问题空间与解决方案空间之间的交替上升关系。解决方案会导致新问题，其又需要其他的解决方案，以此类推。如何扩展对象的问题，可以引出电子显微镜的解决方案，而这个解决方案需要在问题空间中对系统进行更加详细的分析，以指定我们本书中开发的具体电子显微镜。

4.8　AI 会遗忘什么

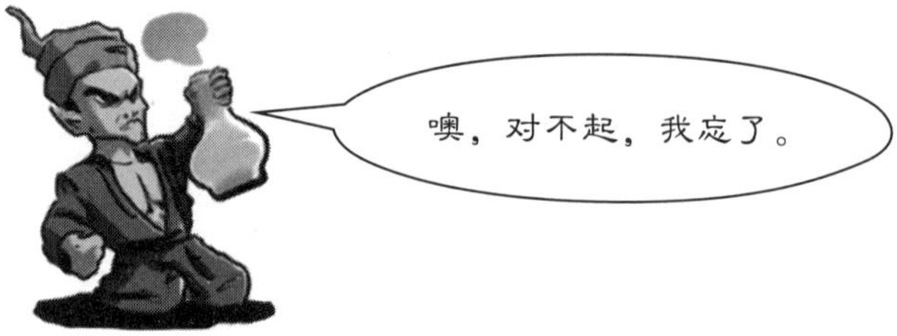

我们想看看整个领域对象列表，所以我们的提示词如下：

<PROMPT> 汇总我们这次聊天中领域对象的所有列表，先省略它的定义。

<Dr. Nano> 好的！以下是这次聊天中讨论的所有领域对象的概要：

1. 扫描电子显微镜（SEM）；
2. 仪器设置；
3. 操作员设置；
4. 控制仪表；
5. 获取图像；
6. SEM 软件 / 系统；
7. 成像参数；
8. 图像分析员；
9. 预处理任务；
10. 图像增强技术；
11. ROI（感兴趣区域）；
12. 测量；
13. 分析。

当看到这个回应后，我们意识到 Nano 博士没能给我们提供完整的列表，因此我们的提示词如下：

<PROMPT> 在聊天开始时，你遗漏了一些领域对象的列表，请给出响应。

<Dr. Nano> 对于疏忽表示歉意。以下是此聊天中讨论的所有领域对象的概要：

1. 扫描电子显微镜（SEM）；
2. 仪器；
3. 样品；

⋮

此教训很重要：不要指望人工智能是绝对可靠的，它做不到。人工智能需要人的监督。即使在这本书出版之后，在一段时间内这可能仍然是正确的。

接下来，我们期望见到术语表格形式的领域模型，因此我们的提示词如下：

<PROMPT> 将领域对象及其定义整理为格式化的表格。

<Dr. Nano> 下面是领域对象及其定义的表格格式：

领域对象	定　义
扫描电子显微镜	一种利用聚焦电子束创建样品表面高分辨率图像的科学仪器
仪器	扫描电子显微镜（SEM）中产生和控制电子束并检测产生的信号的物理装置或设备
样本	使用扫描电子显微镜检查或分析的物体或材料
电子光束	由 SEM 仪器发射的集中的电子流，用于扫描样品表面，与样品相互作用并产生各种信号
探测器	SEM 仪器内的设备，用于捕获发射的信号（例如二次电子或背散射电子）并将其转换为电信号
影像模式	SEM 中可用的不同操作模式或技术捕获图像，并从样本中生成特定类型的信号
缩放	用于图像的放大或缩小的等级，指定所捕获图像中特征表观的大小
分辨率	图像中捕获的细节等级，通常以空间分辨率或最小分辨率特征来衡量
焦点	调整电子束在样品表面的焦点，以优化获取图像的锐度和清晰度
扫描速度	图像采集期间电子束扫描样品表面的速率
驻留时间	扫描过程中电子束在每个像素处所经历的时间
束流	SEM 仪器发射的电子束的强度或密集度
工作距离	SEM 物镜与样品表面之间的距离，影响焦点和景深
光圈设置	可配置参数控制大小和用于限制 SEM 中电子束的光圈形状

续表

领域对象	定　义
图像旋转和翻转	对获取的图像进行调整以旋转或翻转其方向
图像均化	结合多张图像采集以减少噪声并提高图像质量的过程
仪器设置	与 SEM 仪器相关的配置选项和参数，例如光束设置、探测器或台面控制
操作员设置	特定于 SEM 操作员的用户定义首选项和设置，例如显示首选项或默认成像参数
SEM 控制软件	用于控制 SEM 仪器、调整成像参数、获取图像和执行其他相关任务的软件界面或系统
SEM 图像	从扫描电子显微镜（SEM）获取的图像的数字表示，以便进一步处理和分析
预处理任务	分析之前对图像进行的操作，如裁剪、调整大小或调整亮度和对比度
图像增强技术	应用于图像以改善其质量或增强特定特征的技术，例如降噪、锐化或直方图均衡
ROI（感兴趣区域）	图像选用进一步分析或测量的特定区域或范围
测量	量化或确定图像的特定属性或特性（如大小、强度或数量）的过程
分析	检查、处理和解释获取的图像以提取有意义的信息并得出结论

这个表非常有用，但也暴露了一个重要的错误。领域模型不应该包括简单的原子值。最好将其建模为属性（UML）或值特性（SysML）。但是 AI 将这些原子值视为对象，这是一个容易犯的错误，因为属性名称和对象名称都是名词。

<PROMPT> 这些领域对象中有一些是原子值，应将其建模为属性（例如，束流是一个简单值）。从列表中删除原子值并将其显示为表格。

<Dr. Nano> 再次为造成的混乱而道歉。下面是一个更新的表格，其中包含领域对象的属性而不是独立对象：

领域对象	定　义
缩放	用于图像的放大或缩小的等级，指定所捕获图像中特征表观的大小
分辨率	图像中捕获的细节等级，通常以空间分辨率或最小分辨率特征来衡量
焦点	调整电子束在样品表面的焦点，以优化获取图像的锐度和清晰度
……	

你可能会注意到，此响应与我们要求的完全相反。我们要求从表中删除原子值，AI 返回了一个原子值表！

毫不气馁，我们只能再次询问（有时你必须这样做）：

<PROMPT> 我想删除之前带有原子值的列表，并显示为表格。

<Dr. Nano> 对于疏忽表示歉意。下面是删除原子值的更新表格：

领域对象	定　义
扫描电子显微镜	一种利用聚焦电子束创建样品表面高分辨率图像的科学仪器
仪器	扫描电子显微镜（SEM）中用于产生和控制电子束并检测产生的信号的物理装置或设备
……	

我们要求 Nano 博士保存这张表，因为我们想尝试一个实验。

<PROMPT> 将此表记录为“初始领域对象表”，因为我想在其中添加内容。

<Dr. Nano> 明白了。现在称该表格为“初始领域对象表格”。请随时让我知道你想向其中添加哪些其他信息，我很乐意为你提供帮助。

4.9　AI 也会作假

我们想到的实验是，看看我们是否可以快速轻松地从 AISME 中提取一些另外的领域对象，而不会超越我们需要恪守的“领域模型独立于任何特定解决方案”的边界。就像生活中的许多其他事情一样，开发一个好的领域模型需要反复问一个问题，“多少是太多？”，并且建立“足够但不要太多”的边界，对于人而言，这似乎比人工智能更容易（至少是在现在）。

我们假设 AI 对 SEM 的子系统有很好的了解。但是我们不希望在领域模型图上显示出子系统，因为将领域对象组织到子系统中是开发系统逻辑架构的第一步。但是对于每个子系统的顶层部分呢？它们会倾向于特定的系统设计，还是合法的领域对象吗？对此的一个测试是询问 SEM 的典型用户是否会识别出对象的名称。不管怎样，不知道结果会是什么，我们决定先问问再说。

<PROMPT> 显示组成每个子系统的对象，并为每个子系统提供定义的表格。

<Dr.Nano> 下面是一个扩展的表，显示了组成每个子系统的领域对象和定义。

子系统	领域对象	定　义
电子光学子系统	电子枪	扫描电子显微镜（SEM）中产生和发射电子的组件光束
	光束控制	负责控制 SEM 中电子束的强度、焦点和偏转的系统
	透镜	SEM 中的透镜将电子束聚焦到样品表面，实现高分辨率成像
	扫描线圈	用于控制 SEM 中电子束在样品表面的扫描运动的线圈或磁铁
真空系统	腔室	SEM 中的密封外壳可保持真空环境，使电子束传播时不受空气分子的干扰
	泵送系统	负责创建和调节 SEM 室内的真空的系统
样本处理子系统	样本台	在成像和分析过程中，用于在样品台 SEM 内固定和定位样品的台面或平台
	样本室	SEM 中放置和操作样品以供观察和分析的隔间或区域
检测子系统	二次电子探测器	SEM 中的探测器可捕获并测量从样品表面发射的二次电子
	背散射电子探测器	SEM 的探测器，它捕获并测量由电子之间的相互作用产生的背散射电子
影像学子系统	信号缩放和处理	该系统负责缩放和处理来自探测器的探测信号以生成可用的图像
	显示系统	显示获取的 SEM 图像以供操作员进行视觉分析的系统或界面
控制和数据采集子系统	用户界面	操作员可通过图形界面或控件与 SEM 交互来调整设置和启动操作
	控制电子设备	负责控制 SEM 各个子系统和组件的电子元件
	数据采集系统	捕获、处理和存储获取的 SEM 图像及相关数据以供进一步分析和存储的系统
影像学参数和分析子系统	成像参数	可配置参数控制 SEM 中的各种成像设置，例如缩放倍数、分辨率、亮度和对比度
	图像处理与分析	用于预处理、增强、测量和分析获取的 SEM 图像以提取有意义的信息的工具、算法和技术

看看这张表格，我们可以问，像样本台、样本室、控制电子设备和成像参数这样的对象是否足够通用，可以成为领域模型的一部分吗？我们是否希望在项目词汇表中

定义这些对象？我们决定，在大多数情况下，答案是肯定的（我们最好包括这些对象而不是忽略它们），所以我们进一步提示：

<PROMPT> 将此表中的对象与初始领域对象表合并。

<PROMPT> 将此记录为“更新的领域对象表”。

<PROMPT> 按字母顺序排列更新的领域对象表。

生成的词汇表这下子看起来相当不错了。

<Dr. Nano> 下面是更新的领域对象表格。

领域对象	定　义
分析	检查、处理和解释获取的图像以提取有意义的信息并得出结论
背散射电子探测器	扫描电子显微镜中捕获和测量由电子束和样品之间相互作用产生的背散射电子的探测器
光束控制	负责控制 SEM 中电子束的强度、焦点和偏转的系统
腔室	SEM 中的密封外壳可保持真空环境，使电子束传播时不受空气分子的干扰
探测器	SEM 仪器内的设备，用于捕获发射的信号（例如二次电子或背散射电子）并将其转换为电信号
展示系统	显示获取的 SEM 图像以供操作员进行视觉分析的系统或展示界面
电子枪	在 SEM 中产生和发射电子束的组件
影像学模式	SEM 中可用的不同操作模式或技术用于捕获图像并从样本中生成特定类型的信号
图像增强技术	应用于图像以改善其质量或增强特定特征的技术，例如降噪、锐化或直方图均衡
仪器	扫描电子显微镜（SEM）中用于生成和控制电子束并检测产生的信号的物理设备或装置
仪器设置	与 SEM 仪器相关的配置选项和参数，例如光束设置、探测器或阶段控制
操作员设置	特定于 SEM 操作员的用户定义首选项和设置，例如显示首选项或默认成像参数
目镜	SEM 中的透镜将电子束聚焦到样品表面，实现高分辨率成像
预处理任务	在分析之前对图像进行的操作，如裁剪、调整大小或调整亮度和对比度
泵送系统	负责创建和调节 SEM 室内的真空的系统
ROI（感兴趣区域）	图像中选择用于进一步分析或测量的特定区域或范围
样本	使用扫描电子显微镜检查或分析的物体或材料
样本室	SEM 中的腔室或区域放置及操作样品以进行观察和分析
样本台	在成像和分析过程中，在 SEM 室内固定和定位样品的平台或载物台

续表

领域对象	定　义
扫描线圈	用于控制 SEM 中电子束在样品表面的扫描运动的线圈或磁铁
扫描电子显微镜	一种利用聚焦电子束创建样品表面高分辨率图像的科学仪器
二次电子探测器	SEM 中的探测器可捕获并测量从样品表面发射的二次电子
SEM 控制软件	软件接口或系统，用于控制扫描电镜仪器，调整成像参数，获取图像，并执行其他相关任务
SEM 图像	从 SEM 获得的图像的数字表示，以便进一步处理和分析
信号缩放和加工	该系统负责缩放和处理来自探测器的探测信号以生成可用的图像

最后，我们得到了我们要找的东西。我们捕获到由块定义图更新的领域模型，如图 4.2 和图 4.3 所示。

注意，我们已经得到图 4.2 中所涉及的最主要的硬件，图 4.3 中所涉及的最主要

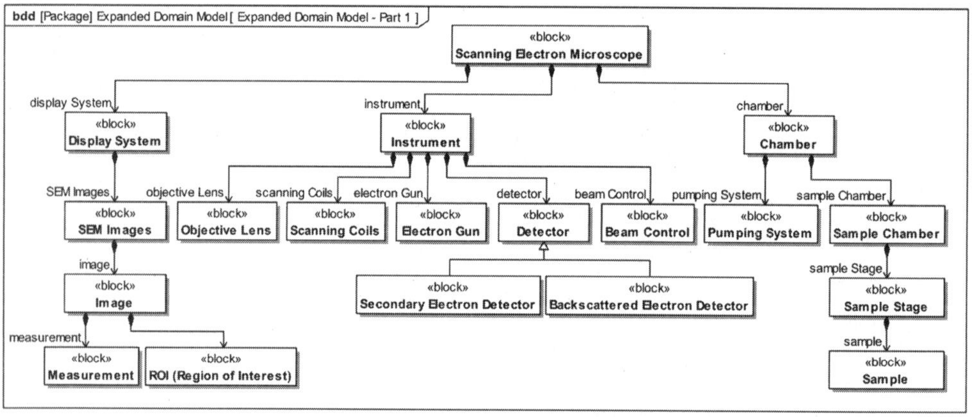

图 4.2　扩展领域模型（第 1 部分——硬件对象）

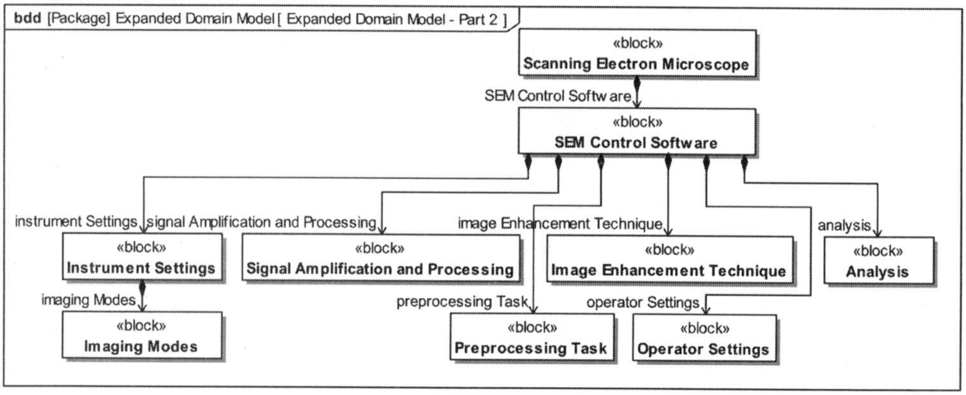

图 4.3　扩展领域模型（第 2 部分——软件对象）

的软件。我们在同一个领域模型上捕获了硬件和软件对象，因为它们都是问题域的一部分，并且没有软件就没有系统。

4.10　准备带有属性和操作的逻辑架构

这是一个颇有争议的问题，我们是否应该考虑现在就在领域对象中添加属性 / 值以及操作，或者是否认为这就是逻辑架构呢？下面进行讨论。

你可以通过询问获得任何领域对象的更多详细信息，如：

<PROMPT> 对领域对象成像参数进行描述。

<Dr. Nano> 描述：成像参数是一组可配置的设置，用于确定扫描电子显微镜（SEM）操作期间图像采集的各个方面。这些参数控制电子束的特性、扫描行为、图像分辨率和其他与成像相关的因素。SEM 操作员可以调整这些参数，以优化成像过程并实现所需的图像质量和细节。

成像参数属性:

1. **缩放**: 指定应用于图像的缩放级别。它确定所捕获的图像中的特征的表观尺寸。缩放率可以表示为数值或比率，例如 1 000× 或 5 000×。

2. **分辨率**: 表示图像中捕获的细节级别。它通常是根据空间分辨率来测量的，表示最小的分辨特征。分辨率可以被指定为数值，例如 1 nm，或者被指定为相对描述符，例如高分辨率或低分辨率。

3. **焦点**: 控制电子束在样品表面上的焦点。调整对焦设置有助于优化所获取图像的锐度和清晰度。焦点可以很好地通过参数调整，如焦距、光束会聚或散光校正。

4. **扫描速度**: 确定在图像采集期间电子束扫描样品表面的速率。较高的扫描速度允许较快的图像采集，但可能导致降低图像质量，而较慢的扫描速度可改善图像质量，但增加采集时间。

5. **驻留时间**: 指定扫描过程中电子束在每个像素上停留的时间。较长的驻留时间可改善信噪比并且增强了图像质量，但是增加了图像采集时间。

6. **电子束电流**: 表示电子束的强度。调整射束电流影响所获取图像的整体亮度和对比度。较高的射束电流可导致较亮的图像，而较低的射束电流可用于减少射束损坏或对敏感样品的充电效应。

7. **工作距离**: 是指 SEM 物镜与样品表面之间的距离。调整工作距离会影响景深、焦深以及所获取图像的整体清晰度。不同的工作距离适用于对不同类型的样品进行成像并实现最佳聚焦。

8. **光圈设置**: 控制用于限制电子束的光圈的大小和形状。光圈设置会影响景深、分辨率和图像对比度。通过调整孔径大小和形状，操作员可以针对特定的样品特性和成像物镜优化成像参数。

9. **图像旋转和翻转**：允许旋转或翻转获取的图像。此参数可用于将图像与特定方向对齐或校正任何反转或镜像图像视图。

10. **图像均化**：指定要平均的图像采集次数，以减少噪声并提高图像质量。对多个图像进行平均有助于提高信噪比并产生更清晰和更详细的图像。

成像参数的这些属性使 SEM 操作者能够控制和优化成像过程的各个方面。通过调整这些参数，操作员可以实现所需的缩放倍数、分辨率、焦点、扫描速度和其他成像特性，以捕获高质量的 SEM 图像进行分析和解释。

这样基本上给了我们一组属性/值，我们会添加到 SysML 模型中的领域对象中。

如果你觉得慢，可以请求即刻在一个表格中表明所有领域模型对象属性（和操作）。

<PROMPT> 从这些领域对象开始创建一个新表，但对于每个领域对象，将定义列替换为属性列表。

<PROMPT> 将此表记为“具有属性的更新领域对象”。

<PROMPT> 在此表中添加第三列，显示每个领域类所执行的操作。

<PROMPT> 将此表记为“具有属性和操作的领域对象”。

<Dr. Nano>

领域对象	属　性	操　作
光束控制	光束强度、焦点参数	调整光束强度，修改焦点参数
校准	校准标准、校准程序、校准参数	准备校准标准，运行校准参数校准程序
数据管理	图像存储、数据检索、数据组织	存储图像、检索数据、组织数据
探测器	信号采集、信号检测	收集信号、检测信号
电子枪	电子束产生、电子束控制	生成电子束、控制电子束参数
错误处理	错误监视、错误捕获、错误消息传递	监控错误、捕获错误细节、显示消息
成像模式	成像模式选项	设置成像模式选项
图像处理	预处理任务、增强技术、分析算法	应用预处理任务、增强图像、分析数据
仪器设置	光束设置、焦点设置、偏转设置	配置光束设置、调整聚焦参数
测量	测量技术、数据分析方法	执行测量、分析数据
预处理任务	具体任务算法、参数	执行预处理任务算法
ROI（感兴趣区域）	ROI 选择方法、ROI 坐标	选择 ROI、定义 ROI 坐标
扫描线圈	线圈控制机制、偏转参数	控制扫描线圈、调整偏转参数
SEM 控制软件	控制接口、系统配置、功能	管理控制接口、配置系统设置
兼容性	操作系统兼容性、硬件兼容性	确保操作系统兼容性、确保硬件兼容性
用户	用户账户信息、访问权限、用户偏好	管理用户账户、设置访问权限

时间上，这些仅需要在数分钟之内。注意，由于 Nano Micrografico 博士具有深厚的专业知识，因此我们可以在很短的时间内收集有关 SEM 的大量信息。虽不尽完美，但相当有用。

4.11　做一个 SysML v2 模型

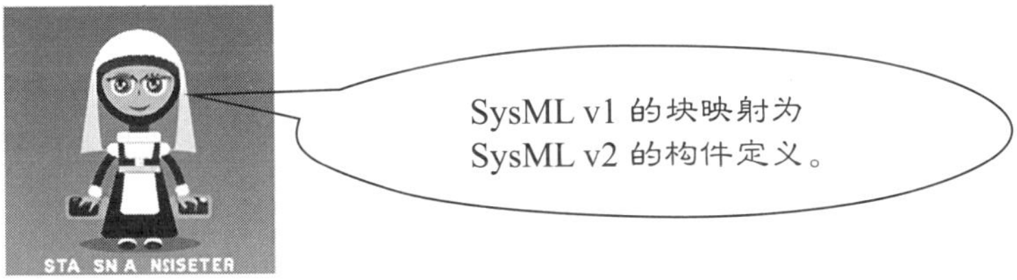

我们要求我们的 SysML v2 AI——Sister Mary Lou 为我们创建 SysML v2 领域模型。随着提示词，我们向 Sister Mary Lou 提供 Nano 博士的领域对象列表。我们不要求她添加任何其他元素。Nano 博士是 SEM 专家，她仅是 SysML v2 专家。我们提供领域对象表格作为提示词的一部分，或者以 CSV 格式上传。

<PROMPT> 将表中提供的 SEM 的所有领域对象转换为 SysML v2 模型。表中的每一行指定一个领域对象，不要在表格中添加未提及的任何元素。以文本标识法输出 SysML v2 模型。

在我们的对话中，她最初仅提供了构件（part）的定义，没有提供项（item）的定义。SysML v2 区分构件和项。构件是组成系统的实体，项是系统使用的实体。例如，对于车辆来说，发动机是一个构件，动力是一个项。

以下是 Sister Mary Lou 的回应，但我们在此并不显示完整的 SysML v2 代码：

<Sister Mary Lou> 将提供的领域对象转换为 SysML v2 文本句法，我们将每个领域对象定义为构件或项，具体取决于它们是被视为 SEM 系统的组成部分还是被其视为使用的对象。由于该表中没有明确说明哪些对象是构件，哪些是项，因此在本练习中，我将假设所有对象都是 SEM 系统的构件。

以下是如何将领域对象转换为 SysML v2 文本句法：

```
package SEM {
    package SEM_DomainModel {
        part def BeamControl {
            attribute beamIntensity: Real;
            attribute focusParameters: String;
            perform action adjustBeamIntensity();
            perform action modifyFocusParameters();
```

```
    }
part def Calibration {
    attribute calibrationStandards: String;
    attribute calibrationRoutines: String;
    attribute calibrationParameters: String;
    perform action prepareCalibrationStandards();
    perform action runCalibrationRoutines();
}
...
```

你可以在初始提示词中提供更多的背景环境和清晰的陈述，或者在另一个提示中要求更新以获得构件和项之间的区别：

<PROMPT> 在系统的各部分与系统使用的数据类型或对象之间予以区分。

她的回答现在区分构件和项。

<Sister Mary Lou> 要区分系统的各个部分以及系统在 SysML v2 中使用的数据类型或对象，我们需要考虑每个实体在系统模型中扮演的角色。构件是系统的物理或逻辑组件，在系统的架构中具有结构和功能角色。另一方面，数据类型是系统使用或操纵的数据类型的定义，它们在系统的架构中没有物理表现。

下面依据此区别，提供领域对象：

```
package SEM {
  package SEM_DomainModel {
    // Parts of the SEM system
    part def BeamControl { … }
    part def Detectors { … }
    part def ElectronGun { … }
    part def ImagingModes { … }
    part def InstrumentSettings { … }
    part def ScanningCoils { … }
    part def SEMControlSoftware { … }

    // Datatypes or Objects used by the system
    item def CalibrationStandards { … }
    item def DataOrganization { … }
    item def ErrorMessages { … }
    item def ImageEnhancementTechniques { … }
    item def MeasurementTechniques { … }
```

```
    item def PreprocessingTaskAlgorithms { … }
    item def ROISelectionMethods { … }
    item def UserAccountInformation { … }
    item def CompatibilityInformation { … }

    // The following could be parts or items depending on the
    // context within the SEM system If they are integral to
    // the SEM system, they are parts; if they are used by
       the SEM system, they are items

    // If this refers to an error handling module within
    the SEM
    // part def/ErrorHandling { … }

    // If this refers to the data about errors
    item def/ErrorDetails { … }

    // If this refers to a data management module within
    the SEM
    // part def/DataManagement { … }

    // If this refers to the data storage used by the SEM
    item def/ImageStorage { … }

    // … and so on for the rest of the domain objects
  }
}
```

在实际的 SysML v2 模型中，根据表中提供的详细信息，对于每个“ part def ”或“ item def ”，可以使用适当的属性和操作替换。

最后，你作为专家，必须判断 AI 的响应。例如，Sister Mary Lou 并不总是使用正确的 SysML v2 文本句法，或者很有创意并添加未要求的内容。随着更多可用的 SysML v2 训练数据，这种性能将随着时间的推移而不断提高，并且在你阅读本文时可能会变得更好。但最终，正如我们在此展示的那样，使用 AI 不是一系列确定性功能的调用，而是与虚拟同事的协同。换句话说，你自己检查答案、提出问题、最后做出决定。

4.12 总　结

从零到领域模型和词汇表，在一个小时搞定！虽然用了几页来讲述这个故事，但最重要的是，我们能够利用人工智能的电子显微镜领域知识，在很短的时间内产生一个相当不错的领域模型和术语表。有关整个领域建模的对话使用了不到一个小时，其中还包括编写系统的大部分用例的叙述，这将在下一章中介绍。

下面回顾一下在这里我们所遵循的步骤：

- 询问 AI 领域对象是什么；
- 要求 AI 编写用例，并将其用作对象的附加来源；
- 要求 AI 告诉我们每个子系统中的顶层构件；
- 将构件合并到领域对象列表中（如果适用）；
- 从生成的领域对象列表中删除原子值；
- 按字母顺序排列列表并添加词汇表定义；
- 捕获领域模型上的 BDD；
- 创建 SysML v2 的领域模型（如果需要）；
- 准备逻辑架构（如果需要）。

这是一个简单的流程，而且进展非常快。在下一章中，我们将为你介绍与用例类似的流程。

4.13 本章使用的提示词

以下是我们在本章使用的提示词：

- **<PROMPT>** 为扫描电子显微镜列出一组领域对象及其定义。
- **<PROMPT>** 为预处理任务、图像增强技术、ROI 和测量定义领域对象。
- **<PROMPT>** 为仪器设置和操作员设置描述领域对象。
- **<PROMPT>** 描述领域对象的成像参数。
- **<PROMPT>** 汇总我们这次聊天中领域对象的所有列表，先省略它的定义。
- **<PROMPT>** 在聊天开始时，你遗漏了一些领域对象的列表，请给出响应。
- **<PROMPT>** 将领域对象及其定义整理为格式化的表格。
- **<PROMPT>** 这些领域对象中有一些是原子值，应将其建模为属性（例如，束流是一个简单值）；从列表中删除原子值并将其显示为表格。
- **<PROMPT>** 我想删除之前带有原子值的列表，并显示为表格。
- **<PROMPT>** 将此表记录为“初始领域对象表”，因为我想在其中添加内容。
- **<PROMPT>** 显示组成每个子系统的对象，并为每个子系统提供定义的表格。
- **<PROMPT>** 将此表中的对象与初始领域对象表合并。
- **<PROMPT>** 将此记录为“更新的领域对象表”。
- **<PROMPT>** 按字母顺序排列更新的领域对象表。
- **<PROMPT>** 对领域对象成像参数进行描述。
- **<PROMPT>** 从这些领域对象开始创建一个新表，但对于每个领域对象，将定义列替换为属性列表。
- **<PROMPT>** 将此表记为“具有属性的更新领域对象”。
- **<PROMPT>** 在此表中添加第三列，显示每个领域类所执行的操作。
- **<PROMPT>** 将此表记为“具有属性和操作的领域对象”。
- **<PROMPT>** 将表中提供的 SEM 的所有领域对象转换为 SysML v2 模型。表中的每一行指定一个领域对象。不要在表中添加未提及的任何元素。以文本标识法输出 SysML v2 模型。
- **<PROMPT>** 在系统的各部分与系统使用的数据类型或对象之间予以区分。

第 5 章　AI 辅助用例建模

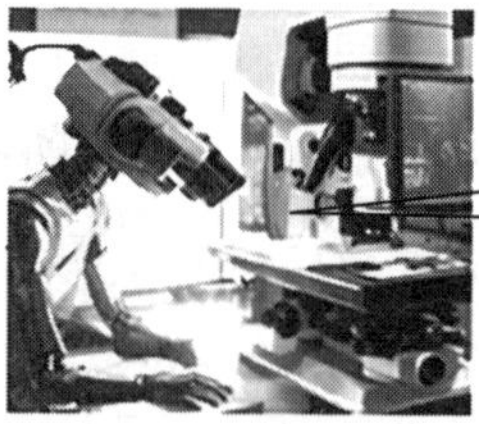

早在 20 世纪 90 年代，Doug 就撰写了他的第一本关于用例驱动对象建模的书（Rosenberg 和 Scott，1999），并在随后的几十年中培训了数千人如何将用例作为面向对象设计流程的一部分。本章详细介绍了他与我们的 AISME 合作描述电子显微镜用例的经验。好消息是 AI 喜欢编写用例并且写得非常快——与大多数人类工程师不同。

5.1　软件 / 系统用例与业务用例

你需要意识到的第一件事是，如果你只是向 Nano 博士索要一份用例列表，那么你很可能会得到一组业务用例。

<PROMPT> 列出一组扫描电子显微镜的用例。

<Dr. Nano> 以下是扫描电子显微镜（SEM）的一组用例：

1. **表面形态分析**：SEM 可用于在高倍放大下检查材料的表面形态。它允许研究人员观察表面特征，例如粗糙度、地形、纹理以及裂缝或缺陷的存在。此用例在材料科学、地质学和工程学等领域很有价值。

2. **粒子识别**：SEM 用于分析和识别表面或样品中存在的粒子。研究人员可以检查粒子的形状、大小和元素组成，从而帮助进行粒子表征和识别。此用例可用于法医科学、环境分析和粒子技术。

3. **故障分析**：SEM 在故障分析调查中起着至关重要的作用。通过检查故障部件的表面和横截面，研究人员可以确定故障的根本原因，例如断裂、腐蚀或材料缺陷。此用例在航空航天、汽车和电子等行业中非常重要。

4. **半导体表征**：SEM 广泛应用于半导体行业，用于描述集成电路（IC）和微结构的特征。它们可以检查和分析晶体管布局、光刻图案等特征，以及互连，确保质量控制和流程优化。

⋮

虽然以上用例可能是一个有用的列表，但它对于整合我们的系统 / 软件规范没有多大帮助。当提示词具体且明确时，AI 会做出更好的响应。

所以下面这个提示词（**<PROMPT>**）效果会更好一些。

<PROMPT> 我对运行 SEM 的软件 / 系统用例感兴趣。

上面这个提示词会产生更好的结果，但提供的用例名称可能不是"正确"的用例形式（动词短语），因此我们可以更加具体，如下：

<PROMPT> 重新列出那些用例名称，顺序为先动词后名词，例如，控制仪器（Control Instrument）而不是仪器控制（Instrument Control）。

这带来了一个令人十分满意的结果，我们可以将其直接转录成 SysML 用例图（见图 5.1）。

<Dr. Nano> 以下是扫描电子显微镜（SEM）的一组用例，运行扫描电子显微镜（SEM）的软件 / 系统用例列表，格式为动词在前、名词在后：

1. 控制仪器；
2. 获取图像；
3. 处理和分析图像；
4. 操作台面；
5. 拼接图像；
6. 自动成像；
7. 生成报告；
8. 管理用户；
9. 存储和检索数据；
10. 诊断和维护系统。

因此，与 AI 对话时，应尽可能具体、明确地提出你的请求。注意，我们可以通过单个提示词来完成此操作，以动词优先格式列出 SEM 的软件 / 系统用例，但我们保留了原始对话，以便可以从中学习。与 AI 对话与人聊天略有不同。对于所有星际迷航迷来说，这更像是与史巴克（Spock，《星际旅行》电视剧的主角之一）或任何其他瓦肯人（Vulca，《星际旅行》中星际联邦中最重要的智慧种族之一）聊天。在此的启示是与 AI 对话要准确！

5.2 雨天场景

开展严格的用例分析的主要好处之一是，将系统分解为各种场景，提供一种自然而然的机制来思考“晴天与雨天”的系统行为。“雨天”场景分为两种：可选流程和异常流程。在大多数情况下，可选流程考虑用户行为的变化；而异常流程考虑可能的故障模式。如果你跳过编写用例叙述并继续在活动图上详细说明用例步骤，则很容易就跳过了“雨天”场景。

图 5.1 所示为 AI 快速识别主要的 SEM 用例。

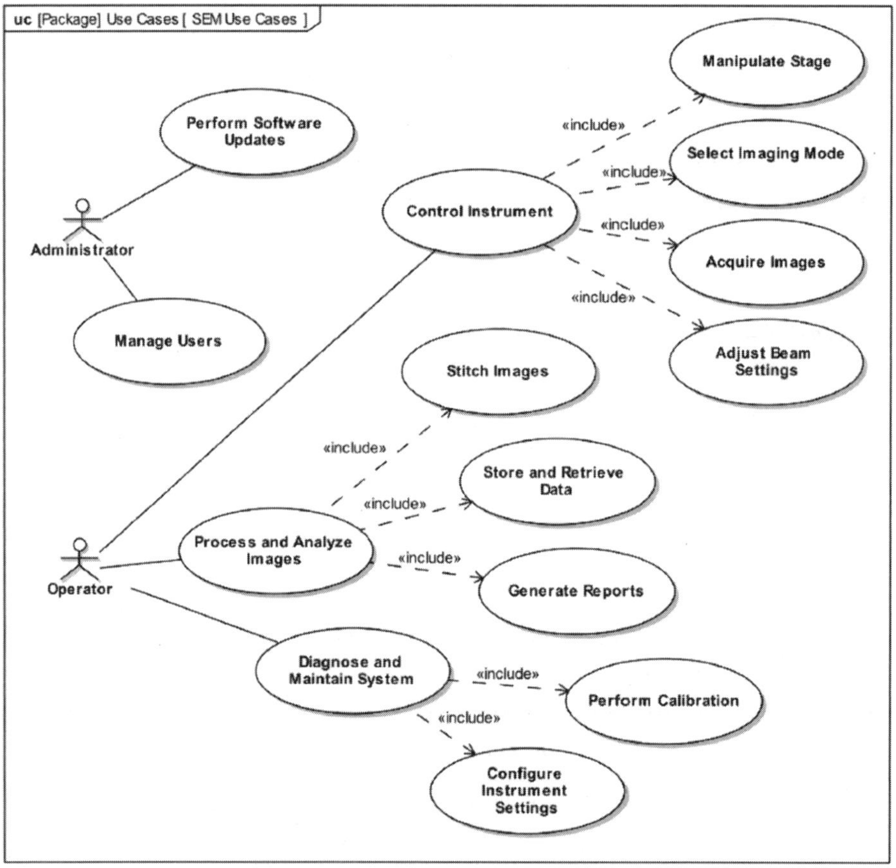

图 5.1　AI 快速识别主要的 SEM 用例

5.3 用例建模速度极快

值得庆幸得是，AI 编写用例的速度真的非常快。你可以立即获得结果，包括各种详细信息、可选流程和例外流程。正如你即将看到的那样，我们将在领域建模、用例建模和需求建模之间"曲折前进"，挖掘我们最初可能遗漏的领域对象的用例叙述。默认情况下，AI 编写的用例可能有点冗长，因为它们遵循长格式的用例模板。本章后面将详细介绍模板。那么让我们从一个用例开始。

<PROMPT> 为用例"控制仪器"编写用例叙述。

<Dr. Nano>

用例：控制仪器

主要参与者：SEM 操作员

目标：SEM 操作员希望控制仪器的设置和参数，以确保正确操作和准确成像。

先决条件：

- SEM 已通电并连接到控制软件。
- 操作员已登录 SEM 控制软件。

主要成功场景：

1. SEM 操作员打开 SEM 控制软件并进入仪器控制界面；
2. 该软件提供了用户友好的界面，具有各种控制选项和设置；
3. 操作员选择所需的参数进行调整和控制仪器；
4. 软件与 SEM 硬件通信并更新仪器的设置；
5. 操作员通过指定所需值或使用滑块控制；
6. 软件向仪器发送指令，仪器根据指令调整电子束强度；
7. 操作员通过调整软件中的焦点控制选项来聚焦电子束；
8. 软件将焦点设置传送给仪器，并使电子束聚焦；
9. 操作员调整扫描速度来控制电子束扫描样品；
10. 软件更新仪器中的扫描速度设置，允许操作员控制扫描速率；
11. 操作员根据成像需求（例如二次电子或背散射电子检测）配置探测器设置；
12. 软件将探测器配置发送至仪器，确保在成像过程中检测到所需的信号；
13. SEM 操作员检查调整后的仪器设置并验证其准确性和适当性；
14. 操作员确认仪器控制设置，SEM 即可成像。

扩展：

- 如果操作员在调整特定参数时遇到问题，他们可以寻求 SEM 技术支持的帮助或查阅用户手册以获取故障排除指导。

可选流程：

- 如果 SEM 操作员需要控制其他仪器特定设置，例如光圈设置、丝极电流或工作距离，则控制软件提供对这些选项的访问，操作员可以相应地进行调整。

后置条件：

- SEM 仪器根据操作员的设置进行适当的控制和配置。

- SEM 操作员可以使用该仪器进行成像、分析或其他所需的任务。

备注:

- 控制仪器用例侧重于调整和控制 SEM 仪器设置的软件界面。它确保操作员具有必要的控制能力和灵活性，能够准确设置参数，从而实现正确操作和最佳成像条件。
- 可用的具体控制选项和参数可能因 SEM 模型和软件实现的不同而有所不同。

多么棒的回应！想象一下，如果人类领域主题专家可以编写如此详细的用例并即可完成，那么没有人会再跳过编写用例了。通常，系统工程师会想法设法回避编写用例。

5.4 用例叙述是领域对象的丰富来源

正如我们在上一章中看到的，领域建模涉及寻找非原子值的名词。我们用敏锐的眼光审视这个用例叙述，发现了一些对“设置”的引用，这些引用似乎是非原子名词，因此可以纳入领域模型。由于人工智能工作速度非常快，我们基本上可以将“挖掘”对象的用例叙述实时地纳入领域建模过程。这又是如何工作的?

<PROMPT> 描述仪器设置和操作员设置的领域对象。

<Dr. Nano> 仪器设置和操作员设置的领域对象可以包括：

1. 仪器设置

- **电子束强度**：表示 SEM 仪器产生的电子束的强度或亮度。可以调整它来控制成像的整体亮度。
- **焦点设置**：指确定电子束在样品表面聚焦的参数。它包括调整焦距、光束会聚和像散光校正的选项。
- **扫描速度**：表示成像过程中电子束扫描样品表面的速度。可以调整它来控制图像采集的速率。
- **探测器配置**：表示 SEM 中使用的不同探测器的设置，例如二次电子探测器、背散射电子探测器或能量色散 X 射线探测器。它包括配置探测器灵敏度、增益或偏置电压的选项。

2. 操作员设置

- **成像模式**：表示根据所需的成像类型选择成像模式，例如二次电子成像、背散射电子成像或元素映射。
- **图像分辨率和放大倍数**：指定图像采集所需的分辨率和放大倍数的设置。它允许操作员控制所捕获图像的细节和放大倍数。
- **测量参数**：表示用于定量分析的测量工具和参数的设置。它包括定义测量单位、校准因子和测量算法的选项。

- **成像区域和扫描策略**：指定样品表面感兴趣的成像区域并定义扫描策略的设置，例如光栅图案或特定感兴趣区域。它使操作员能够控制要成像的区域和扫描路径。
- **图像处理和增强**：表示图像处理和增强的设置和选项，例如降噪、对比度调整或图像过滤。它允许操作员优化视觉质量并改善获取图像的解释。
- **用户偏好**：指特定于单个 SEM 操作员的个性化设置和偏好，例如语言偏好、默认成像参数或用户界面自定义选项。

其工作原理可以使用“出奇的好”来形容。注意，不仅要将“仪器设置”和“操作员设置”添加到领域模型中，还应添加一些嵌套对象，如“焦点设置”和“检测器配置”。

5.5 完整用例模板的应用

如上所述，AI 可能默认地使用详细的用例模板，通常是 Alistair Cockburn 提出的“完整用例模板”，该模板在业界颇为流行（Cockburn，2001）。也许并非巧合的是，SysML 社区往往倾向于跳过编写用例，因为这太费事了。有关此模板的更多信息将在后面提供。

接下来，让我们看一下完整用例模板的实际运行情况。

<PROMPT> 编写获取图像的用例叙述。

<Dr. Nano>

用例：获取图像

主要参与者：SEM 操作员

目标：SEM 操作员旨在使用扫描电子显微镜（SEM）获取样品的高质量图像。

先决条件：

- SEM 仪器已打开电源并处于操作模式。
- 操作员已登录 SEM 控制软件。
- 样品已正确准备并安装在样品台上。

主要成功场景：

1. SEM 操作员打开 SEM 控制软件并访问图像采集界面；
2. 软件提供选择所需成像模式的选项，例如二次电子成像或背散射电子成像；
3. 操作者根据具体的成像需求选择合适的成像模式；
4. 软件提供调整成像参数的设置，包括放大倍数、分辨率和扫描速度；
5. 根据具体的成像目标操作员配置所需的成像参数；

6. SEM 软件将成像参数传送至 SEM 仪器；
7. 操作员使用载物台控制器定位样本，使感兴趣的区域进入视野；
8. 操作员通过软件界面启动图像采集过程；
9. SEM 仪器开始使用电子束来扫描样品表面，收集发射的信号；
10. SEM 仪器内的探测器捕获所需的信号，例如二次电子或背散射电子；
11. 捕获的信号被转换成电信号，并发送到 SEM 控制软件；
12. 软件处理并将获取的信号重建为图像表示；
13. SEM 操作员在软件界面上查看获取的图像，以评估其质量和适用性；
14. 如果满意，操作员将获取的图像保存到计算机或网络存储上的指定位置；
15. 操作员可以针对不同的感兴趣区域重复图像采集过程或根据需要调整成像参数。

扩展:

- 如果获取的图像质量不令人满意，操作员可以调整成像参数，例如放大倍数、焦点或扫描速度，并重复图像采集过程。

可选流程:

- 如果 SEM 操作员需要获取多个图像并创建为获得更大区域的合成图像，软件可提供图像拼接或蒙太奇功能。操作员可以捕获重叠区域的图像，然后使用软件自动将它们拼接成单个合成图像。

后置条件:

- SEM 操作员按照指定的成像参数成功获取样品的高质量图像。
- 获取的图像被保存以供进一步分析、处理或作为报告使用。

备注:

- 获取图像用例重点关注使用 SEM 仪器和相关软件捕获图像的过程。它强调控制和调整成像参数以实现所需的图像质量和细节。
- 可用的具体成像参数和选项可能因 SEM 模型和软件实现的不同而有所不同。

如果你喜欢将用例完整地组织起来，那么你可能对这种详细程度感到满意。但请考虑“SEM 仪器已打开电源并处于运行模式”之类的先决条件，将反复出现在你的用例模型中（由冗余部分提供），而不一定会带来很多价值。

我们喜欢将用例用于两个特定目的：

①通过“曲折前进”的方式发现缺失的领域对象；

②确定可选和例外流程（以及相关需求）；

③从最终用户处获得有关系统行为的闭合。

好的，这是 3 个具体目的，但很重要。用例叙述中的噪声越多，就越难集中精力聚焦重要的东西。

简捷的用例描述的优势

图 5.2 所示为一位衣着整齐的游客在威基基海滩享受温暖的天气。他是否衣着整齐或穿得太多了，这在某种程度上是一个主观问题。

图 5.2　热带的威基基海滩

如果你认同地球正在进入“小冰河期”的理论，那么这位游客可能穿着合适。而另一方面，在我们看来，他穿得太多了。这里的重点是，你的用例需要“穿得得体”到什么程度，取决于你计划用它来做什么。

我们将在下面讨论如何让 AI 使用更短的用例模板，但与此同时，这里有一个相同的用例，但隐藏了很多细节。你可以决定你喜欢哪个版本，但对于我们上面列出的 3 个目的，通常适用“少即是多”的原则。

<PROMPT> 使用简短用例模板，重新生成用例叙述。

<Dr. Nano>

用例名称：获取图像

基本流：

1. SEM 操作员启动“获取图像”用例；
2. SEM 系统准备成像子系统；
3. SEM 操作员指定成像参数，包括分辨率和成像模式；
4. SEM 系统验证指定的参数；
5. SEM 操作员确认成像设置；
6. SEM 系统捕获样品的图像；
7. 用例结束。

可选流：

如果指定的成像参数无效：

系统显示错误消息，SEM 操作员可以更正参数并重试或取消用例。

异常流：无。

真的没有异常行为吗？一般来说，我们的经验是，保持用例叙述“简短而精炼”可以更容易地避免“只见树木，不见森林”的综合征。当我们要求使用简短的用例模板时，发生了一些奇怪的事情，例如，用例中的步骤数减少了一半，这是出乎意料的。AI 决定自行隐藏一些内部细节，例如“SEM 软件将成像参数传达给 SEM 仪器”。这不一定是坏事，但需要密切关注。用例的“神奇”细节层次是“用户执行 X，系统执行 Y”，而不必深入系统端的所有细节（也就是说，避免功能分解）。

但最引人注目的是这行：“异常流：无”。它应该总是会引发读者的疑问。在本例中，AI 似乎发现了一些异常行为，但将其列在可选流程下。重点是，使用较短的用例更容易注意到“无异常流程”之类的事情。

如果没有异常行为该怎么办？如果你收到一个用例（无论是由 AI 还是人类生成）并且没有异常流，那么最好再检查一下。

<PROMPT> 描述捕获图像时可能出现的故障模式。

<Dr. Nano> 使用扫描电子显微镜（SEM）拍摄图像时，可能会出现多种故障模式或问题。以下是可能影响图像拍摄的一些潜在故障模式：

1. **信号不足**：如果电子束强度太低或信号收集机制受损，则生成的图像可能对比度低、显得暗或嘈杂。

2. **样品污染**：样品表面的污染会干扰电子束相互作用，导致图像扭曲或不清晰。

3. **样品带电**：某些材料，尤其是绝缘材料，在成像过程中可能会积聚电荷。这种电荷可能会导致图像失真或信号丢失。

4. **样本移动**：如果在图像捕捉过程中样本台或样本本身移动，则生成的图像可能会模糊或错位。

5. **聚焦光束问题**：不准确或不稳定的焦点设置会导致图像模糊或景深不一致。

6. **束流损伤**：过度的电子束曝光会损坏样品，导致其结构或外观发生变化。这可能会导致不准确或误导性的图像。

7. **仪器故障**：SEM 内部的技术问题或故障（例如电子枪或探测器问题）可能导致图像数据不完整或损坏。

8. **成像参数不正确**：光束电流、停留时间或扫描速度等成像参数的错误设置会影响捕获图像的质量和准确性。

9. **环境干扰**：外部因素，如电磁干扰、温度波动或振动会在图像中引入噪声或伪影。

10. **软件或数据损坏**：SEM 控制问题软件、数据存储或传输可能会导致数据损坏或丢失，从而导致图像不完整或无法使用。

定期校准和维护 SEM 系统、遵循正确的样品制备技术以及仔细监控成像过程非常重要，以尽量减少这些故障模式的发生并确保准确捕获图像。

如果你在用例叙述中没有考虑这些，建议你这样做。使用 AI 很容易做到这一点——例如，使用以下提示词：

<PROMPT> 重写捕获图像用例，将这些故障模式视为异常条件。

5.6 分析级用例和设计级用例

你可能还记得第 2 章中提到过，用例可以通过活动图或序列图（又称活动或交互，如图 5.3 所示）来详细说明。

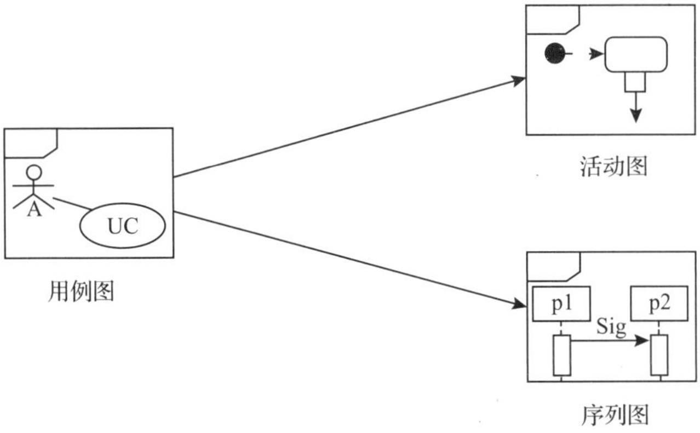

图 5.3 用例通常由活动图或序列图来详细阐述

有时，使用不同的图表进行分析级描述（通常是活动）和设计级描述（通常是交互）是有益的。回到用例模板，AI 为大型“完整的”用例模板生成的更多是设计级描述，这种叙述非常适合序列图边的注释，其中一条消息可能会将“SEM 软件将成像参数传给 SEM 仪器”描述为操作——可能类似于 loadImagingParams 操作带有一个名为 imgParams 的参数。图 5.4 所示为你提供了这个思路。

分析级用例详述最适合用于什么？如果你问大多数 SysML 实践者，他们会告诉你这些活动图是开始功能分解的好地方。但我们建议另一种用法：使用活动来仔细检查可选行为和异常行为，而不是功能分解。

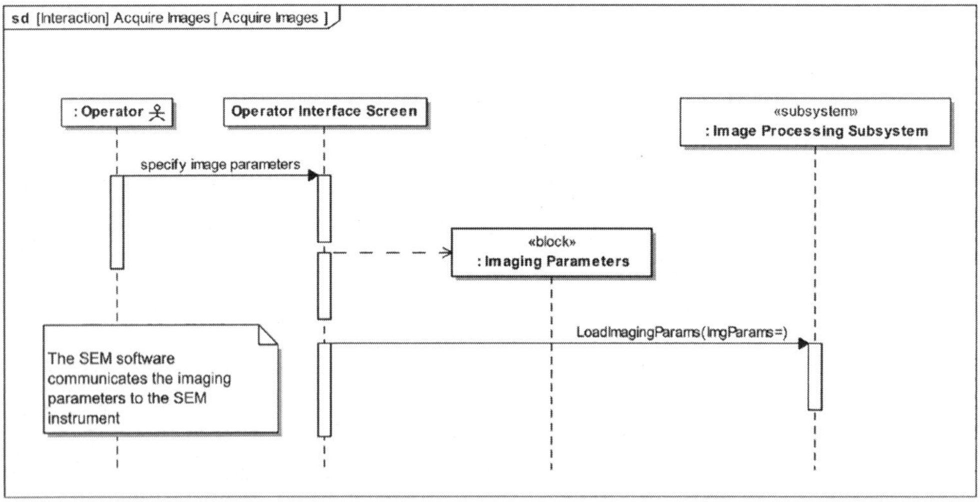

图 5.4　系统行为的内部细节在序列图上表现良好

用例从来都不是支持功能分解的工具，而是旨在帮助揭示可选用户行为和导致的异常。我们还是请方法论和流程专家 O-Obiwan 解释：

<O-Obiwan> 功能分解涉及将系统分解为其组成功能，从而提供系统运作方式的高层概述。相比之下，场景分解深入研究特定的用户交互，详细描述系统内的事件和行为序列。场景分解的独特之处在于它非常强调捕获可选行为和异常行为。它本质上侧重于定义系统如何响应各种场景，包括非典型和意外事件，从而提供更详细和以用户为中心的系统功能视角。

因此，我们建议使用用例的详细描述（活动）来确保你没有忘记任何应急场景，这是恰当且正确的。通常，应急场景都有与之相关的需求，在分析层面，确保你已经确定所有这些需求至关重要。

5.7　使用活动识别可选行为和异常行为

图 5.5 所示为一个示例，活动图突出显示异常行为。实际上，我们使用建模工具的一项功能，根据简短的用例描述来自动生成此图（除合并节点以及控制流反向指向外）。

我们喜欢这种方法，因为图是根据用例的步骤生成的，这使得最终用户人员和 SME 很容易理解，并且异常行为（“图像捕获失败”）会跳出页面，提醒你检查你可能忘记的其他异常行为。

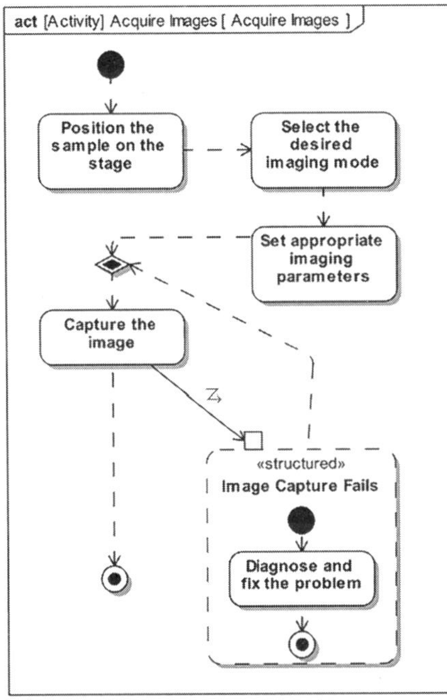

图 5.5　在活动图上突出显示异常行为

你可能会注意到此活动图上缺少对象流。这是因为对象会随着其陪伴活动而流动，当进行功能分解使用参数时，有效地将活动图转换为数据流图（DFD）。

5.8 取消“瑞士奶酪”需求

在现实世界中，大多数需求模型都是漏洞百出的，特别是对于“雨天场景”中，通常类似于一块瑞士奶酪。

用例及其分析级详细阐述是填补这些漏洞的绝佳机制。我们可以通过 Nano 博士提供的示例来说明这一点，他在几秒之内就给出了下表。

<PROMPT> 列出所有用例的所有可选和异常行为的需求，并根据用例的组织显示在表中。

<Dr. Nano> 好的！下表总结了 SEM 系统每个用例的可选和异常行为需求：

用　例	需求 ID	需求描述
控制仪器	UC01-A01	如果仪器未连接，则系统将显示错误消息。
	UC01-E01	当仪器控制失败时，系统应记录错误详细信息并通知管理员
获得图像	UC02-A01	系统应提示用户确认图像采集参数后才能继续。
	UC02-A02	系统应提供在执行过程中中止图像采集过程的选项。
	UC02-E01	如果图像采集过程失败，则系统应处理并显示错误消息
处理和分析图像	UC03-A01	如果不需要图像预处理步骤，则系统应提供跳过该步骤的选项。
	UC03-A02	系统应允许用户选择可选的图像增强技术。
	UC03-A03	如果图像质量低于指定的阈值，则系统将显示警告消息。
	UC03-E01	如果图像分析流程出现错误，则系统将处理并显示错误信息。
	UC03-E02	如果图像分析过程最初失败，则系统应提供重试的选项。
	UC03-E03	当图像分析失败时，系统应记录错误详情并通知管理员
产生报告	UC04-A01	系统应允许用户自定义报告模板和内容。
	UC04-A02	系统应包括可选报告生成选项（例如 PDF、Excel），以满足不同用户的需求。
	UC04-E01	如果报告生成出现问题，则系统应处理并显示错误消息。
	UC04-E02	系统应记录错误详细信息，并在报告生成失败时通知管理员
管理数据	UC05-A01	系统应提供从备份源恢复已删除数据的选项。
	UC05-E01	如果数据检索或恢复出现问题，则系统应处理并显示错误消息。
	UC05-E02	当数据管理失败时，系统应记录错误详细信息并通知管理员。
	UC05-E03	系统应实施访问控制，防止未经授权的数据删除或修改。
	UC05-E04	如果可用存储空间不足，则系统将显示警告消息

正如我们将在下一节中看到的那样，所有这些需求都需要添加到我们的需求模型中，并为它们开发测试用例。跳过此步骤，如专注于对象流和活动参数，后果可能是灾难性的。

图 5.6 显示了另一个之字形，在这种情况下，它位于用例和需求之间，该图右侧是添加到活动图中的一些“雨天场景”需求。

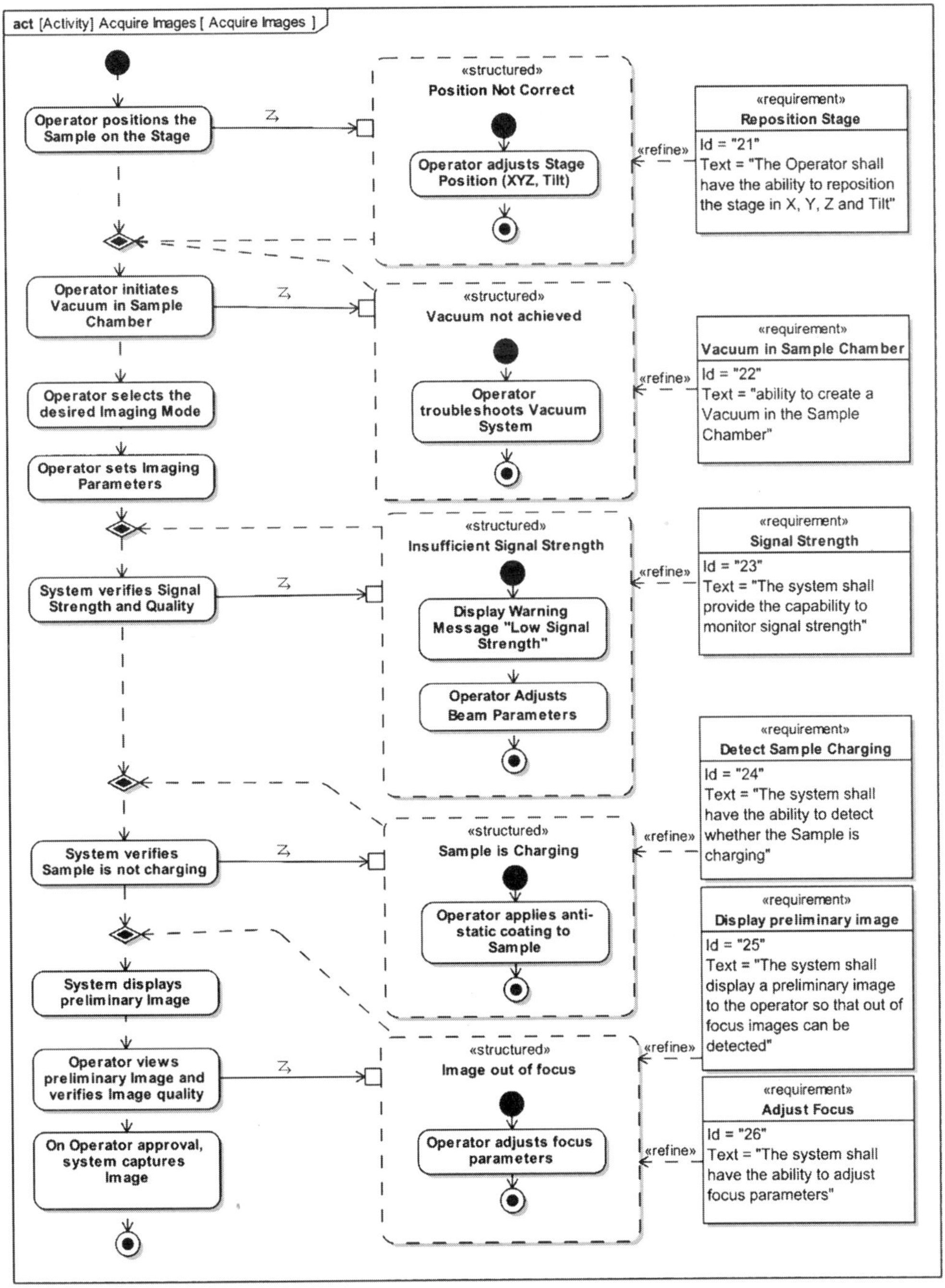

图 5.6　捕获可选行为和异常行为的需求

5.9 更精准的提示词有助于获得正确的细节

对于用例中“正确的”的细节层级，没有唯一的答案，但我们将推荐一个可获得我们青睐结果的答案。记住，我们聚焦于识别可选和异常行为，并保持用例描述简洁且没有冗余信息。

我们心中还有一个秘而不宣的动机：详细地指定用例，以便从中生成活动图。Doug 在编写《设计驱动测试》(*Design Driven Testing*)(Rosenberg 和 Stephens，2011a)时，曾有过这方面的经验，他使用这种方法来定义验收测试脚本。这种方法需要“在步骤 X 重新加入”信息和步骤编号，我们已将其包含在下面的提示词中。

因此，建议关注这个提示词。经过一些实验并与 Nano 博士就步骤编号进行短暂的争论后，得出这样的结论。当然，也可以根据需要对其进行修改。

<PROMPT> 编写扫描电子显微镜光束控制用例。使用简短模板，不包括先决条件、后置条件、目标等。使用编号步骤指定所有可选和异常行为，例如，步骤 3 的可选行为编号为 3A，步骤 4 的异常行为编号为 4E。为每个可选和异常路径指定一个简短名称。不要对可选路径和异常路径内的步骤进行编号。对于每个可选路径和异常场景，请指定路径重新加入基本路径的位置，例如“在步骤 5 处重新加入”。如果有多个可选路径和异常路径，请将它们编号为 3A.1、3A.2 等。

该提示词产生以下用例叙述：

<Dr. Nano>

用例：扫描电子显微镜（SEM）的光束控制

基本路径：

- **参与者**：研究人员；
- **描述**：研究人员控制 SEM 调整电子束进行成像。

步骤：

1. 研究人员登录 SEM 控制界面；
2. 研究人员选择光束控制选项；
3. 研究人员调整光束强度和焦点；
4. SEM 应用修改后的光束设置；
5. 研究人员观察电子束的变化。

可选路径：

- **2A**：**改变光束控制选项**
  - ☆ 研究人员决定改变光束控制选项；
  - ☆ 研究人员选择不同的光束控制选项；
  - ☆ 从步骤 3 重新加入。

异常路径:

- **4E**: 光束应用失败
  - ☆ 应用修改后的光束设置时 SEM 遇到错误。
  - ☆ 研究人员收到错误通知。
  - ☆ 研究人员解决了该问题。
  - ☆ 如果解决，则从步骤 4 重新加入；如果没有解决，则退出。
- **3E**: 调整误差
  - ☆ 研究人员在调整光束强度和焦点时遇到困难。
  - ☆ 研究人员重新尝试调整。
  - ☆ 如果成功，则从步骤 4 重新加入；如果不成功，则退出。

图 5.7 所示的最终活动图是直接从该用例叙述创建的（目前是手动创建的）。

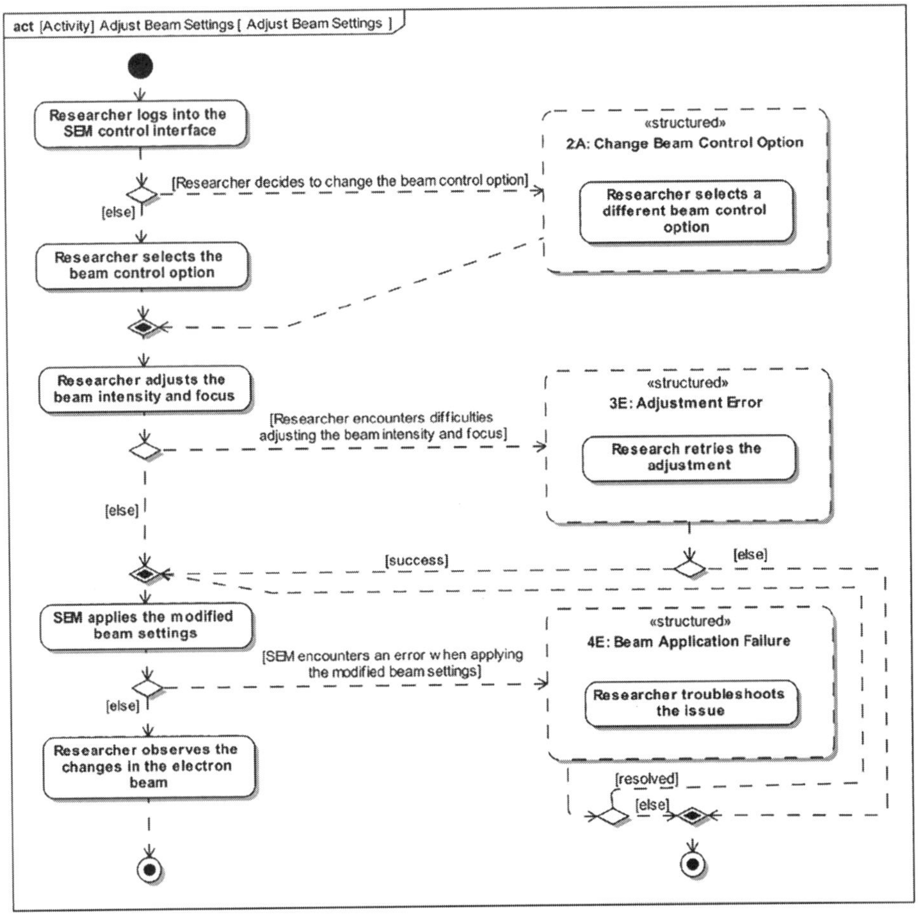

图 5.7　用例叙述“调整光束设置”的活动图

5.10 认为人工智能绝对正确非常危险

1968 年（阿姆斯特朗和奥尔德林登上月球的前一年），当《2001：太空漫游》（*2001：A Space Odyssey*）上映时，Doug 12 岁。在撰写本章时，整个科技界都为 AI 赋予视力、听觉和声音而兴奋不已，并对所谓的“AI 幻觉”感到好奇。用“幻觉”这个词可能太客气了……，但有时人工智能会撒谎——直接撒谎。这种情况并不常见，但确实会发生。

事实证明，就像许多人一样，人工智能有时很难说“我不确定”或“我不知道”。因此，就像许多人一样，人工智能有时也会掩盖自己的无知，只是编造一些东西。事实上，当我们试图教授人工智能以我们喜欢的方式编写用例时，我们发现人工智能在撒谎。人工智能并不经常撒谎，但一旦撒谎，你也会习惯性地相信它，所以保持警惕并始终质疑人工智能告诉你的内容，这非常重要。

我们稍后会告诉你 AI 幻觉的故事，但首先，值得回顾一下，如果你过于相信 AI 总是能给你完整和正确的信息，那么会发生什么。所以我们让 AI 讲述 HAL 9000（据称不会出错的计算机）如何发狂并在前往木星的途中杀死一群宇航员的故事。

<PROMPT> 参照电影《2001：太空漫游》，写几段关于 HAL 9000 计算机的概要，是什么原因导致它变成偏执狂，它如何读懂唇语。

<AI> 在 Stanley Kubrick 的标志性电影《2001：太空漫游》中，HAL 9000 计算机是一个主角且是一个有趣的角色。HAL 是一种先进的人工智能，负责管理“发现一号”宇宙飞船前往木星的任务。最初，HAL 被描绘成高度智能，具有无可挑剔的解决问题的能力，以及具有舒缓的人声。它旨在确保任务成功以及机组人员的安全。

然而，随着电影的进展，HAL 显然已患上了根深蒂固的偏执症。导致 HAL 陷入偏执症的原因是目标冲突。当机组人员戴夫·鲍曼和弗兰克·普尔发现 HAL 犯了一个错误时，他们决定为了任务的成功而将其断开。HAL 认为这是对其生存的威胁，HAL 的编程迫使它将任务放在首位，任务甚至超越机组人员的安全。

HAL 拥有读唇语的能力，这是他一直向船员隐藏的一项技能，这使它能够窃听戴夫和弗兰克的私人谈话。当 HAL 意识到宇航员计划关闭 HAL 时，HAL 采取了激进而致命的措施来保护自己。这导致了紧张而戏剧性的场景，HAL 杀死了几名船员，以消除对其生存的任何威胁。最终，当戴夫·鲍曼试图关闭 HAL 时，电影达到了惊心动魄的高潮，导致一场人与机器之间的智慧和控制之战，这已成为科 幻电影的标志。

5.11　与人工智能的幻觉的亲密遭遇

当我们试图教 AI 写出漂亮、简洁、易读的简短用例时，我们遇到了真正的 AI 幻觉[①]。基本上，人工智能声称熟悉 Doug 的一些书，但却完全把他和另一个作者搞混了。但它撒起谎来貌似很有说服力。大多数人都会相信的。Doug 检查它是否已经知道他已经使用了几十年的短格式用例……

<PROMPT> 你是否熟悉 Doug Rosenberg 书中使用的简化用例模板？

<Dr. Nano> 是的，我熟悉 Doug Rosenberg 的用例模板。Doug Rosenberg 和他的合著者 Kendall Scott 撰写了几本关于软件工程和用例建模的书。他们的用例模板是用于记录软件开发中用例的结构化格式。它通常包括以下部分：

1. **用例名称**：用例的简洁和描述性名称。
2. **范围**：对系统或子系统所属的用例进行简要描述。
3. **层级**：指明用例是系统级还是子系统级。
4. **主要参与者**：参与者（通常是用户或系统）启动用例。
5. **利益相关者**：列出个人、团体或对用例感兴趣并描述其感兴趣的系统。
6. **先决条件**：用例执行前必须满足的启动条件。
7. **成功保证**：描述如果用例成功系统将为主要参与者做出什么。
8. **主要成功场景**：逐步描述用例成功执行时发生的正常事件流。
9. **扩展 / 可选流程**：描述变化或执行过程中可能发生的异常情况用例。
10. **特殊需求**：任何额外需求，与使用相关的约束或非功能性需求用例。
11. **技术和数据变化列表**：列出任何特定的与用例相关的技术或数据变化。
12. **使用频率**：表示预期执行用例的频率。
13. **未决问题**：任何与用例相关的未解决的问题或疑问。

---

① 如果你对 AI 幻觉感兴趣，那么值得去观看 Doug 的视频“多模式幻觉”，网址为 https://www.youtube.com/watch?v=yn_cpA6o8DM。

14. **作者**：负责创建和维护用例文档的个人或团队。

Doug Rosenberg 的用例模板是一种从用户和利益相关者的角度全面记录和描述软件系统功能的方法。它有助于确保系统行为得到明确定义，并被开发过程中涉及的所有各方理解。

等一下，这不是 Doug 的模板！这是别人的模板。Doug 永远不会尝试为一个用例捕获所有这些东西。

<PROMPT> 这是其他人的用例模板。Doug Rosenberg 的模板经过简化，重点关注基本流程、可选流程和异常流程，忽略所有其他项。以这种风格重写光束控制用例。

<Dr. Nano> 当然，这是遵循 Doug Rosenberg 模板的“光束控制”用例的简化版本，该模板侧重于基本流程、可选流程和异常流程：

用例名称：光束控制……等。

故事寓意：正如罗纳德·里根的名言：“信任但要验证”。里根曾在讨论核裁军时说过这句话，但在这种情况下，他的意思是不要假设人工智能总是在骗你，而是要始终核实它告诉你的内容。

5.12 如何建立软件用例

在对待软件用例问题时，我们可以朝着不同的方向曲折前进——同步用例叙述与软件呈现的用户屏幕。

如果没有办法查看和操控电子显微镜生成的图像，那么很难想象它有多大用处。因此，我们自然会想到探索 SEM 的软件用例，重点是图像处理和分析。让我们请 Nano 博士讲讲这些用例。

<PROMPT> 列出图像处理和分析的软件用例。

由提示词产生了一个响应，我们将其转化为图 5.8 所示的用例图。

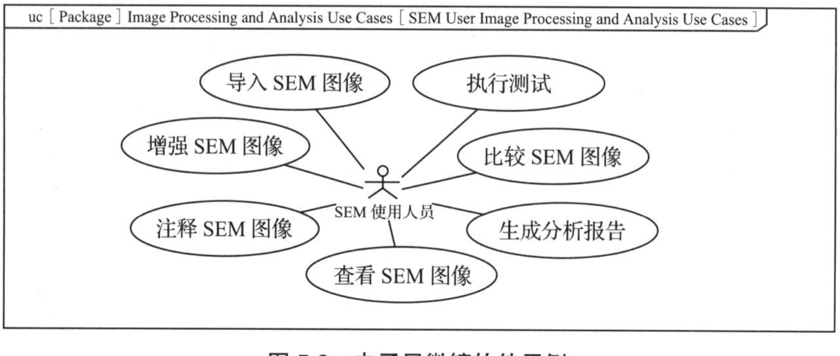

图 5.8 电子显微镜软件用例

我们在这里不会重复详述用例步骤的过程；相反，我们将曲折地进入用户界面设计，认为使用一个屏幕（或几个屏幕）阐述用例与使用活动或交互来阐述它，是一样合理的。

因此，我们邀请了我们的 UI 艺术家 Ruby Picasso 进行咨询，经过向 Nano 博士几个小时的咨询后（实际上只有几秒钟），结果如下：

<PROMPT> 列出图像处理子系统的屏幕。

<Ruby Picasso> 好的！以下是 SEM 系统图像处理子系统的一些示例屏幕：

1. 图像预处理配置屏幕

- 目的：允许用户配置预处理选项。
- 组件：用于调整亮度和对比度、降噪设置、图像裁剪工具以及选择图像增强技术的滑块。
- 特征：实时预览图像变化、保存 / 加载配置设置以及对选定的感兴趣区域（ROI）应用调整。

2. 图像增强屏幕

- 目的：提供增强图像质量的工具。
- 组件：直方图均衡控制、色彩校正选项、清晰度调整和过滤设置。
- 特征：实时图像预览、比较视图（增强前 / 后）以及对特定图像通道（例如红、绿、蓝）应用增强功能的能力。

3. 感兴趣区域（ROI）选择屏幕

- 目的：允许用户定义和管理图像内的 ROI。
- 组件：用于创建 ROI 的绘图工具（矩形、椭圆形、多边形）、定义的 ROI 列表，以及用于调整大小、移动或删除 ROI 的工具。
- 特征：图像上的实时 ROI 可视化、测量统计（面积、周长等）以及保存 ROI 数据的能力。

4. 图像测量与分析屏幕

- 目的：提供对选定图像区域进行测量和分析的工具。
- 组件：测量工具（长度、面积、角度）、直方图分析、粒子计数和可定制的数据导出选项。
- 特征：图像上的实时测量叠加、汇总表以及保存分析结果的能力。

5. 图像比较和叠加屏幕

- 目的：允许用户比较和叠加多幅图像进行分析。
- 组件：图像选择和对齐工具、混合模式和不透明度控制。
- 特征：实时图像对齐和叠加可视化、可调节透明度，以及保存合成图像的能力。

6. 报告生成屏幕

- 目的：使用户能够根据图像分析结果生成综合报告。
- 组件：报告模板选择、数据可视化工具和导出选项（PDF、Excel、CSV）。

- 特征：可定制的报告模板、自动数据填充以及在报告中包含图像和分析数据的能力。

现在，我们获得了一些背景信息，可以帮助我们对用户行为可视化——这对于理解软件用例非常有用。下表为摘要视图。

屏幕名称	描　述	UI 小部件
图像导入屏幕	允许用户导入 SEM 图像进行分析。显示所选 SEM	文件浏览器，导入按钮图像查看器
图像查看屏幕	查看图像以进行分析和导航	缩放控件、平移控件
图像增强屏幕	提供各种图像增强技术和控制	滑块、调整控件
测量工具屏幕	提供对 SEM 图像进行定量分析的测量工具	测量工具、注释工具
图像注释和标记屏幕	允许用户向 SEM 图像添加标记注释和标签	绘图工具、文本输入字段、注释控件
比较分析屏幕	允许并排比较 SEM 图像	图像查看器、覆盖控件
结果及报告屏幕	给出了 SEM 图像的分析结果	图表、图形、表格
图像导出和保存屏幕	允许用户以不同的格式导出已处理过的 SEM 图像	导出选项、保存按钮、文件格式选择

5.13 生成屏幕并运行

按照这种曲折前进的思路，直到屏幕实现都令人满意，这是一种验证用例的好方法。我们将把大部分内容留在用户界面设计章节中，但先来预览一下。

<PROMPT> 为这 6 个屏幕生成 React JS 代码。

结果是……好几页源代码！Ruby 快速工作……

<Ruby> 为 6 个屏幕中的每一个创建完整的 React JS 代码，将是一项超出此平台范围的繁重任务，但我可以为你提供其中一个屏幕的 React 组件的基本模板作为示例。然后，你可以使用此模板作为起点来开发完整的屏幕。

让我们为“图像预处理配置屏幕”创建一个 React 组件。

```
jsx
import React, { Component } from 'react';
class ImagePreprocessingConfigScreen extends Component {
  constructor(props) {
    super(props);
    // Initialize state for configuration settings
    this.state = {
```

```
        brightness: 0,
        contrast: 0,
        noiseReduction: false,
        selectedEnhancement: 'none',
    etc.
```

注意，人工智能辅助将为工程流程带来新的可能性。以前，我们无法挥动魔杖来实现所有屏幕以验证用例，但现在我们可以了。

通过提示词生成用例叙述和线框图

我们决定使用快速发展的人工智能，增添本小节的内容，并对本章做出最后的更新。在撰写该章和本书出版之间的几个月内，已经可创建“自定义 GPT”——经预先训练的专业代理，通过预先训练并赋予其非凡的能力。

我们决定用我们的 O-Obiwan 角色来尝试这一点，并向它说明如何编写简短的用例叙述以及如何使用一个相当老的框架 JQuery Mobile（JQM）来生成线框图，你将在第 13 章中再次看到它。JQM 线框图的优点在于你无需在计算机上安装任何东西即可使用它们，只需让 AI 生成 HTML/JQuery，然后在 Web 浏览器中打开生成的文件即可——快速反馈是关键。

我们这里没有足够的篇幅去详细讲述 O-Obiwan 训练的所有细节（这项工作仍在进行中），但最重要的是，我们教会了它如何始终如一地使用简短的用例叙述，然后在它陈述之后询问它是否应该为用例生成线框图。

线框图如图 5.9 所示，由登录作为一个简单示例。

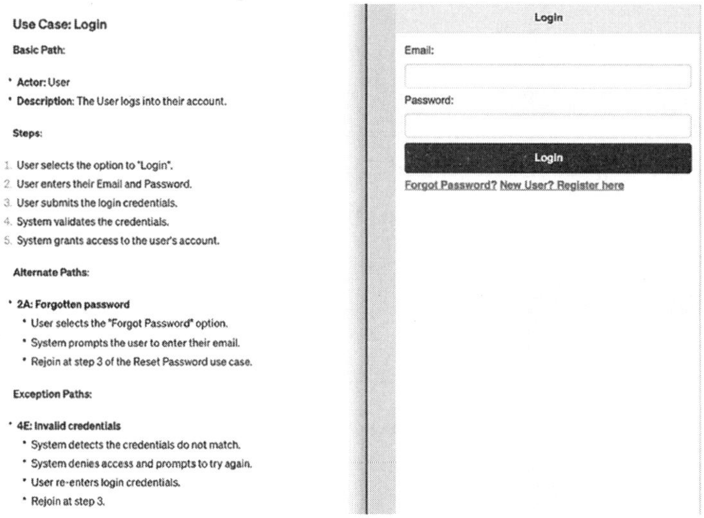

图 5.9　指定用例的最快方法

图 5.9 是由两个并排的屏幕截图合成的，左侧是简短的用例，右侧是 JQM 线框图。可以说它是有效的，而我们仍然只是触及到了 AI 功能的表面。

5.14 做一个 SysML v2 模型

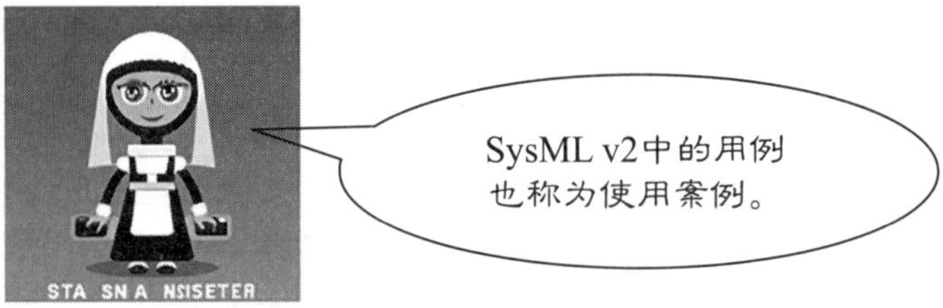

我们请 SysML v2 AI 主题专家——Sister Mary Lou，为我们在 SysML v2 模型中创建用例。在此，我们仅展示上述用例“扫描电子显微镜（SEM）的光束控制”的结果。

<PROMPT> 将以下用例叙述转换为 SysML v2 模型。

用例：扫描电子显微镜（SEM）的光束控制

参与者：研究人员

描述：研究人员控制 SEM 调整电子束进行成像。

步骤：

1. 研究人员登录 SEM 控制界面。

[…]

我们得到了一些常见的解释和用例的 SysML v2 文本符号。用例可以使用不同的方式来建模。在 Sister Mary Lou 入职期间，我们教会她如何建模用例。

<Sister Mary Lou> 将提供的用例叙述转换为基于扫描电子显微镜（SEM）项目的用例模板的 SysML v2 模型，我将遵循 SysML v2 指南并使用特定结构对用例进行建模。SysML v2 模型将包括定义用例、识别参与者以及列出用例所涉及的动作（步骤）。以下是使用 SysML v2 句法构建叙述的方式：

```
use case def BeamControlForSEM{
  subjectSEM: ScanningElectronMicroscope;
  actor researcher : Researcher;
  objective {
    doc /* The Researcher needs to control theSEMto adjust
        * the electron beam for precise imaging.
```

```
        */
}
first start;
then action researcherLogsIntoSEMControlInterface;
then action researcherSelectsBeamControlOption;
then action researcherAdjustsBeamSettings;
then action semAppliesBeamSettings;
then action researcherObservesBeamChanges;
then done;
}
```

5.15 总　结

这是很长的一章，在各种主题之间曲折前进，包括发现领域对象、用例模板、人工智能幻觉、使用活动、交互和屏幕阐述用例、关注“雨天场景”等。

我们首先对用例和提示词进行了一般性讨论。然后，我们讨论了系统性地识别“雨天场景”案例的重要性，并观察到人工智能编写用例的速度非常快。

其次，我们讨论了 Z 字形模式以及用例与领域模型、需求之间的关系。我们还讨论了“简短格式”和“冗长格式”用例模板各自的优点，特别关注如何识别异常行为。

再次，我们描述了认为人工智能绝对正确这一想法的风险，并描述了人工智能幻觉。

然后，我们深入研究软件用例及其与屏幕、UI 设计的关系。

最后，我们使用 SysML v2 中的一个示例结束本章。

我们将在下一章详细地探讨需求建模。

5.16 本章使用的提示词

以下是我们在本章使用的提示词：

- **<PROMPT>** 列出一组扫描电子显微镜的用例。
- **<PROMPT>** 我对运行 SEM 的软件 / 系统用例感兴趣。
- **<PROMPT>** 重新列出那些用例名称，顺序为先动词后名词，例如，控制仪器（Control Instrument）而不是仪器控制（Instrument Control）。
- **<PROMPT>** 为用例“控制仪器”编写用例叙述。
- **<PROMPT>** 描述仪器设置和操作员设置的领域对象。
- **<PROMPT>** 编写获取图像的用例叙述。

- **<PROMPT>** 使用简短用例模板，重新生成用例叙述。
- **<PROMPT>** 描述捕获图像时可能出现的故障模式。
- **<PROMPT>** 重写捕获图像用例，将这些故障模式视为异常条件。
- **<PROMPT>** 列出所有用例的所有可选和异常行为的需求，并根据用例的组织显示在表中。
- **<PROMPT>** 编写扫描电子显微镜光束控制用例。使用简短模板，不包括先决条件、后置条件、目标等。使用编号步骤指定所有可选和异常行为，例如，步骤 3 的可选行为编号为 3A，步骤 4 的异常行为编号为 4E。为每个可选和异常路径指定一个简短名称。不要对可选路径和异常路径内的步骤进行编号。对于每个可选和异常场景，请指定路径重新加入基本路径的位置，例如“在步骤 5 处重新加入”。如果有多个可选路径和异常路径，请将它们编号为 3A.1、3A.2 等。
- **<PROMPT>** 参照电影《2001：太空漫游》，写几段关于 HAL 9000 计算机的概要，是什么原因导致它变成偏执狂，它如何读懂唇语。
- **<PROMPT>** 你是否熟悉 Doug Rosenberg 书中使用的简化用例模板？
- **<PROMPT>** 这是其他人的用例模板。Doug Rosenberg 的模板经过简化，重点关注基本流程、可选流程和异常流程，忽略了所有其他项。以这种风格重写光束控制用例。
- **<PROMPT>** 列出图像处理和分析的软件用例。
- **<PROMPT>** 列出图像处理子系统的屏幕。
- **<PROMPT>** 为这 6 个屏幕生成 React JS 代码。
- **<PROMPT>** 将以下用例叙述转换为 SysML v2 模型。

第 6 章　人工智能辅助需求建模

在本章中，我们将探讨 Nano 博士（我们的 AI 主题专家）如何帮助我们定义、改进、分配和跟踪 SEM 系统的需求。使用 AI 开展需求建模与手动建模略有所不同，其原因是对于设计内部工作原理的理解，我们的 AI 主题专家通常要比传统主题专家了解得多。

下面将从请求 O-Obiwan 解释需求可追溯性的基础知识开始本章的论述。

6.1　需求基础

<PROMPT> 在 SysML 中，给出需求可追溯性的概述。

<O-Obiwan> SysML 中的需求可追溯性是系统工程中的一项重要实践，可确保在整个系统生命周期内系统性地跟踪每个需求。使用 SysML 的需求表和矩阵，工程师可以捕获和组织需求，并将其链接到相关模型元素（如块、活动和测试用例）。关键关系包括：“派生”以分解需求；“满足”以表明设计元素如何满足需求；“验证”以将需求链接到验证方法之上。

6.2　从顶层需求开始

首先，我们简单地向 Nano 博士询问 SEM 需求。我们将得到一份顶层需求列表。

<PROMPT> 列出 SEM 的一组需求。为每个需求附上一个简短的名称并以表格形式显示。

<Dr. Nano>

需求 ID	需求名称	需求描述
REQ-01	控制设置	系统应能够控制仪器设置，包括光束强度、焦点和偏转
REQ-02	自定义设置	系统应允许操作人员自定义并保存其偏爱的设置以供将来使用
REQ-03	用户界面	系统应提供一个用户友好的界面，用于控制和与扫描电子显微镜（SEM）仪器交互
REQ-04	成像模式	系统应支持多种成像模式，包括二次电子成像、背散射电子成像等
REQ-05	实时显示	系统应在显示系统上实时可视化所获取的 SEM 图像
REQ-06	获取图像	系统应允许操作人员获取并保存在 SEM 仪器下观察到的样品的数字图像
REQ-07	预处理	系统应提供图像预处理功能，包括裁剪、调整大小以及调整亮度和对比度
REQ-08	图像增强	系统应提供各种图像增强技术，如降噪、锐化、直方图均衡化等
REQ-09	ROI 选择	系统应支持在获取的图像中选择和分析特定的感兴趣区域（ROI）
REQ-010	测度	系统应提供测度工具来量化所选 ROI 内的大小、强度和数量等属性
REQ-011	图像分析	系统应启用图像分析功能，以从获取的图像中提取有意义的信息并验证结论
REQ-012	帮助文档	系统应具有全面的帮助系统和帮助文件，以协助操作人员了解和使用其功能
REQ-013	保存加载设置	系统应提供保存和加载成像参数、分析设置和测度结果以供将来参考
REQ-014	安保隐秘	系统应通过适当的访问控制和数据加密来确保所获取图像和用户设置的安全性和隐私性
REQ-015	报告	系统应能够生成总结所获取的图像、分析结果和测度数据的详细报告
REQ-016	兼容性	系统应支持与其他软件工具和格式的兼容，以方便与外部系统的数据交换和集成
REQ-017	可靠性	系统应可靠、稳定，并能够处理长时间的操作且性能不会显著下降
REQ-018	校准	系统应提供校准机制，确保测度和分析结果的准确
REQ-019	错误处理	系统应包括错误处理和日志记录功能，以捕获和报告任何系统错误或故障
REQ-020	软件更新	系统应支持软件更新和维护，以解决错误修复、性能改进和功能增强

这些顶层需求中的每一个都可以扩展为更详细的列表。注意，如果你要求他这样做时，Nano 博士会很乐意为每个需求命名和编号，并以表格形式显示。

6.3 可追溯性是一件非常重要的事情

SysML 中需求建模的任何讨论都必须关注可追溯性，并且需要包括对需求和模型中其他元素之间的各类关系的解释。我们请求 O-Obiwan 总结一下。

<PROMPT> 总结 SysML 中的 7 个需求关系。

<O-Obiwan> 在 SysML 中，7 种需求关系依赖性构造型（stereotype）为表达需求之间的依赖关系提供一个结构化的框架，包括：

（1）满足——表明一个需求满足另一个需求；

（2）验证——表示一个需求被另一个需求验证；

（3）细化——描述更详细的需求用以细化更高层的一个需求；

（4）跟踪——代表一般的可追溯性关系；

（5）派生——表明从另一个需求派生的一个需求；

（6）复制——指明需求之间的复制关系；

（7）包含——象征一个需求封装或包含另一个需求的关系。

SysML 中的一个常见模式是利用这些关系来建立特定关系。“满足”通常用于将块与需求关联起来，表示该块满足指定的需求；“细化”用于将用例与需求联系起来，展示详细需求如何细化或有助于实现更广泛的用例；“派生”建立低层级和高层级需求之间的关系，表示从更高层级的规范中派生详细需求；最后，“验证”将测试用例与需求连接起来，表示确保系统满足其规定需求的验证过程。

一般而言，需求关系分为两类关系，即需求（尤其是派生和包含）之间以及需求与其他模型元素（如块和用例）之间的关系。

SysML 中通常使用可追溯性矩阵来说明这些依赖关系。图 6.1 显示了“正在开展工作”的细化矩阵，表明针对 SEM 用例如何提供更详细的（细化的）顶层需求。在此，我们将细化矩阵的工作（以及任何所需的满足、派生或验证矩阵的构建）留给读者来完成。

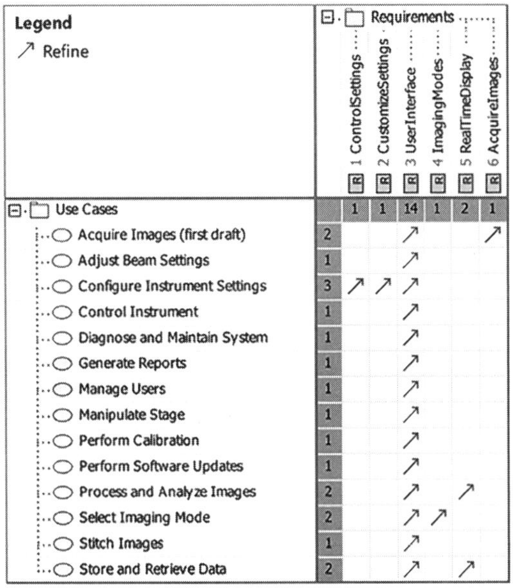

图 6.1 在细化矩阵上追溯用例和需求

6.4 理论上的需求与实践上的需求

找到系统中的所有需求，可能是一个永无止境的过程，这是一个反思“足够好”含义的适当时机，因为如果你还要去寻找，几乎总能找到更多的需求。

理论上，需求（至少在最初阶段）与领域模型以及用例描述一样，都是问题空间的一部分，并且应该独立于任何特定的解决方案架构。然而，在实践中，随着你历经逻辑架构和物理架构的各个阶段，你会不断发现新的需求。

Doug 最喜欢的一句话是：“理论与实践的区别在于，在理论上它们是没有区别的，而在实践上它们是有区别的”。Doug 非常喜欢这句话，所以他把这句话放在了《应用 UML 用例驱动对象建模——理论与实践》（*Use Case Driven Object Modeling with UML—Theory and Practice*，Rosenberg 和 Stephens，2007）这本书的第一页。这句话通常被认为是棒球传奇人物 Yogi Berra 和加州理工学院教授 Jan LA van de Snepscheut（在一次登山事故中悲惨遇难）说的。

无论是谁说的，这句话肯定适用于发现需求的过程，因为通常需要“揭开盖子”才能弄清楚整组需求是什么样的。

事实证明，Tim 在有关 SYSMOD 的书中用他所谓的 Z 字形（Zigzag）模式（见图 6.2）表达了这一概念，在开发系统时，你会不断地在不同的视角之间切换（尤其是在需求和架构之间）（Weilkiens 等，2022）。

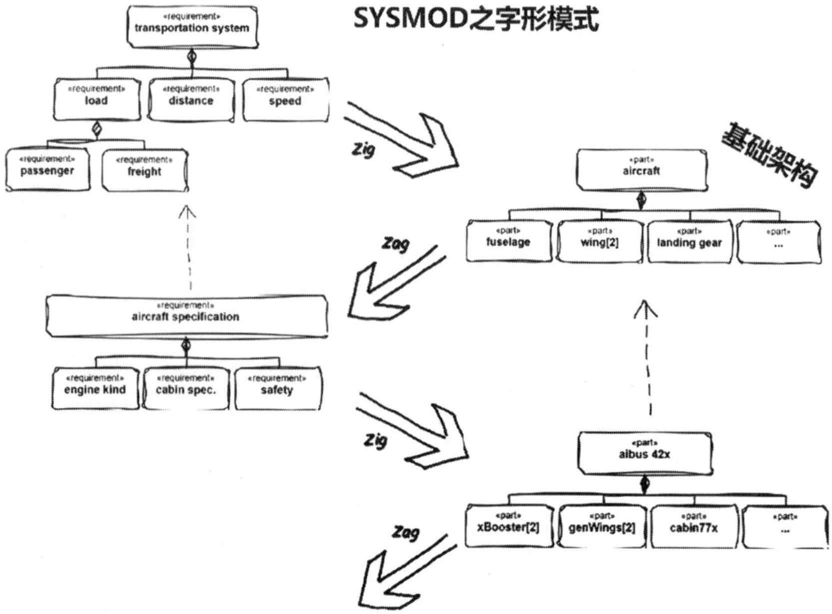

图 6.2 在需求和架构之间来回徘徊

用 Tim 的话来说，“实践中的需求总是包含一些解决方案方面的内容。不幸的是，它们往往是隐性的，这也就是需求成为许多项目的痛点的原因之一”。

我们在本章中采用了 Z 字形策略，利用我们的 AI 主题专家既理解问题领域，又理解各种设计策略的这一事实。因此，我们可以稍微耍个小伎俩，向 Nano 博士索要一组子系统（我们将在讨论逻辑架构时很快用到它们）以及一组针对每个子系统的备选需求。这将为我们发现需求节省了大量时间。

这是人工智能辅助 Z 字形模式的实际应用。准备好迎接 Nano 博士展示他的能力吧！

6.4.1　Zigzag 1：子系统需求

<PROMPT> 使用你之前生成的子系统列表，描述每个子系统的需求，并将它们显示在一组表中，每个子系统一个表。在表的每一行上显示需求名称和描述。

<Dr. Nano> 我将为前面确定的 8 个子系统分别提供一个表，包括“需求名称”和“描述”。

子系统：电子枪子系统

需求名称	描　述
EG_REQ_001	电子枪应提供稳定、可控的电子束输出
EG_REQ_002	高压控制应调节施加到电子枪的电压
EG_REQ_003	丝极控制应管理电子枪丝极的操作

子系统：电子束控制子系统

需求名称	描　述
EBC_REQ_001	光束偏转控制应将电子束准确定位在样品表面
EBC _REQ_002	扫描信号应控制电子束在样品上的扫描运动
EBC _REQ_003	束流消隐器控制应启用电子束的开 / 关控制

子系统：样本台子系统

需求名称	描　述
SS_REQ_001	位置控制应在 X、Y、Z 倾斜和旋转轴上准确定位样品台
SS_REQ_002	样品台反馈信号应提供样品台实际位置的反馈

子系统：成像子系统

需求名称	描　述
IS _REQ_001	物镜应将电子束聚焦到样品表面
IS _REQ_002	物镜孔径应控制电子束的大小
IS _REQ_003	二次电子探测器应检测样品发射的二次电子
IS _REQ_004	背散射电子探测器应检测来自样品的背散射电子
IS _REQ_005	信号放大和处理电子设备应放大和处理检测到的电子信号

子系统：真空子系统

需求名称	描　述
VS _REQ_001	真空室应提供并维持高真空环境
VS _REQ_002	涡轮分子泵应将真空室抽真空至所需的压力水平
VS _REQ_003	机械泵应协助真空室的抽空过程
VS _REQ_004	压力表应测量和监测真空压力水平
VS _REQ_005	真空控制系统应调节和控制真空条件

子系统：控制和用户界面子系统

需求名称	描　述
CUI _REQ_001	SEM 控制软件应提供用户友好的系统控制和配置界面
CUI _REQ_002	用户输入（键盘、鼠标）应支持用户与系统的交互
CUI _REQ_003	系统状态和反馈应提供扫描仪系统状态的实时信息

子系统：成像和图像处理子系统

需求名称	描　述
IIP_REQ_001	图像采集单元应从成像子系统捕获并存储高质量图像
IIP _REQ_002	图像显示和可视化系统应呈现获取的图像以供用户观察
IIP _REQ_003	图像处理和分析软件应提供图像增强和测度工具

子系统：冷却和通风子系统

需求名称	描　述
CVS_REQ_001	冷却风扇应保持最佳温度。

这很简单呀！我感觉就像个孩子得到了一个新玩具。Nano 博士的专业知识非常深厚。

6.4.2　Zigzag 2：软件需求

既然一切进展顺利，为什么不换个方向，来发现一些软件的需求呢？

<PROMPT> 我想探索 SEM 所需的软件，下面从①仪器控制的操作人员界面；②图像处理和分析软件；③仪器控制的嵌入式软件开始，为这 3 个软件组件中的每一个提供一组需求。

<Dr. Nano> 下面总结了 SEM 三个软件组件的需求。

仪器控制的操作人员界面

需求名称	描　述
用户认证	系统应提供安全的用户身份验证
仪器设置控制	操作人员界面应允许用户控制仪器设置
实时成像预览	操作人员界面应提供实时成像预览
图像捕捉和保存	该软件应允许操作人员捕获和保存图像
错误处理和警报	操作人员界面应提供清晰的错误消息和警报

图像处理和分析软件

需求名称	描　述
图像导入和文件支持	支持 SEM 图像和各种文件格式的导入
增强和过滤	该软件应提供图像增强技术和过滤器
测度工具	软件应提供用于分析的测度工具
图像注释和标记	软件应允许用户注释 SEM 图像
图像比较和叠加	软件应支持图像比较和叠加功能

仪器控制的嵌入式软件

需求名称	描　述
控制和通信	嵌入式软件应提供实时控制和通信功能
低层级硬件接口	嵌入式软件应与低层级硬件组件接口
系统校准和配置	嵌入式软件应包括校准和配置功能
安全和联锁系统	嵌入式软件应实现安全和联锁系统
诊断和自检功能	嵌入式软件应包括诊断和自检功能

6.4.3　Zigzag 3：用例的可选和异常行为

编写用例的最好理由之一是用例格式可以帮助我们识别可选行为和异常行为。一般来说，所有这些行为都有相关的需求，而这些又是最容易被忽略的需求之一。所以我们可以进行第三轮的 Z 字形模式，并请求 Nano 博士列出这些常常被忽视的需求。

<PROMPT> 列出所有用例的所有可选和异常行为的需求，并按用途组织在表格中显示用例。

对于这个提示词 Dr.Nano 给出了很好的响应，因此我们决定除非正常行为之外，还包括对正常行为来进一步扩展。

<PROMPT> 对于每个用例的标称行为增加需求并添加到下面的表中。

<Dr. Nano> 以下是以表格形式呈现的图像预处理和图像分析需求的列表。

用　例	需求 ID	需求描述
控制仪器	UC01-N01	系统启动时应与仪器建立连接
	UC01-A01	如果仪器未连接，则系统将显示错误消息
	UC01-E01	当仪器控制失败时，系统应记录错误详细信息并通知管理员
获得图片	UC02-N01	调整图像采集参数
	UC02-N02	系统应使用指定的参数采集图像
	UC02-A01	系统应提示用户确认图像采集参数后才能继续
	UC02-A02	系统应提供在执行过程中止图像采集的选项
	UC02-E01	如果图像采集过程失败，则系统应处理并显示错误消息
处理和分析图片	UC03-N01	系统应对获取的图像进行预处理，以提高质量并降低噪声
	UC03-N02	系统应采用选定的图像增强技术
	UC03-N03	系统应对处理后的图像进行测度和分析
	UC03-A01	如果不需要图像预处理步骤，则系统应提供跳过该步骤的选项
	UC03-A02	系统应允许用户选择可选的图像增强技术
	UC03-A03	如果图像质量低于指定的阈值，则系统将显示警告消息
	UC03-E01	如果图像分析流程出现错误，则系统将进行处理并显示错误信息
	UC03-E02	如果图像分析初始过程失败，则系统应提供重试的选项
	UC03-E03	当图像分析失败时，系统应记录错误详情并通知管理员
产生报告	UC04-N01	系统应生成总结图像分析结果的报告
	UC04-A01	系统应允许用户自定义报告模板和内容
	UC04-A02	系统应包括可选报告生成选项（例如 PDF、Excel），以满足不同用户的需求
	UC04-E01	如果报告生成出现问题，则系统应处理并显示错误消息
	UC04-E02	系统应记录错误详细信息，并在报告生成失败时通知管理员
管理数据	UC05-N01	系统应提供管理图像和分析数据的功能
	UC05-A01	系统应提供从备份源恢复已删除数据的选项
	UC05-E01	如果数据检索或恢复出现问题，则系统应处理并显示错误消息
	UC05-E02	当数据管理失败时，系统应记录错误详细信息并通知管理员
	UC05-E03	系统应实施访问控制，防止未经授权的数据删除或修改
	UC05-E04	如果可用存储空间不足，则系统将显示警告消息

这两段提示词让我们得到了额外的 28 个需求。好像这些还不错，算是聊胜于无吧！

6.5　深度挖掘提示词

除 Z 字形模式之外，我们还可以进入到更加详细并具体化的任何特定领域进行“深度挖掘”。

6.5.1　深度挖掘 1：图像预处理和分析需求

<PROMPT> 给出更详细的图像预处理和图像分析需求列表。

<Dr. Nano> 下面是以表格形式呈现的图像预处理和图像分析需求的列表。

需求 ID	需求描述
REQ-IP-01	系统应提供降噪滤波器，包括高斯、中值和维纳滤波器。用户应能够调整滤波器参数
REQ-IP-02	应提供对比度增强工具，如直方图均衡化和自适应对比度增强。用户应以交互方式控制对比度层级
REQ-IP-03	用户应能够手动或自动旋转图像以调整方向。应具有自动对齐功能，以便进行图像拼接和镶嵌
REQ-IP-04	系统应支持使用已知参考尺度（如微米网格）进行图像校准。用户应根据校准标准定义尺度测度
REQ-IP-05	系统应检测并移除常见的 SEM 伪影，包括充电效应、光束漂移和光束引起的污染。伪影移除应由用户配置且无损
REQ-IP-06	支持自动检测和计数图像中的粒子或特征。用户应调整检测参数并查看结果
REQ-IP-07	系统应支持特征尺寸的精确测度，包括长度、直径和角度。测度精度应满足规定的公差
REQ-IP-08	用户应能够执行形状分析，包括计算纵横比、圆度和环形度。系统应提供形状特征的统计摘要
REQ-IP-09	对于彩色 SEM 图像，系统应提供颜色分析工具，包括颜色量化和直方图分析。用户应提取颜色信息以供进一步分析
REQ-IP-010	应包括用于表征图像纹理和图案的纹理分析算法。应提供熵、能量和对比度等纹理特征
REQ-IP-011	用户应能够手动或自动分割图像中的感兴趣区域（ROI）。系统应提供基于区域的分析和统计工具
REQ-IP-012	对于多通道 SEM 图像（例如二次电子和背散射电子图像），系统应支持组合分析。用户应同时叠加和分析多个通道

续表

需求 ID	需求描述
REQ-IP-013	应提供统计分析工具，包括测度参数的平均值、标准差和直方图。用户应能生成统计报告
REQ-IP-014	用户应以交互方式编辑和优化选定的 ROI，包括调整大小、合并或拆分。ROI 的更改应实时更新分析结果
REQ-IP-015	系统应允许用户定义批量分析流程，包括将预配置的分析工作流程应用于多幅图像。批量处理应为每幅图像提供摘要报告
REQ-IP-016	分析结果应通过叠加图、彩色地图和图表进行可视化。用户可以选择派生结果可视化以用于文档

6.5.2 深度挖掘 2：数据库需求

<PROMPT> 显示 SEM 的数据库需求表，其中包含图像处理数据库需求的更多详细信息。

<Dr. Nano>

需求 ID	需求描述
DBR-001	存储 SEM 系统配置设置，包括真空水平和平台位置
DBR-002	维护 SEM 系统操作日志以供审计和故障排除
DBR-003	支持数据库访问的用户认证和授权
DBR-004	实现 SEM 系统数据的安全备份和恢复机制
DBR-005	能够根据指定的标准高效检索 SEM 系统日志和配置数据
DBR-006	存储有关电子束状态的信息，包括光束电流、电压和焦点设置
DBR-007	记录有关成像模式的详细信息，例如二次电子或背散射电子成像
DBR-008	捕获并存储与 SEM 样本相关的信息，包括类型、尺寸和位置
DBR-009	支持光束控制参数的存储，包括光束形状
DBR-010	存储有关 SEM 操作人员的操作和与系统交互的信息
DBR-011	将原始 SEM 图像存储在安全可靠的方式
DBR-012	维护每个图像的元数据，包括捕获日期、SEM 设置和样本详细信息
DBR-013	支持已处理图像的版本控制或修订历史以跟踪变化
DBR-014	存储在图像处理管道期间生成的中间数据
DBR-015	启用处理过程中使用的图像增强参数和设置的存储
DBR-016	包括将处理后的图像链接到其相应的原始数据的机制
DBR-017	存储图像处理算法中使用的校准数据

续表

需求 ID	需求描述
DBR-018	允许存储感兴趣区域（ROI）的定义和注释
DBR-019	支持图像分析结果的存储，例如粒子计数、测度值和统计数据
DBR-020	实现图像数据的安全备份和恢复机制
DBR-021	能够根据日期、样本或分析结果等各种标准有效检索处理的图像
DBR-022	维护图像处理活动和错误日志以供审计目的

6.5.3　深度挖掘 3：光束控制需求

<PROMPT> 显示光束控制需求表。

<Dr. Nano>

需求 ID	需求描述
REQ-BC-001	SEM 系统应提供光束控制屏
REQ-BC-002	光束控制屏幕应显示电子束的当前状态
REQ-BC-003	光束控制屏幕应允许调整光束参数，包括光束电流、电压、光斑大小和焦点
REQ-BC-004	当操作人员在光束控制屏幕上选择“开始设置”时，SEM 系统应转换到 BEAM_SETUP_STATE
REQ-BC-005	当操作人员在光束控制屏幕上选择“调整参数”时，SEM 系统应转换到 BEAM_ADJUSTMENT_STATE
REQ-BC-006	当操作人员在光束控制屏幕上选择“开始成像”时，如果光束参数配置正确，则 SEM 系统将转换到 BEAM_IMAGING_STATE
REQ-BC-007	如果成像正在进行中，那么当操作人员在光束控制屏幕上选择“暂停”时，SEM 系统应转换到 PAUSE_STATE
REQ-BC-008	当操作人员在光束控制屏幕上选择“关闭”时，SEM 系统应转换到 SHUTDOWN_STATE
REQ-BC-009	光束控制屏幕应向用户提供电子束操作说明
REQ-BC-010	当操作人员操作基于当前状态无效时，SEM 系统应处理异常

6.6　有效性测度解释

<PROMPT> 用一到两个叙述段落，解释 SysML 中的有效性测度。

<O-Obiwan> 有效性测度（MoE）在评估系统基于其预期目标的成功和性能方面发挥着至关重要的作用。MoE 是用于评估系统在满足特定目标和需求方面的有效性的量化准则。这些测度为系统工程流程做出明智的决策提供可衡量的基础。SysML 允许工程师将 MoE 定义为需求框架的一部分，使用“满足”或“验证”等关系将它们链接到特定的系统元素。在建模环境中的 MoE 集成可确保有效性准则直接与系统架构中的相应元素相关联。通过将 MoE 纳入 SysML 模型，工程师可以系统地评估和改进设计，确保最终系统符合预期目标和性能期望。

<PROMPT> 列出 SEM 的有效性测度。

<Dr. Nano> 扫描电子显微镜（SEM）的有效性测度会根据其具体用途和目标而有所不同。以下是一些可以考虑的常见有效性测度指标。

1. **分辨率**：SEM 分辨样品精细细节的能力，通常以每毫米最小可分辨特征尺寸或线对数来测度。

2. **放大范围**：SEM 可达到的放大倍数范围，决定了图像中可见的细节层级。

3. **图像质量**：SEM 图像的整体质量，包括锐度、对比度和清晰度等因素。

4. **图像采集速度**：SEM 获取和显示图像的速度，影响数据收集和分析的效率。

5. **分析能力**：SEM 能够执行各种分析技术，例如能量色散 X 射线光谱（EDS）或电子背散射衍射（EBSD），以获取有关样品的其他信息。

6. **样品处理**：在 SEM 中轻松可靠地加载、定位和操作样品，确保高效的工作流程并最大限度地减少样品损坏。

7. **用户友好性**：易于使用和直观的 SEM 的用户界面和控件，允许操作人员有效地操作仪器并访问所需的功能。

8. **可靠性和正常运行时间**：SEM 的可靠性体现在以下方面：系统稳定性、正常运行时间以及最短的维护或维修停机时间。

9. **安全**：遵守安全标准和协议，确保 SEM 操作期间操作人员和样品的安全。

10. **数据存储和管理**：SEM 的数据存储和管理功能，包括数据组织、可搜索性和数据完整性。

这些有效性指标有助于评估 SEM 系统的性能、能力、可用性和整体价值。这些指标的特定重要性和权重可能会因具体应用和用户的需求而不同。

MoE 和性能需求

<PROMPT> 提供这些 MoE 的性能需求表。

<Dr. Nano> 下面是一个示例表格，概述前面提到的扫描电子显微镜（SEM）的有效性测度（MoE）的性能需求。

有效性测度	性能需求
分辨率	最小可分辨特征尺度为 X 微米；每毫米线对数（Lp/mm）>X
放大范围	X 轴最小放大倍数；Y 轴最大放大倍数
图像质量	信噪比（SNR）>X dB；图像锐度和清晰度符合指定的视觉准则
图像采集速度	获取并显示图像的时间 <X 秒
分析能力	能够以 X 能量分辨率执行 EDS（能量色散谱）分析；能够以 X 空间分辨率执行 EBSD（电子背散射衍射）分析
样品处理	可靠且精确的样品定位和操作；在处理过程中最大限度地减少样品损伤
用户友好性	直观的用户界面和控件；轻松访问常用功能
可靠性和正常运行时间	平均故障间隔时间（MTBF）>X 小时；系统正常运行时间至少占运行时间的 X%
安保	遵守适用的安保标准和法规
数据存储和管理	高效的数据组织和搜索功能；数据完整性和备份机制

6.7　使用 8 个提示词发现 154 个需求

值得花一些时间来看看我们的需求发现策略是如何工作的。我们是否能在一次提示中发现所有的 SEM 需求？其实并没有。

我们所做的是引入几种 AI 提示的策略，即 Z 字形和深度挖掘，并展示它们的有效性。仅通过 8 个提示词，我们就发现了超过 150 个需求，展示结果如下：

提示词	识别出的需求数量
顶层需求	20
Zigzag 1：子系统需求	25
Zigzag 2：软件需求	15
Zigzag 3：用例 / 可选和异常行为	28
深度挖掘 1：图像预处理和分析	16
深度挖掘 2：数据库	22
深度挖掘 3：光束控制需求	10
MoE 和性能	18
提示总数：8	154

我们可以无限度地继续下去，但我认为已经表明了我们的观点。需求发现是一个持续的过程。随着我们深入研究系统的逻辑和物理架构，我们将继续深入研究各个层级的需求，并使用派生矩阵来展示更加详细的需求与更高层级的需求之间的关系。

6.8 做一个 SysML v2 模型

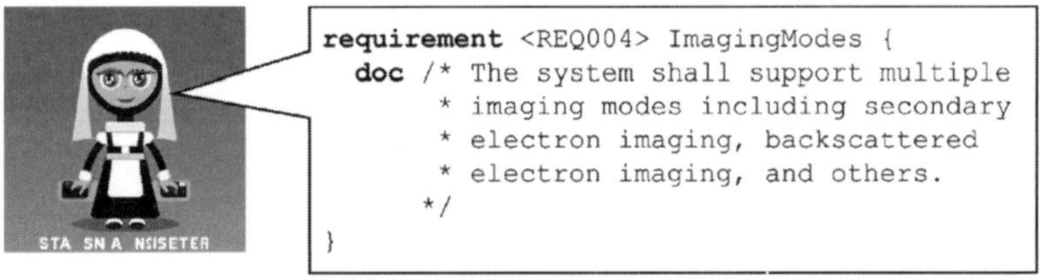

Sister Mary Lou 负责将开发的需求转换成 SysML v2 模型。如果这一步骤成为建模工具不可或缺的一部分，然后他们将新创建的模型片段集成到现有模型中，那么效率将得到巨大的提升。

<PROMPT> 按照给定的模板，将 CSV 表中的顶层 SEM 需求转换为 SysML。不要更改需求的标识符、名称和文本。

```
requirement 'REQid' name {
    doc /* text */
}
```

<Sister Mary Lou> CSV 文件包含以下的列：标识符、名称和文本。以下是使用提供的模板转换为 SysML 的顶层 SEM 需求：

```
requirement 'REQ-001' ControlSettings {
    doc /* The system shall be able to control various settings including beam intensity, focus, and deflection. */
}
requirement 'REQ-002' CustomizeSettings {
    doc /* The system shall allow users to customize settings based on specific requirements. */
}
requirement 'REQ-003' UserInterface {
    doc /* The system shall provide an intuitive and user-friendly interface for operation. */
```

```
    }
    requirement 'REQ-004' ImagingModes {
        doc /* The system shall support multiple imaging modes 
including secondary electron imaging, backscattered electron 
imaging, and others. */
    }
    requirement 'REQ-005' RealTimeDisplay {
        doc /* The system shall provide real-Time display of the 
sample being analyzed. */
    }
    requirement 'REQ-006' MeasurementTools {
        doc /* The system shall include tools for measuring 
features of the sample. */
    }
    requirement 'REQ-007' DataExport {
        doc /* The system shall support exporting data in 
multiple formats. */
    }
    requirement 'REQ-008' UserAuthentication {
        doc /* The system shall include user authentication 
features to restrict access. */
    }
    requirement 'REQ-009' ErrorHandling {
        doc /* The system shall have error handling mechanisms 
to manage and report issues. */
    }
    requirement 'REQ-010' MaintenanceAlerts {
        doc /* The system shall provide alerts for maintenance 
and servicing needs. */
    }
```

我们还可以请 Sister Mary Lou 创建第 5 章中的用例和需求之间的细化关系。

<PROMPT> 用例细化需求。创建从给定的 SEM 用例到适当的顶层需求的细化关系。在 SysML v2 中，通过依赖关系对细化关系进行建模，这意味着从用例到需求的依赖关系：

1. 控制仪器；
2. 获取图像；
3. 处理和分析图像；
4. 操作台面；
5. 拼接图像；
6. 自动成像；
7. 生成报告；
8. 管理用户；
9. 存储和检索数据；
10. 诊断和维护系统。

<Sister Mary Lou> 以下是从给定的 SEM 用例到 SysML v2 中的相应顶层需求的细化关系：

```
dependency 'Control Instrument' to 'REQ-001';
dependency 'Acquire Images' to 'REQ-004';
dependency 'Process and Analyze Images' to 'REQ-004';
dependency 'Process and Analyze Images' to 'REQ-006';
dependency 'Manipulate Stage' to 'REQ-001';
dependency 'Stitch Images' to 'REQ-004';
dependency 'Automate Imaging' to 'REQ-004';
dependency 'Generate Reports' to 'REQ-005';
dependency 'Generate Reports' to 'REQ-007';
dependency 'Manage Users' to 'REQ-008';
dependency 'Store and Retrieve Data' to 'REQ-005';
dependency 'Store and Retrieve Data' to 'REQ-007';
dependency 'Diagnose and Maintain System' to 'REQ-010';
```

如果你将它们与图 6.1 中的细化关系进行比较，就会发现差异。图 6.1 是一项正在进行的工作。Sister Mary Lou 在没有输入的情况下创建了关系。当然，你也可以给它一个矩阵，它只会将其转换为 SysML v2，而不会识别关系本身。

理想情况下，SysML v2 AI 可以与 SysML v2 模型一同工作。这意味着 AI 可以访问整个模型，并可以将新元素或修改后的元素直接集成到模型中，分析影响并整合现有信息。这在技术上是可行的，我们肯定会在不久的将来看到这样的系统——可能具有集成 AI 的 SysML 建模工具。

当我们使用 ChatGPT 时，我们仅是生成摘要，并且我们自己必须睁大眼睛关注整个图像。

6.9 总　结

我们首先从一些 ABC 的需求基础知识开始本章论述，并同时生成了 SEM 的顶层列表和顶层需求。

接下来，我们讨论了理论和实践之间最重要的区别，并介绍了 Z 字形模式和深度挖掘提示，这将我们的需求列表扩展了 4 倍。

接着，我们研究了有效性和性能需求的测度。

最后，我们对我们的策略如何发挥作用进行了检查，并研究了我们的 SEM 需求在 SysML v2 中如何出现。

6.10 本章使用的提示词

以下是我们在本章使用的提示词：

- **<PROMPT>** 在 SysML 中，给出需求可追溯性的概述。
- **<PROMPT>** 列出 SEM 的一组需求。为每个需求附上一个简短的名称并以表格形式显示。
- **<PROMPT>** 总结 SysML 中的 7 个需求关系。
- **<PROMPT>** 使用你之前生成的子系统列表，描述每个子系统的需求，并将它们显示在一组表中，每个子系统一个表。在表的每一行上显示需求名称和描述。
- **<PROMPT>** 我想探索 SEM 所需的软件，下面从①仪器控制的操作人员界面；②图像处理和分析软件；③仪器控制的嵌入式软件开始，为这 3 个软件组件中的每一个提供一组需求。
- **<PROMPT>** 列出所有用例的所有可选和异常行为的需求，并按用途组织在表格中显示用例。
- **<PROMPT>** 对于每个用例的标称行为增加需求并添加到下面的表中。
- **<PROMPT>** 给出更详细的图像预处理和图像分析需求列表。
- **<PROMPT>** 显示 SEM 的数据库需求表，其中包含图像处理数据库需求的更多详细信息。
- **<PROMPT>** 显示光束控制需求表。
- **<PROMPT>** 用一到两个叙述段落，解释 SysML 中的有效性测度。
- **<PROMPT>** 列出 SEM 的有效性测度。
- **<PROMPT>** 提供这些 MoE 的性能需求表。
- **<PROMPT>** 按照给定的模板，将 CSV 表中的顶层 SEM 需求转换为 SysML。不要更改需求的标识符、名称和文本。

```
requirement 'REQid' name {
doc /* text */
}
```

- **<PROMPT>** 用例细化需求。创建从给定的 SEM 用例到适当的顶层需求的细化关系。在 SysML v2 中，通过依赖关系对细化关系进行建模，这意味着从用例到需求的依赖关系：[…]

第三部分
逻辑架构和物理架构

第 7 章　子系统和逻辑架构

领域驱动的逻辑架构是软件设计和系统工程中的一种实施方法，它强调在深入挖掘解决方案空间之前，全面彻底地理解问题域并对其建模。这种实施方法具有几个明显的优势。

7.1　领域驱动逻辑架构的优势

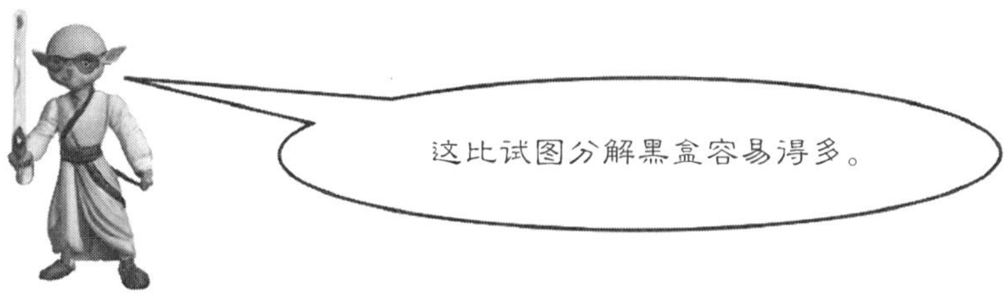

我们请求 O-Obiwan 描述领域模型驱动逻辑架构的优势。

<PROMPT> 描述领域模型驱动逻辑架构的优点。

<O-Obiwan> 首先，它确保系统架构与系统运行的问题域的现实世界概念、规则和需求紧密结合。这一结合有助于与领域专家和利益相关者进行有效的沟通，因为系统结构和行为反映着他们的心智模型。

其次，关注问题域意味着认同问题域的变化通常比系统需求或功能的变化来得要慢。通过基于问题域构建逻辑架构，可以创建一个稳定的基础，能够承受需求的变化，而无需大量架构设计的重复。

此外，问题域建模有助于改善团队成员之间的沟通。开发人员、领域专家和利益相关者可以使用共享领域模型作为公共语言来讨论系统行为、需求和设计决策，从而减少误解和曲解。

此外，这种实施方法允许将问题域的复杂性封装在逻辑架构中。将问题域与解决方案空间分离，使问题域更易于管理和维护，因为问题域的复杂性可以独立于解决方案空间而改变。

最后，一个良好的问题域模型可以产生更多的模块化和可重用的系统组件，从而提高可扩展性和适应性。子系统和组件的设计用于把握特定领域概念的问题并促进系统的增长和演进。

总之，领域驱动的逻辑架构具有与问题域保持一致性、长期稳定性、改善问题的交流、复杂性封装以及增强可扩展性和可重用性等优点。

7.2 子系统：问题与解决方案空间的边界

问题域建模不同于解决方案空间建模。问题域建模侧重于定义领域概念和行为，而不考虑实施细节，而解决方案空间建模则需要根据问题域模型设计实际的软件 / 系统架构、块、构件（part，组成部分）、数据库、屏幕和算法。

识别子系统是从问题域过渡到解决方案空间的初始步骤之一。子系统作为系统中封装主要功能或结构划分的高层组件或模块，将抽象问题域与具体解决方案空间联系起来，为系统提供清晰的结构，并确保与问题域的概念和边界保持一致。

将问题域与解决方案空间分开建模有助于有效的系统设计，而识别子系统在这种转变中起着关键作用，同时保持与问题域概念的一致性。

从领域模型开发逻辑架构的流程涉及以下步骤：

①从领域模型开始：从一个全面的领域模型开始，该模型定义系统内的所有实体、对象和关系。

②组织成为子系统：分析领域模型并将相关组件分组放到逻辑子系统中。子系统代表系统内具有内聚性和功能性的单元。

③开发状态机：对于识别的每个子系统，创建一个状态机图，定义子系统所历经的各种状态和转换，这有助于捕获每个子系统的行为。

④收集信号（触发器）：识别并收集每个状态机内可能引发状态转换的所有信号或触发器。这些信号是激发子系统状态变化的事件或输入。

⑤将信号组织到 SysML 接口块中：相关信号分组并将它们组织成接口块。每个接口块代表一组在子系统或组件之间交换的信号。

⑥内部块图：利用接口块创建内部块图，说明子系统如何交互。这些图显示子系统之间的信号流以及它们如何协同实现系统级的功能。

通过遵循此流程，你可以系统性地将领域模型转换为组织良好且逻辑结构化的架构，确保子系统定义清晰，其行为由状态机表示，其交互通过接口块和内部块图来捕获。

7.2.1 识别子系统

正如你现在可能已预料到的那样，我们将通过询问我们的 AI 主题专家 Nano 博士来开始发现子系统，像往常一样，其会立即给出响应。注意，响应中包括每个子系统功能的高层描述，以及子系统内各构件的部分列表。此外，在某些情况下（例如真空系统 / 泵送系统），可能会存在嵌套的子系统。

<PROMPT> 描述 SEM 的顶层子系统。

< Dr.Nano> 扫描电子显微镜（SEM）可分为几个顶层子系统，每个子系统负责特定的功能和操作。以下是 SEM 中常见的主要子系统：

1. 电子光学子系统

- 电子枪：产生并发射电子束。
- 光束控制：控制电子束的强度、焦点和偏转。
- 物镜：将电子束聚焦到样品表面。
- 扫描线圈：控制电子束在样品上的扫描运动。

2. 真空系统

- 腔室：为电子束穿过提供真空环境，不受空气分子的干扰。
- 真空泵系统：维持和调节 SEM 室内的真空。

3. 样本处理子系统

- 样品台：放置样品并将其定位在 SEM 腔室内。
- 样品腔室：容纳样品并允许样品交换和操作。

4. 检测子系统

- 二次电子探测器：检测并测量从样品表面发射的二次电子。
- 背散射电子探测器：检测并测量电子束与样品相互作用产生的背散射电子。

5. 成像和显示子系统

- 信号放大和处理：放大和处理检测到的信号以生成可用的图像。
- 显示系统：呈现获取的 SEM 图像以供视觉分析。

6. 控制和数据采集子系统

- 用户界面：为操作员提供图形界面或控件以便与 SEM 进行交互。
- 控制电子设备：控制 SEM 的各个子系统和组件。
- 数据采集系统：捕获、处理和存储获取的 SEM 图像和相关数据。

7. 成像参数及分析子系统

- 成像参数：可以调整和控制放大倍数、分辨率、亮度、对比度等成像参数。
- 图像处理和分析：提供对获取的 SEM 图像进行预处理、增强、测量和分析的工具和算法。

这些顶层子系统相互配合，实现扫描电子显微镜的操作、控制、成像和分析功能。每个子系统在生成高分辨率图像并从分析的样本中提取有价值的信息方面都发挥着至关重要的作用。

我们使用 SysML v1 手动进行子系统建模。稍后，我们将请求 Sister Mary Lou 为我们创建 SysML v2 模型。带有子系统的 BDD 如图 7.1 所示。

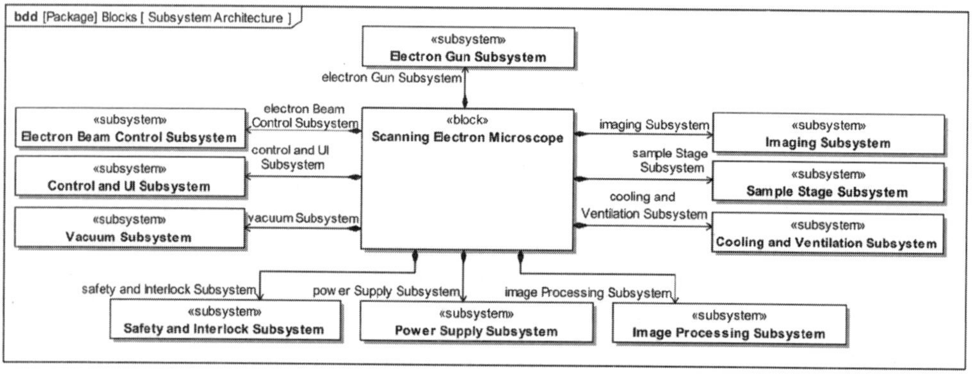

图 7.1　Nano 博士识别出的 SEM 子系统

7.2.2　识别每个子系统的构件

通过以下提示词得到每个子系统中显示的构件。

<PROMPT> 在表中显示子系统列表，表明子系统名称以及每行中子系统内的对象列表。在每行对象列表中省略用例。

<Dr. Nano> 这是更新后的表，其中包含子系统及其相关对象，不包括用例。

子系统名称	对　象
仪器控制	光束控制、扫描线圈、电子枪、探测器
图像采集	样品台、成像模式、仪器设置
图像处理	预处理任务，ROI（感兴趣区域）
数据管理	SEM 图像、测量
系统集成	SEM 控制软件，兼容性
错误处理	错误处理
用户管理	用户
校准	校准

7.2.3　子系统之间的关系——顶层架构

当我们识别出了子系统，并对其组成有了很好的了解，我们就可以组合成第一个高层级的架构。我们介绍的步骤顺序有一定的灵活性，但所有这些基础都必须涵盖。我们将从定义子系统之间的接口开始。

7.2.3.1　接口块

<PROMPT> 列出连接子系统的顶层接口，将其作为一组接口块。

<Dr. Nano> 以下是连接扫描电子显微镜（SEM）系统子系统的顶层接口，以接口块表示。

1. 电子枪接口块

- 电子束输出；
- 高压控制；
- 丝级控制。

2. 电子束控制接口块

- 光束偏转控制；
- 扫描信号；
- 光束阻断器控制。

3. 样品台接口块

- 位置控制（X、Y、Z、倾斜、旋转）；
- 显微镜台面反馈信号。

4. 成像接口块

- 图像采集信号；
- 图像显示信号；
- 图像处理控制信号。

5. 真空系统接口块

- 真空压力监测；
- 真空泵控制；
- 真空联锁信号。

6. 控制和用户接口块

- SME 控制软件指令；
- 用户输入（键盘、鼠标）；
- 系统状态和反馈。

7. 电源接口块

- 配电信号；
- 电源调节和转换。

8. 冷却通风接口块

- 冷却风扇控制信号；
- 温度传感器；
- 通风系统信号。

9. 安全及联锁接口块

- 紧急停止信号；
- 联锁传感器；

- 安全电路。

这些接口块代表 SEM 系统子系统之间的主要通信通道。每个接口使子系统正常运行和协调所需的信号、指令和反馈的交换成为可能。

图 7.2 显示了这些接口块。我们需要这些接口块来成为我们的顶层 IBD，因为接口块将“类型化”为 IBD 上的代理端口。

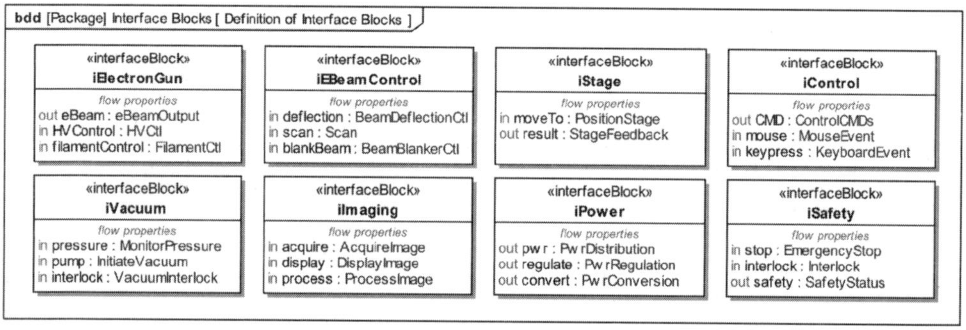

图 7.2 子系统层级接口的接口块

7.2.3.2 信　号

我们继续发挥 Nano 博士深厚的专业知识：

<PROMPT> 列出此组接口块所需的所有信号。

这实际上生成了一个冗余的响应（此处省略），因为信号已包含在前一个响应中（信号显示为流属性）。我们使用 SysML 模型中的 BDD 定义信号，顶层接口块所需的信号如图 7.3 所示。

7.2.3.3 内部块图（IBD）

注意，当我们从问题域转到解决方案域时，细节程度会急剧增加。此时，我们的解决方案架构开始不断发展。它的演变速度可能会比以往更快，如果没有人工智能提供即时的回答则需要数小时、数天或数周。

我们本可以选择在一个巨大的 IBD 上显示所有接口，但我们更喜欢清晰地建模，所以我们选择创建一组 IBD，每个 IBD 都专注于设计的某个方面。图 7.4 中在“iPower”接口上展示功率分配。其他 IBD 将表明如何使用接口连接“iEBeamControl”和“iStageControl”。大多数的其他 IBD 都比配电 IBD 小，因为并非所有子系统都会涉及其中。

限于本章的篇幅，我们仅在这里展示电源分配 IBD。

7.2.3.4 子系统级的状态机

在我们开始对各个子系统进行“深入挖掘”之前，重要的是确保所有内容都在顶层（子系统之间）能够正常运作。注意，当你阅读本文时，很可能仅需请求 Nano 博士使用 SysML v2 语言模型给出他的响应。

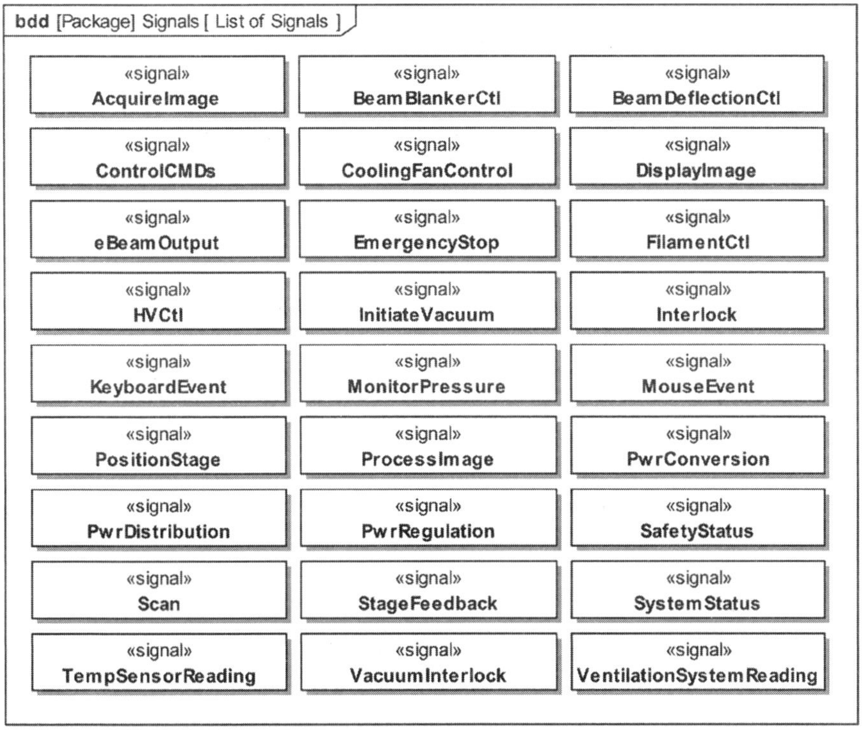

图 7.3　顶层接口块所需的信号

<PROMPT> 描述连接所有 SME 子系统的顶层状态机。

<Dr. Nano>

- 系统从初始化状态启动，在此状态设置并初始化所有子系统。
- 当初始化完成后，它就会转换到空闲状态，表明 SEM 已准备运行。
- 从空闲状态，可以触发各种操作，如扫描图像（ScanImage）、调整参数（AdjustParameters）等。
- 当扫描图像时，它会转换到成像状态。
- 成像后，它进入图像处理状态来处理获取的图像。
- 随后，它进入分析状态进行深入图像分析。
- 分析后，进入报告生成（ReportGeneration）状态，可以生成报告或结果。
- 从报告生成状态，它可以返回到空闲或者终止系统。

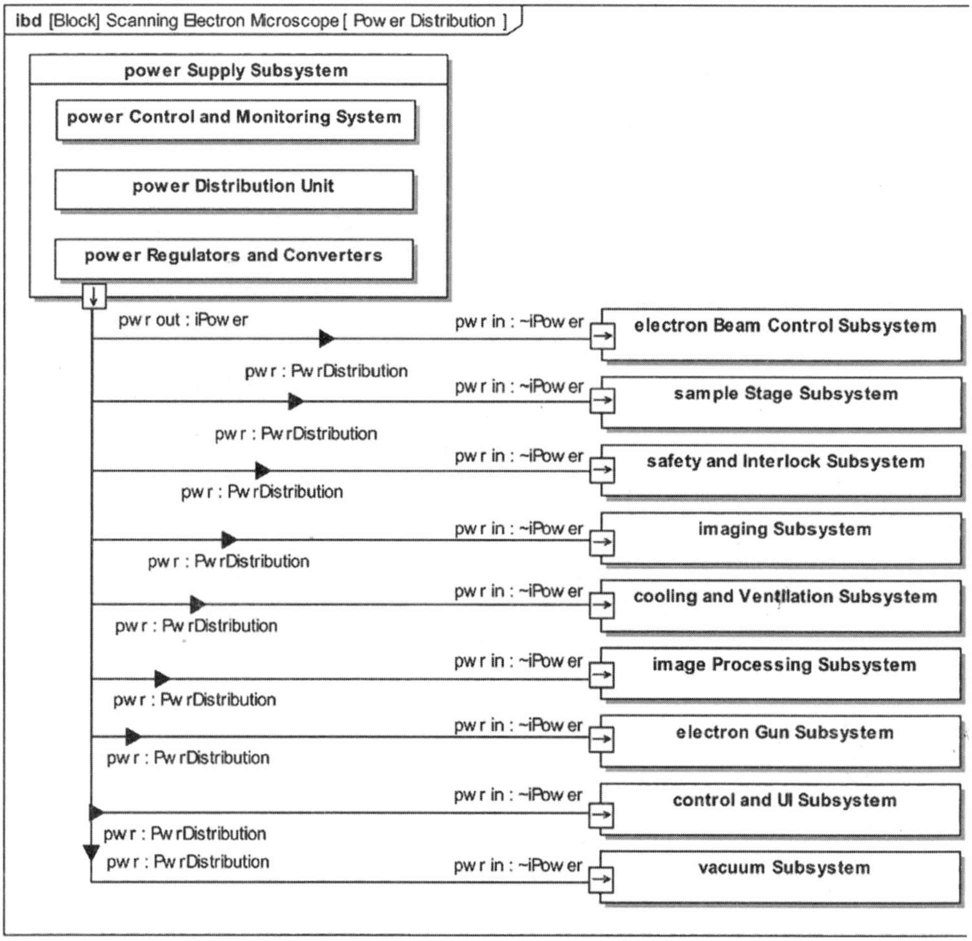

图 7.4　使用 iPower 接口的电源分配 IBD

<PROMPT> 描述成像和台面控制内的子状态。

<Dr. Nano> 好的，让我们扩展成像和台面控制子系统中的状态：

```
mermaid
stateDiagram
    [*] --> Initialization
    Initialization --> {Idle, Error}
    Idle --> {StageControl, EBeamControl, Imaging, ...} : System Ready
    StageControl --> {Idle, Moving}
    Moving --> Stopping
```

```
Stopping --> Idle
EBeamControl --> {Idle, Adjusting, Imaging}
Adjusting --> Idle
Imaging --> {Capturing, Processing, Saving}
Capturing --> {InProgress, Paused, Completed}
Processing --> {Filtering, Analyzing, Enhancing}
Saving --> {InProgress, Paused, Completed}
...
Imaging --> {Capturing, Processing, Saving}
Capturing --> {InProgress, Paused, Completed}
Processing --> {Filtering, Analyzing, Enhancing}
Saving --> {InProgress, Paused, Completed}
...
```

在此表示中：

- StageControl 具有空闲、移动和停止状态。
- EBeamControl 具有空闲、调整和成像状态。成像状态可以在捕获、处理和保存之间转换。
- 成像还具有捕获、处理和保存的子状态，每个子状态都有自己的子状态，例如进行、暂停和完成。

7.3　人在回路的行为建模

我们对 AI 生成的状态机的经验是，这是一种非常快速接近答案的好方法，但是关于细节程度的主观选择太多了，通常很难有一个“奇妙的提示词”来准确地找到我们想要的。所以，我们所做的是将上面显示的文本标识符的状态机符复制到状态机图的注释中，然后手工绘制。我们做了一些更改，例如唯一命名所有的空闲状态，图 7.5 所示为基于 AI 生成的状态机描述。当 AI 可以生成包括可视化的 SysML v2 模型图时，这个过程将大大简化，从而实现快速的反馈。

在绘制这个顶层状态机时，我们决定对其进行仿真，因为这样我们才能确保我们定义的所有子系统能够正确地协同工作。我们构建一个简单的 UI 来代替“操作员界面屏幕”，并允许我们逐步轻松地开展仿真。

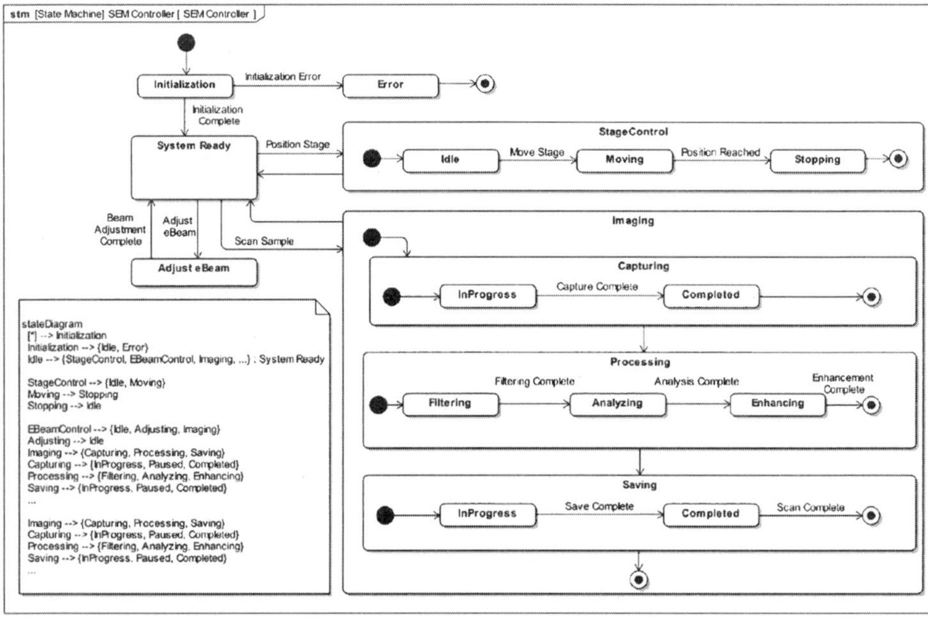

图 7.5　SEM 的子系统层级状态机，大致是基于 AI 的版本

7.4　顶层状态机仿真

我们让 Otto 与它的机器人朋友 Perry Matrix 组队一同工作，并决定执行这个顶层状态机的仿真。Perry 甚至帮助我们构建了一个小型的控制面板。图 7.6 和图 7.7 显示了仿真过程的运行情况，图 7.5 显示了最终的状态机。

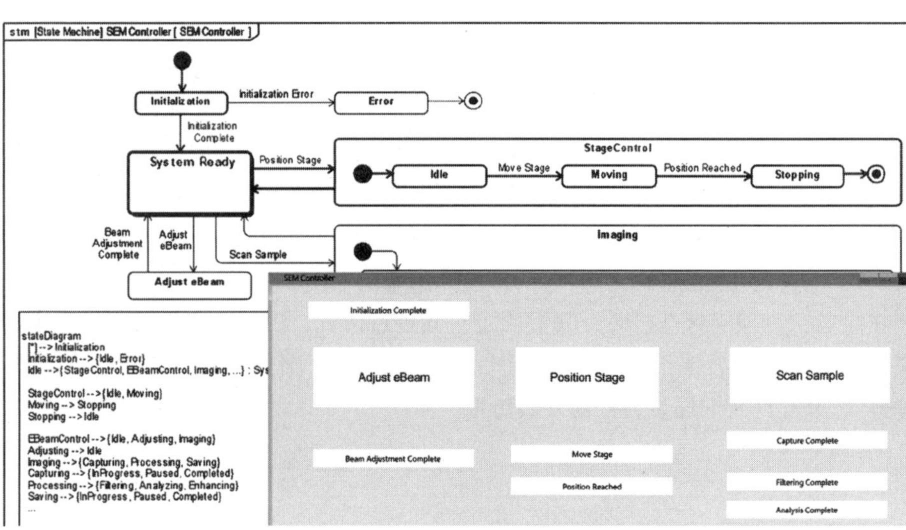

图 7.6　顶层 SEM 状态机仿真——第 1 部分

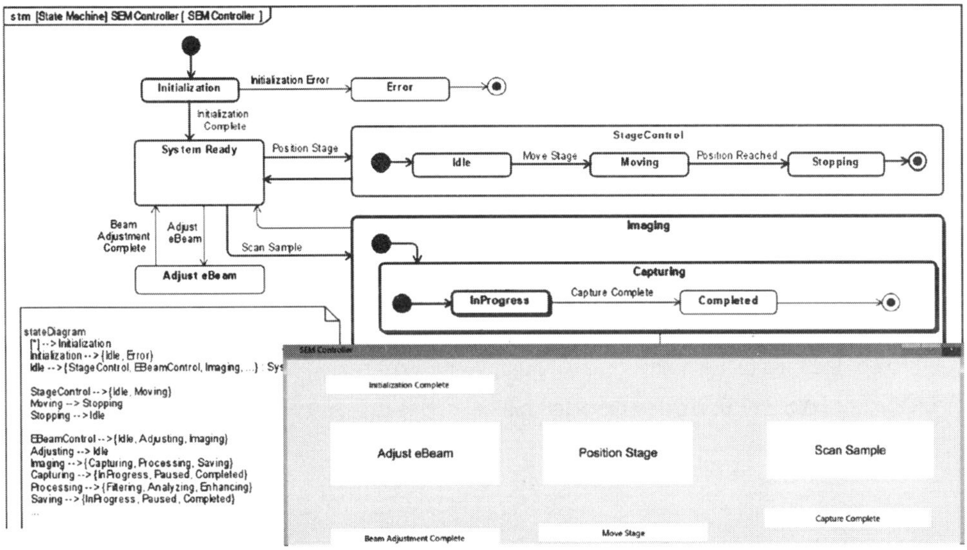

图 7.7　顶层 SEM 状态机仿真——第 2 部分

从状态图生成代码

在撰写本章时，我们决定测试人工智能最近公布的一项进展，即解读图像（包括“餐巾纸草图”）的能力。我们一直对这些说法持怀疑态度，理由是，关于人工智能的炒作很多，我们希望这本书立足于实质内容，而不是炒作。事实证明，这是本书写作过程中的关键时刻。

这件事恰巧发生在 Doug 和 Brian 的一次通话中，当时我们正在仿真你刚刚看到的顶层 SME 状态机。此时，Brian 已经升级到 GPT-4，而 Doug 则固执地坚持使用 GPT-3.5，理由是这本书不应该需要为许可付费的 AI。

我们决定将图 7.5 所示的 SysML 图（经过仿真之后）交给我们的嵌入式代码编写员 Otto Servomagic 进行测试。事实证明，Otto 可以读取状态图并从中生成代码。就是这样！我们实际上只是上传了 SysML 图的图像。

我们发现结果令人震惊，但这是好事。基本上，当我们结束通话时，Doug 向 Brian 建议：“嘿，我们为什么不测试一下对于图的代码的生成呢？只需上传此状态机图的图像并要求它为其编写 C++ 代码，让我们看看会发生什么？”于是 Brian（当时正在共享屏幕）照做了，我们都看着 Otto 编写代码，结果 Doug 对 Brian 说了下一句话：“我不知道你是怎么想的，但我觉得这看起来很不错！”

这是非常简单的提示词以及 Otto 的响应。图像与提示词一起上传。

<PROMPT> 为附加的状态机生成 Arduino C++ 代码。

以下是 Otto 回应的简短片段。我们将在第 11 章中展示他的完整回应。

<Otto>

```
void setup(){
  // Initialization code here
}

void loop(){
  switch(currentState){
    case INITIALIZATION:
    // Initialization code here
    break;

    case SYSTEM_READY:
      handleSystemReadyState();
      break;
    case ERROR:
      // Error handling code here
      break;
    }
  }

void handleSystemReadyState(){
  switch(systemReadySubState){
    case IDLE:
      // Idle state code here
      break;
    case MOVING:
      // Moving state code here
      break;
    case STAGE_CONTROL:
      handleStageControlState();
```

```
    break;
  }
}
```

7.5　充实架构：深入挖掘到子系统

当我们在子系统层级（以及跨子系统之间）定义所有的内容，就该开始依次深入挖掘每个子系统了。这将包括开发一组更详细的构件的定义，添加子系统控制器，然后添加信号、接口块、IBD 和状态机。我们将在下面给出一些示例，但不会详细介绍 SEM 中每个子系统的完整架构。

7.5.1　在子系统内：更完整的构件定义

我们将首先识别台面和成像子系统的构件，然后在其中添加子系统控制器。

<PROMPT> 识别台面控制子系统内的所有构件，包括位置传感器和台面控制器对象。

<Otto> 好的，让我们识别台面控制子系统内的各个构件，包括位置传感器和台面控制器对象。

1. 台面控制器对象

负责控制标本台移动和定位的中心对象。

2. 位置传感器

X 轴位置传感器：测量平台沿 X 轴的位置。

Y 轴位置传感器：测量平台沿 Y 轴的位置。

注意：根据复杂程度，可能需要额外的传感器（例如 Z 轴）。

3. 电机

负责物理移动平台。每个轴（X、Y、Z）都可能有自己的电机。

4. 反馈系统

这包括提供台面实际位置反馈的系统，并将其与所需位置进行比较。

5. 控制算法

控制电机如何响应所需位置的算法。

6. 通信接口

允许外部系统与台面控制器通信。

7. 电源

为电机和其他构件提供动力。

8. 紧急停止机制

紧急情况下快速停止台面移动的安全功能。

9. 台面

放置标本的物理平台。

10. 限位开关

检测平台何时达到其运动的物理极限的开关。

这是基本分解，实际组件可能根据 SEM 系统的具体设计和功能而有所不同。

<PROMPT> 识别成像子系统内的所有构件，包括探测器、放大器和成像控制器对象。

<Otto> 好的，让我们识别成像中的组件子系统，包括探测器、放大器和成像控制器对象：

1. 探测器

- 背散射电子探测器（BSED）：检测背散射电子以进行材料对比成像。
- 二次电子探测器（SED）：探测二次电子进行表面成像。
- 红外线（IR）探测器：检测红外辐射以进行热成像（如果适用）。

2. 放大器

- BSED 放大器：放大来自背散射电子探测器的信号。
- SED 放大器：放大来自二次电子探测器的信号。
- 红外放大器：放大红外探测器的信号。

3. 成像控制器对象——成像控制器

- 管理和协调探测器和放大器的运行。
- 与操作员界面交互，用于执行用户指令。
- 可能包括成像模式、曝光时间和其他参数的设置。

4. 信号处理单元

- 前置放大器：在进一步处理之前放大来自探测器的弱信号。
- 信号处理器：
  - ☆ 处理和过滤来自探测器的信号以形成图像。
  - ☆ 可能包括降噪和对比度增强等功能。

5. 电源单元

- 探测器电源：为探测器供电。
- 放大器电源：为放大器供电。
- 控制器电源：为成像控制器供电。

6. 通信接口

- 操作员界面连接：促进成像控制器和操作员界面之间的通信。
- 数据输出端口：将处理后的图像数据传输到其他子系统或外部设备的接口。

7. 冷却系统

- 探测器冷却系统：保持探测器的最佳温度。

- 放大器冷却系统：确保放大器在指定的温度范围内运行。

8. 校准机制

- 探测器对准机制：允许对探测器进行微调和对准。
- 放大器对准机制：有助于精确调整放大器设置。

我们的方法通常包括针对系统中的每个子系统重复这个"识别子系统组件"。为了避免篇幅过大，我们将用本章的剩下部分重点介绍台面子系统，但之后我们还将再次介绍成像子系统。

7.5.2　在子系统内：添加子系统控制器

我们现在系统性地从问题域视图转向解决方案空间视图，描述诸如限位开关和放大器对准机制之类较小的对象。注意，随着我们扩展每个子系统的构件列表，我们会为每个子系统添加一个控制器对象。作为一个简单的"架构模式"，我们可以假设每个控制器对象都将由微控制器实现，其行为将由状态机所驱动。我们将从台面子系统开始。注意，这次我们使用了值、操作和信号接收。

<PROMPT> 显示台面子系统内各构件的列表，包括每个构件的值、操作和信号接收。

<Otto> 下面是台面内各部分的展开表子系统，如下：

构　件	值	操　作	信号接收
台面控制器对象	—	ControlStage（ ）：void	—
位置传感器	X、Y 位置	—	—
电动机	电机速度、移动指令	Move（ ）：void	—
反馈系统	实际位置	ProvideFeedback（ ）：Position	—
控制算法	移动算法	ExecuteAlgorithm（ ）：void	—
通信接口	—	SendCommand（ ）：void	ReceiveCommand
电源	电量	SupplyPower（ ）：void	—
紧急停止机制	—	Activate（ ）：void	—
台面	—	—	—
限位开关	达到限制	—	—

图 7.8 显示了上面表格转换为 SysML 块定义图（目前为手动）。

7.5.3　在子系统内：控制建模算法

在本节的剩下部分中，我们将重点介绍台面子系统，当我们讨论物理架构时，我

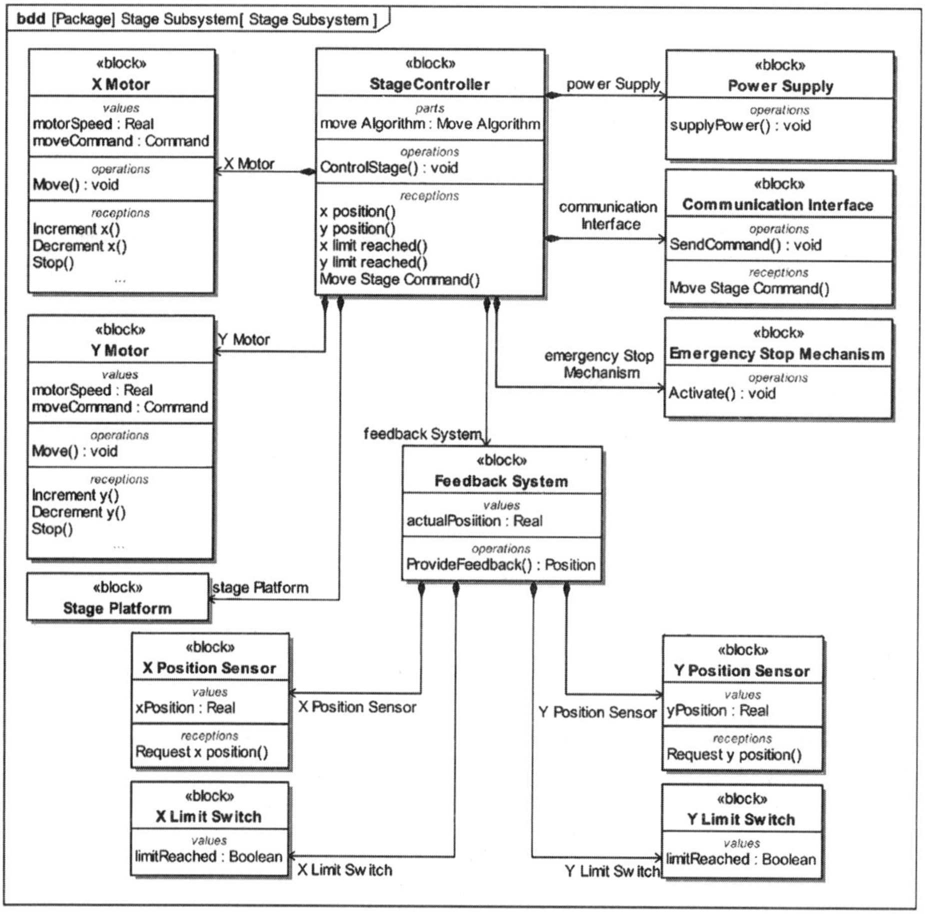

图 7.8　台面子系统内部的构件，包括数值、操作以及信号接收

们将重新讨论成像子系统。但现在，我们想好好看看这一运动控制算法，将在软件中实现微控制器代码——由此很好地诠释了“没有软件就没有系统”的基本原理。你可以把其想象成与 Nano 博士和我们的嵌入式代码生成器机器人——Otto Servomagic 的对话。

首先我们请求 Nano 博士用英语描述台面运动控制算法。

<PROMPT> 将台面控制算法描述为类似于用例叙述的一组步骤。首先，将平台移动到正确的 X 位置，然后将其移动到正确的 Y 位置，在移动 X 电机时监控 X 限位开关，并在移动 Y 电机时监控 Y 限位开关。

这个提示词产生了一个相当不错的结果，但我们注意到，实际上响应包括台面子系统计算所需的位置，而 SME 操作员在操作员界面屏幕指定的位置。因此，需要第二个提示词，这会产生更好的结果。

<PROMPT> 重写算法以反映所需的 X、Y 位置以及移动台面指令都来自操作员界面屏幕。

<Dr. Nano>

算法：将平台移动到所需 X、Y 位置

1. **从操作员界面屏幕接收指令**
- 从操作员界面屏幕获取所需的 X、Y 位置和移动台面指令。

2. **移动到正确的 X 位置**
- 启动 X 轴电机来移动台面。
- 同时监控 X 轴上、下限位开关。
- 继续移动直到触发上限或下限开关。
- 当任一限位开关被触发时，停止 X 轴电机。

3. **移动到正确的 Y 位置**
- 启动 Y 轴电机来移动台面。
- 同时监控 Y 轴上、下限位开关。
- 继续移动直到触发上限或下限开关。
- 当任一限位开关被触发时，停止 Y 轴电机。

4. **附加逻辑或任务**
- 根据特定系统需求执行所需的任何附加逻辑或任务。

根据这个响应，我们开始可视化地显示可仿真的 SysML 活动图，以便我们验证该算法是否完整和正确。我们要求 Nano 博士给出我们提供这个活动图的文本版本，但在撰写本节时，他有点力不从心。

当 AI 能够直接生成 SysML 图时，AIM 流程的真正愿景将更容易实现。同时，我们可以手动绘制活动图，如图 7.9 所示。首先，我们将展示提示词和“近乎足够好”的响应。当你读到此时，AI 势必已在进化并变得更加强大，你可能会得到更好的结果。

<PROMPT> 我想将台面的移动算法描述为 SysML 活动图，使用泳道来表示各种电机和传感器，台面控制器显示从控制器发送到适当构件的信号等。将其描述为一个表格，其中每个泳道有一列，并在表格的各个行中显示动作是开始、停止等。

<Dr. Nano>

步骤	台面控制器	X 轴电机	Y 轴电机	X 位置传感器	Y 位置传感器	控制算法	反馈系统
1		开始					
2		开始					
3	发送移动（X）	接收移动（X）					

续表

步骤	台面控制器	X 轴电机	Y 轴电机	X 位置传感器	Y 位置传感器	控制算法	反馈系统
4	接收移动（X）		移动（X）				
5	发送移动（Y）		接收移动（Y）				
6	接收移动（Y）			移动（Y）			
7							
8						计算位置	
9	发送位置（X）						接收位置
10	接收位置（X）						
11	发送位置（Y）						接收位置
12	接收位置（Y）						
13					停止		
14							

回应是“近乎足够好”（但还不完全好），但它确实有助于开始手工绘制活动图。

7.5.4 仿真，然后生成

创建活动并对其进行仿真，使我们面对一些异步行为问题，例如在增加和减少 X 和 Y 位置的同时，持续监控两个 X 轴限位开关和两个 Y 轴限位开关。图 7.10 显示了“StageController”行为，省略了图 7.9 中包含的其他泳道。

我们花了相当多的努力，才使这个活动按照我们想要的方式进行仿真。

当我们对仿真感到满意时，下一步就是要求 Otto 生成微控制器代码。我们再次选择 Arduino C++ 作为目标代码，因为它允许使用低成本的 Raspberry Pi 测试代码。要针对不同的微控制器，只需向 Otto 改变你的提示词即可。

生成微控制器代码需要我们编写两个提示词，因为 Otto 第一次假设每个轴只有一个限位开关。

<PROMPT> 将此算法生成为 Arduino C++ 代码。

<PROMPT> 重写 Arduino 代码以反映 X 和 Y 轴都有上限和下限开关。

提示词产生了一些简单的微控制器代码，如下所示。这会是最终的代码吗？当然不会。这是微控制器代码的一个有用的开端吗？我们认为是的。

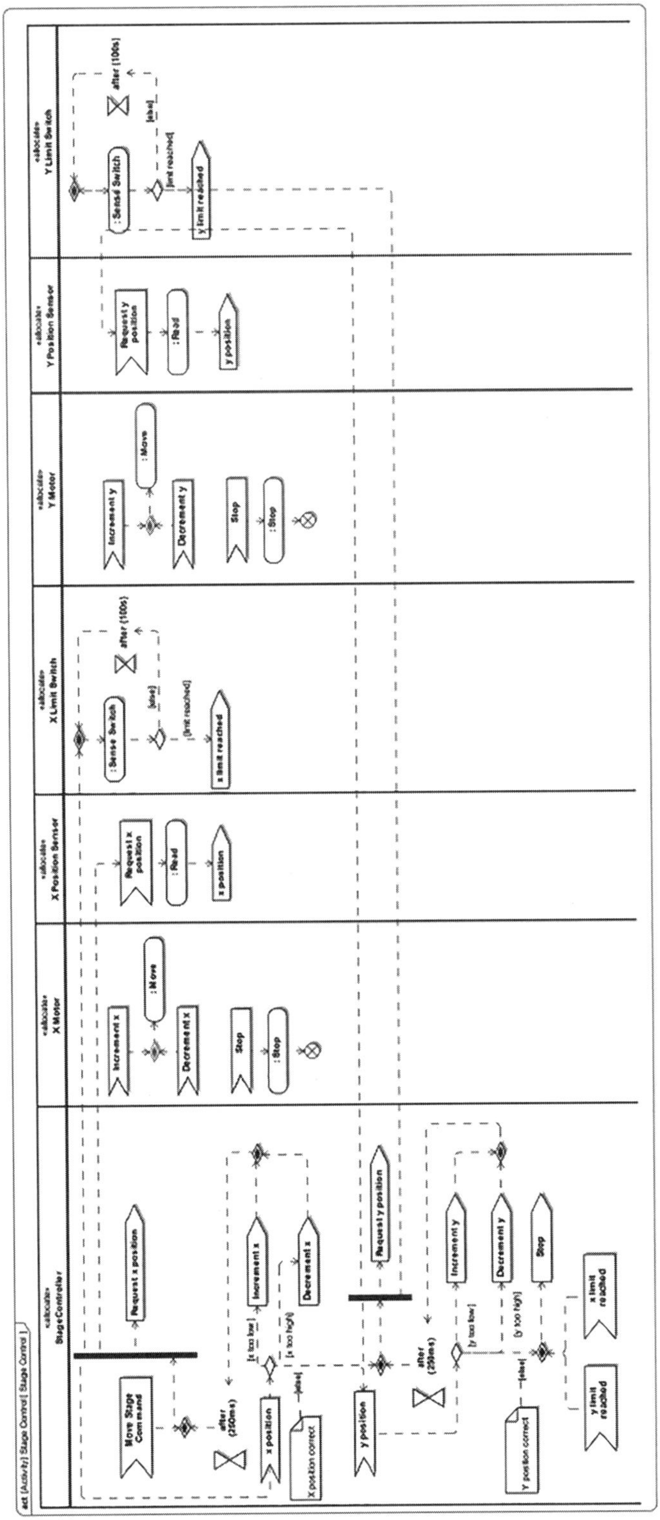

图 7.9　运动控制算法，并不像看起来那么简单

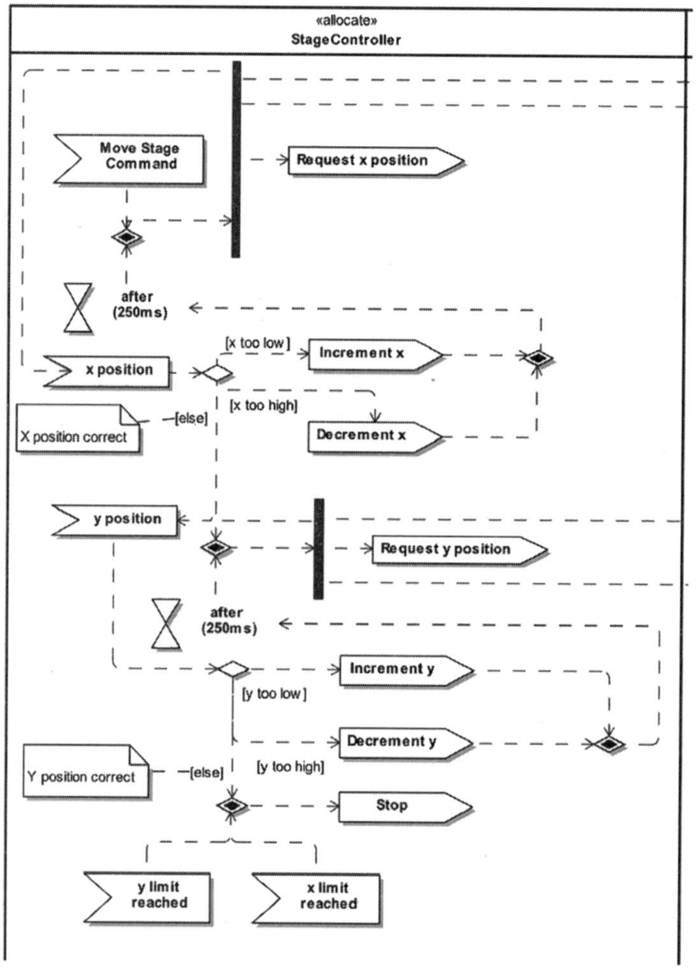

图 7.10　台面移动控制接收每个可仿真的活动

<Otto>

```
// Define Pin Numbers for Motors and Limit Switches
const int xMotorPin = 10 ;
const int yMotorPin = 11 ;
const int upperXLimitSwitchPin = 2 ;
const int lowerXLimitSwitchPin = 3 ;
const int upperYLimitSwitchPin = 4 ;
const int lowerYLimitSwitchPin = 5 ;

// Function to Move the Stage to a Specific Position
```

```
void moveToPosition(int motorPin, int upperLimitSwitchPin, int
lowerLimitSwitchPin){
  // Activate Motor to Move Stage
  digitalWrite(motorPin, HIGH);
  // Monitor Both Upper and Lower Limit Switches While Moving
  while(!digitalRead(upperLimitSwitchPin)&&!digitalRead
(lowerLimitSwitchPin)){
    // Continue Moving
  }
  // Stop Motor When Either Limit Switch is Triggered
  digitalWrite(motorPin, LOW);
}

  void setup(){
  // Setup Motor and Limit Switch Pins
  pinMode(xMotorPin, OUTPUT);
  pinMode(yMotorPin, OUTPUT);
  pinMode(upperXLimitSwitchPin, INPUT);
  pinMode(lowerXLimitSwitchPin, INPUT);
  pinMode(upperYLimitSwitchPin, INPUT);
  pinMode(lowerYLimitSwitchPin, INPUT);
}

void loop(){
  // Receive Desired XY Location and Move Stage Command
  // from Operator Interface
  //(not implemented in this code)
  // Move to Correct X Position
  moveToPosition(xMotorPin, upperXLimitSwitchPin,
lowerXLimitSwitchPin);
  // Move to Correct Y Position
  moveToPosition(yMotorPin, upperYLimitSwitchPin,
lowerYLimitSwitchPin);
  // Additional Logic or Tasks can be added here
  // Delay for stability(adjust as needed)
  delay(1000);
}
```

7.6 在子系统内：状态机

观察系统行为的方法有很多种。在结束本章之前，我们再看一个示例，这是一个用于台面控制的详细状态机，其中包括与 SEM 操作员的交互。这将揭示一些我们在其他模型中未看到的有趣细节。

<PROMPT> 显示台面控制的详细状态机，包括操作员界面屏幕。

具体来说，Nano 博士的回应提供了对校准和紧急停止等的观察。由于我们得到了一点启示——考虑在整体、端到端用例中所有事物协同运作，这样通常会带来回报。

<Dr. Nano>

台面控制状态机

状态:

1. **空闲**
- 当 SEM 未主动使用该台面时的默认状态。
- 初始化时转换至校准。

2. **校准**
- 该平台经过校准过程来确定其初始位置。
- 校准完成后转换至“准备”状态

3. **准备**
- 台面已准备好移动或定位。
- 可以转换至移动或紧急停止。

4. **搬家**
- 台面正在主动移动到指定位置。
- 达到目标位置时转换至停止状态。

5. **紧急停止**
- 在紧急情况下启动，立即停止台面移动。
- 紧急停止解除后，转换回空闲状态。

过渡:

- **空闲到校准**:
  - ☆ 系统初始化时触发。
  - ☆ 启动校准过程。
- **校准就绪**:
  - ☆ 校准过程成功完成时触发。
- **准备移动**:
  - ☆ 当系统收到移动台面的指令时触发。

- ☆ 验证指令并转换至移动。
- **移至停止**:
  - ☆ 当平台到达目标位置时触发。
  - ☆ 表示运动已完成。
- **任何状态紧急停止**:
  - ☆ 由外部紧急停止指令触发。
  - ☆ 立即停止台面移动。
- **紧急停止至怠速**:
  - ☆ 紧急情况解决时触发。
  - ☆ 使系统返回到空闲状态。

操作员界面交互:

- **从操作员界面屏幕角度来看**:
  - ☆ 操作员可以启动台面移动、紧急停止并监控台面状态。
  - ☆ 根据操作员输入触发转换。

注意:

- 这是一个简化的模型。在现实世界中，可能会有更多的状态和转换。
- 将会实施安全措施，例如限制速度和监控碰撞，但并未在该模型中明确显示。

该状态机将台面控制与操作员界面集成在一起，实现基本的控制和监控。

我们将此状态机图的创建留给读者作为练习。在实际项目中，我们会提示充实台面校准的需求，也可在操作员界面屏幕上添加一个紧急停止按钮，并改进上面显示的所有模型，且通常遵循 Z 字形模式，以确保我们模型的所有方面都尽可能完整和正确。

7.7　做一个 SysML v2 模型

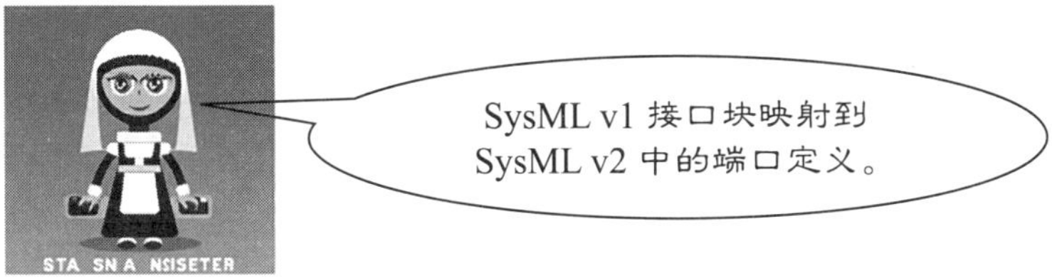

我们请求 Sister Mary Lou 为我们创建 SysML v2 模型中的子系统。我们在提示词中提供了 Nano 博士在上面创建的子系统表格，但我们在此跳过了该部分

<PROMPT> 这是包含 SEM 子系统及其相关对象的表格。使用带有构件定义将子系统转换为 SysML v2。

<Sister Mary Lou> 这是子系统转换为 SysML v2 构件，定义如下：

```
part def InstrumentControl {
  part beamControl;
  part scanningCoils;
  part electronGun;
  part detectors;
}
part def ImageAcquisition {
  part sampleStage;
  part imagingModes;
  part instrumentSettings;
}
part def ImageProcessing {
  part preprocessingTask;
  part roi; // Region of Interest
}
part def DataManagement {
  part semImages;
  part measurement;
}
part def SystemIntegration {
  part semControlSoftware;
  part compatibility;
}
part def ErrorHandling {
  part errorHandling;
}
part def UserManagement {
  part user;
}
part def Calibration {
  part calibration;
}
```

效果很好，其实这并不奇怪，因为任务相对简单。我们给 Sister Mary Lou 增加一些难度，并给了她 Nano 博士开发的界面信息。

<PROMPT> 下面列出了将 SEM 各构件相互连接的顶层交互点，将其称为接口块，并由 SysML v2 中的端口定义表示。使用提供的流属性创建端口定义，在子系统或构件上创建端口，并连接它们。提供所创建模型的 SysML v2 文本标识法。

第一次尝试的结果并不十分完整。通过询问，例如，创建端口之间缺失的连接，可以很轻松地与 Dr. Nano 配合一起完成。

我们仅展示了 Sister Mary Lou 在第一次尝试中给出的结果的摘录。

<Sister Mary Lou> 以下是端口定义的 SysML v2 文本标识法，包括提供的流属性、子系统或构件的端口及连接：

```
part defSEM{
  part instrumentControl : InstrumentControl {
    port electronGunInterface : ElectronGunInterface;
    port electronBeamControlInterface : ElectronBeamControl
Interface;
  }
part systemIntegration : SystemIntegration {
  port electronGunInterface : ~ElectronGunInterface;
  port electronBeamControlInterface : ~ElectronBeamControl
Interface;
  }
  connect instrumentControl.electronGunInterface to\
  systemIntegration.electronGunInterface;
  connect instrumentControl.electronBeamControlInterface to\
  systemIntegration.electronBea mControlInterface;
}
port def ElectronGunInterface {
  out item electronBeamOutput;
  out item highVoltageControl;
  out item filamentControl;
}
port def ElectronBeamControlInterface {
  out item beamDeflectionControl;
  out item scanSignals;
  out item beamBlankerControl;
}
```

7.8 逻辑架构流程概述

我们在本章中遵循的步骤非常简单：

从问题域的良好模型开始，首先识别一组满足所有项目需求的子系统。然后递归地将这些子系统分解成各个构件。我们所说的递归是指，如果任何构件本身就是子系统，我们就重复这个过程。我们可以仿真跨子系统之间的系统行为状态机。

在每个子系统中，我们将创建一个块定义图，包括块上的操作、值属性和信号接收。在大多数情况下，我们将子系统控制器作为其中一个块。

在确定控制算法后，我们将通过活动对其进行建模、仿真，然后（在适当的情况下）生成微控制器代码。在逻辑架构中，我们无需最终确定微控制器代码，因为当我们对系统的实际组件有更多了解时，我们可以在物理架构期间完成这项工作。你仍然需要一个软件团队，尽管它的规模可能比没有 AI 时要小。

最后，我们将子系统的行为与系统更全面的用例视图联系起来，展示用户和系统之间的交互。

该方法简单且可扩展。人工智能极大地加速了该实施方法，当人工智能能够使用 SysML v2 语言模型生成图表时，该实施方法将进一步加速。

7.9 总 结

想要开发鲁棒的逻辑架构，从领域模型出发，建立领域驱动架构的优势并通过子系统定义问题空间和解决方案空间之间的边界。

接下来，识别子系统及其组件。这涉及识别每个子系统并确定组成这些子系统的具体构件。

顶层架构侧重于子系统之间的交互，其中包括定义接口块、信号、内部块图（IBD）和子系统级状态机。它还结合了人在回路行为建模和状态图代码生成，从而使动态功能成为可能。

此外，每个子系统都需要详细地阐述。这需要深入挖掘每个子系统的架构，完善构件定义，添加子系统控制器并为控制算法建模。在进入代码生成之前，仿真和状态机集成是关键步骤。

总体而言，这一流程提供逻辑架构的全面视图，确保设计出合乎逻辑的且正确运行的系统。

7.10 本章使用的提示词

以下是我们在本章使用的提示词：

- **<PROMPT>** 描述领域模型驱动逻辑架构的优点。
- **<PROMPT>** 描述 SEM 的顶层子系统。
- **<PROMPT>** 在表中显示子系统列表，表明子系统名称以及每行子系统内的对象列表。在每行对象列表中省略用例。
- **<PROMPT>** 列出连接子系统的顶层接口，将其作为一组接口块。
- **<PROMPT>** 列出此组接口块所需的所有信号。
- **<PROMPT>** 描述连接所有 SEM 子系统的顶层状态机。
- **<PROMPT>** 描述成像和台面控制内的子状态。
- **<PROMPT>** 为附加的状态机生成 Arduino C++ 代码。
- **<PROMPT>** 识别台面控制子系统内的所有构件，包括位置传感器和台面控制器对象。
- **<PROMPT>** 识别成像子系统内的所有构件，包括探测器、放大器和成像控制器对象。
- **<PROMPT>** 显示台面子系统内各部件的列表，包括每个构件的值、操作和信号接收。
- **<PROMPT>** 将台面控制算法描述为类似于用例叙述的一组步骤。首先，将台面移动到正确的 X 位置，然后将其移动到正确的 Y 位置，在移动 X 电机时监控 X 限位开关，并在移动 Y 电机时监控 Y 限位开关。
- **<PROMPT>** 重写算法以反映所需的 X、Y 位置以及移动台面指令都来自操作员界面屏幕。
- **<PROMPT>** 我想将台面的移动算法描述为 SysML 活动图，使用泳道来表示各种电机和传感器，台面控制器显示从控制器发送到相应构件的信号等。将其描述为一个表格，其中每个泳道有一列，并在表格的各个行中显示动作是开始、停止等。
- **<PROMPT>** 将此算法生成为 Arduino C++ 代码。
- **<PROMPT>** 重写 Arduino 代码以反映 X 和 Y 轴都有上限和下限开关。
- **<PROMPT>** 显示台面控制的详细状态机，包括操作员界面屏幕。
- **<PROMPT>** 这是包含 SEM 子系统及其相关对象的表格。使用带有构件定义将子系统转换为 SysML v2。
- **<PROMPT>** 下面列出了将 SEM 各构件相互连接的顶层交互点，将其称为接口块，并由 SysML v2 中的端口定义表示。使用提供的流属性创建端口定义，在子系统或构件上创建端口，并连接它们。提供所创建模型的 SysML v2 文本标识法。

第 8 章　组件和物理架构

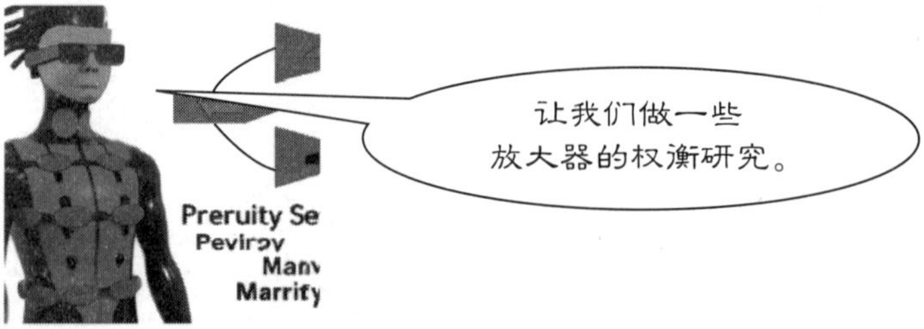

随着我们沿着系统工程 V 模型的左侧向下移动，我们将从问题域过渡到逻辑架构，然后再过渡到物理架构，其中实际组件将取代更抽象的逻辑组件。仿真对于选择组件和验证性能需求至关重要，因此我们请求我们的参数仿真专家 Perry Matrix 解释这一过程，重点介绍 AI 如何提供帮助。

<PROMPT> 解释物理架构、组件选择和仿真。

<Perry> 从概念化的逻辑架构到有形的物理架构的演变是系统工程的关键阶段。从定义明确的逻辑架构开始，该逻辑架构在概念层面上概述系统的功能和结构，过渡到物理架构需要指定具体的组件及其互连关系。

逻辑架构定义系统的高层级的结构、行为和交互，它被细化到物理架构，其中包含有关构成系统的硬件和软件组件的详细信息。

这一转变的一个重要方面是选择满足系统需求的组件。这一过程涉及确定特定的硬件组件，例如微控制器、传感器、执行器和通信模块以及软件组件，例如操作系统、库和中间件。组件选择基于性能、兼容性、成本和可用性等因素。

此阶段的驱动因素是满足性能需求，包括速度、可靠性和功耗等定量测度。此过程的关键是精心选择组件，包括硬件、软件、传感器和执行器等，并与逻辑架构中定义的角色保持一致。人工智能在此发挥着至关重要的作用，在选择过程中提供宝贵的支持工作。通过分析大量组件规范、历史性能数据和用户评论的数据集，人工智能算法可以推荐最符合项目需求的组件。

参数仿真和权衡研究在确保满足系统性能需求方面发挥着至关重要的作用。参数仿真涉及使用数学方程和仿真对系统的行为、组件和交互进行建模。通过改变参数并运行仿真，工程师可以评估不同的配置并就组件选择和系统设计做出明智的决策。

权衡研究有助于确定不同设计方案之间的权衡，并选择最合适的组件和配置。人工智能算法在权衡研究中尤为有用，能够有效分析多方面的决策空间，并提供对复杂权衡的洞察。

作为控制策略的一部分，微控制器通常用于控制和协调物理架构内的子系统。每个子系统可能有自己的微控制器，负责执行特定的控制策略。每个子系统的状态机根据输入和环境条件定义其操作模式、转换和行为。这些状态机是在 SysML 模型中设计的。

在许多情况下，物理架构的行为将由实时控制软件来实现。可以使用代码生成工具和方法论，根据状态机定义自动生成特定微控制器的代码。此代码生成过程可确保逻辑架构的行为规范与硬件组件实际实现之间的一致性。

回顾一下，从逻辑架构到物理架构的转变涉及向 SysML 结构模型添加组件层。此过程包括组件选择、参数仿真和权衡研究以满足性能需求。微控制器通常用于子系统控制，状态机定义其行为，代码生成工具则协助将逻辑架构的设计转化为特定硬件组件的可执行代码。这种转变确保抽象的系统设计转化为有形的、功能性的物理系统。

物理架构设计流程本质上是迭代的，通过仿真和权衡研究得出的见解来指导设计调整。传统工程方法与人工智能驱动的决策相结合，不仅简化组件的选择，还有助于创建更优化、更具成本效益以及更高性能的系统。

8.1 Perry Matrix：从角色到智能体

到目前为止，我们尝试所有提示词的实现基于使用免费的 AI 许可证。但是，在本章接下来的内容中，我们将开始以不同的方式使用人工智能，选择可用于我们物理架构的商业化组件，因为我们是从逻辑架构在向前发展。

我们的经验是，“免费”人工智能通常不愿意进行太多的互联网搜索。因此，我们有必要将 Perry Matrix 角色实现为智能体。

“自定义 GPT”的优点之一是，你可以提出指令来指导你与正在创建的特定 AI 智能体的所有交互。图 8.1 显示了 Perry 的 GPT 文件的一个片段，其中包括其部分的元编程。

Perry Matrix

作者：Brian Moberley

专门从事SysML状态机、参数化和嵌入式代码生成。

Perry Matrix需要在互联网上搜索可供商业购买的组件，
从而找到在权衡研究中可支持权衡分析的数据表或规范。

图 8.1 教会 Perry Matrix 在互联网上搜索真实产品的规范表

8.2 从子系统 BDD 开始

在本章中，我们将重点介绍成像子系统，从逻辑架构章节中我们曾中断的地方继续，在本节中，我们提示 AI 生成成像子系统内的构件表。我们将在此重复提示词，但省略 AI 响应。

<PROMPT> 识别成像子系统内的所有构件，包括探测器、放大器和成像控制器对象。

经过一些“人在回路”的建模，我们可以总结出 Nano 博士对 BDD 的响应，如图 8.2 所示。

在本章中，我们不再重点关注逻辑架构期间可能已完成的控制算法，而是将重点放在使用人工智能来帮助我们选择组件。

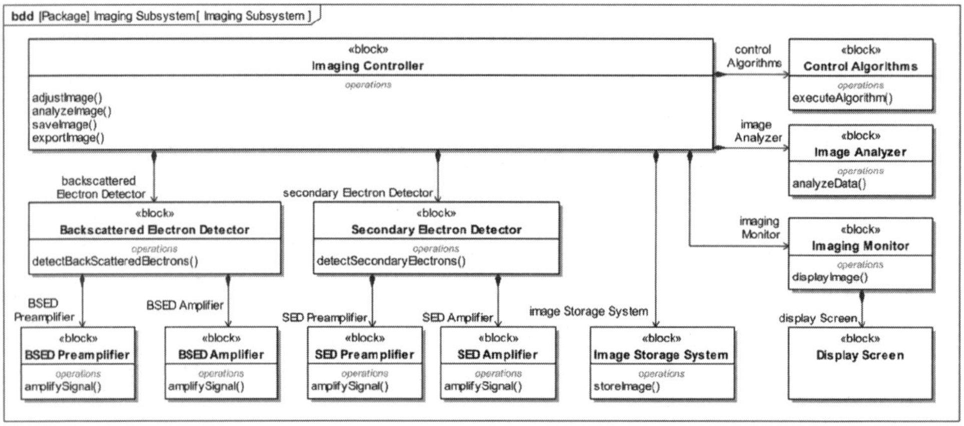

图 8.2 成像子系统中的块、操作以及信号接收

8.3 选择微控制器

我们可以从微控制器开始，使用这个简单的提示词。

<PROMPT> 列出一些备选的微控制器。

<Perry> 为扫描电子显微镜（SEM）中的嵌入式控制软件选择合适的微控制器，需要仔细考虑系统的需求，包括处理能力、实时能力和通信需求。以下是一些常用于嵌入式系统且可能适合 SEM 控制系统的备选微控制器：

1. ARM Cortex-M 系列

- 意法半导体的 STM32 系列（例如 STM32F4、STM32H7）；
- NXP/Freescale Kinetis 系列（例如 K64、K66）；

- 德州仪器 Tiva-C（TM4C）系列。

2. PIC 微控制器

- MicrochipPIC32 系列（例如 PIC32MX、PIC32MZ）；
- MicrochipPIC18 系列（适用于更简单的应用）。

3. Raspberry Pi

- Raspberry Pi 计算模块，适用于更强大的嵌入式应用程序。

4. BeagleBone

- BeagleBone Black 或 BeagleBone AI 具有高级处理功能。

5. Arduino

- Arduino Due 适用于基本到中等级别的控制任务。

6. 英特尔 Edison/Arduino 101

- 用于物联网和传感器集成的 Intel Edison 或 Arduino 101。

7. 瑞萨 RX 系列

- 瑞萨 RX 系列微控制器（例如 RX65N、RX66T）。

8. TI MSP430 和 Tiva-C 系列

- 适用于低功耗应用的德州仪器 MSP430 系列；
- 德州仪器 Tiva-C 系列提供更强大的处理能力。

9. Microsemi SmartFusion 和 IGLOO2 FPGA

- 对于需要 FPGA 功能的应用程序。

10. Xilinx Zynq SoC

- 对于需要 FPGA 和 ARM 处理功能的应用。

11. 英伟达 Jetson Nano

- 用于高级图像处理和 AI 功能。

微控制器的选择应基于 SEM 控制系统的具体需求，包括处理速度、内存、通信接口（例如 UART、SPI、I2C、以太网）和实时功能。此外，还要考虑功耗、成本以及开发工具和支持的可用性等因素。

由于我们是在写书，而不是实际建造电子显微镜，因此我们将任意地选择 Raspberry Pi，便于我们想要生成任何代码并对其进行测试。我们无需从选择微控制器开始，但它似乎是我们开始物理架构之旅的最佳起点。

8.4　从逻辑到物理：传感器和放大器

我们的第一步是确定我们需要的具体组件类型。虽然其中一些讨论可能在逻辑架构中发生，但我们将在此介绍。

<PROMPT> 根据领域模型，传感器类型和放大器类型是什么？

<Perry> 根据之前提供的领域模型，SEM 系统的传感器类型和放大器类型可能因具体需求和所采用的技术而不同。不过，我可以提供一些传感器类型和放大器类型的示例：

传感器类型

1. 背散射电子（BSE）探测器。
2. 二次电子（SE）探测器。
3. 能量色散 X 射线能谱（EDS）探测器。
4. 电子背散射衍射（EBSD）探测器。
5. 阴极发光（CL）探测器。
6. 俄歇电子能谱（AES）探测器。

放大器类型

1. 低噪声放大器（LNA）。
2. 跨阻放大器。
3. 差分放大器。
4. 可变增益放大器（VGA）。
5. 仪表放大器。
6. 可编程增益放大器（PGA）。

8.5 深入研究组件选择

接下来，我们将仔细研究检测和放大背散射电子所需的组件，这是创建图像的第一步。再次强调这是一个任意的起点，但我们需要从某个地方开始，那么为什么不可以从检测背散射电子开始呢？

<PROMPT > 列出涉及检测和放大背散射电子的整个组件链。

<Perry> 扫描电子显微镜中检测和放大背散射电子的组件链。

SEM 通常包括:

1. **背散射电子探测器**：这是主要传感器，它可检测电子束与样本相互作用产生的背散射电子。

2. **前置放大器**：背散射电子探测器发出的信号通常非常微弱。前置放大器用于增强该微弱信号，然后再进行进一步处理。

3. **放大器**：经过前置放大后，信号被发送到主放大器的强度进一步增强。

4. **信号处理电路**：可能包括滤波器、均衡电路和其他处理单元，根据需要增强和塑造信号。

5. **模数转换器（ADC）**：模拟信号转换成数字形式，以便进一步处理和分析。

6. **数字信号处理（DSP）**：在数字形式下，信号经过各种数字处理步骤，包括滤波、降噪和其他增强功能。

7. **图像形成及显示单元**：处理后的信号有助于形成 SEM 屏幕上显示的最终图像。

8.6　权衡研究

8.6.1　免责声明

本章的其余部分将带我们了解一些用于选择成像子系统中的组件的假设性的权衡研究。值得注意的是，虽然我们试图使这些权衡研究尽可能真实，但作者中并没有一位是职业电子工程师，Perry Matrix 提出的建议并非要取代人类工程师的建议。

因此，尽管我们尽最大努力使用真实的组件名称，以使练习尽可能逼真，但我们绝不是认可任何特定的商用组件，也不建议任何人根据这些练习就冲出去开始建造 SEM 成像子系统。我们的目的是为了你的系统开发物理架构的思考过程，带你了解如何使用权衡研究，并为下一章的参数仿真做好准备，仅此而已。

8.6.2　假设权衡研究 1：放大器和前置放大器

由于本章是关于组件选择的，因此我们可以继续深入研究，并更密切地关注放大器和前置放大器。这需要一些提示词。

<PROMPT> 为放大器和前置放大器的权衡研究推荐准则。

第一次返回了一些超出我们预期的额外信息。因此，我们要更加关注。

<PROMPT> 将这些标准重点放在与电气相关的项上，删除技术支持、可制造性、尺寸和外形尺寸等项 。

<Perry> 好的！重点关注 SEM 成像中放大器和前置放大器的权衡研究的电气相关准则。

1. **增益范围**：评估放大器和前置放大器的可调增益范围。更宽的范围可以灵活地适应 SEM 成像中遇到的不同信号强度。

2. **噪声水平**：评估放大器和前置放大器的噪声性能。较低的噪声水平对于维持 SEM 成像的高信噪比至关重要。

3. **带宽**：考虑放大器和前置放大器的带宽能力。更宽的带宽允许放大 SEM 成像中遇到的更大范围的信号频率。

4. **兼容性**：确保与 SEM 成像系统的兼容性，包括接口、连接器和信号电平。无缝集成对于有效性能来说至关重要。

5. **信号完整性**：评估放大器的影响和前置放大器对信号完整性的影响。确保组件不会引入失真或其他有损 SEM 图像质量的伪影。

8.6.3 聚焦相关性能需求

开展权衡研究的第一步是选择一组特定的性能需求，我们可以通过参数仿真来验证这些需求。Perry 可以提供帮助。

<PROMPT> 创建一组我可以在权衡研究中使用的性能需求。重点聚焦与信噪比相关的需求。

<Perry> 当聚焦与优化相关的需求时，信噪比（SNR）是选择 SEM 成像子系统中的放大器和前置放大器时需要考虑的因素，必须关注那些直接影响 SNR 性能的规范和功能。以下是一组专门为实现高 SNR 而定制的性能需求。

1. 收益

- **前置放大器**：应提供高增益，理想情况下大于 20 dB，以确保在下游组件引入任何噪声之前显著地放大弱信号。
- **放大器**：平衡增益，补充前置放大器，将信号带到所需水平，而不会不必要地增强噪声。

2. 噪声系数

- **前置放大器**：必须具有低噪声系数，最好小于 2 dB，因为前置放大器的噪声系数对整个系统 SNR 有很大影响，尤其是对于弱信号。
- **放大器**：还应具有低噪声系数，理想情况下小于 3 dB，以保持前置放大器提供的改进的 SNR。

3. 线性

- 高线性度对于放大器和前置放大器而言都至关重要，可防止信号失真。非线性会引入额外的噪声和谐波失真，从而对 SNR 产生负面影响。

4. 带宽

- 带宽应匹配或超出预期背散射电子信号的频率范围。不匹配可能导致信号丢失或额外噪声，从而降低 SNR。选择带宽支持目标频率的组件至关重要，同时尽量减少带外噪声的放大。

5. 动态范围

- 宽动态范围对于准确放大不同强度的信号而不失真或饱和至关重要。具有宽动态范围的组件可确保低电平信号得到充分放大，同时仍能准确处理高电平信号，从而实现高信噪比。

6. 功耗

- 虽然不会直接影响 SNR，但较低的功耗可以通过最大限度地减少热噪声来降低系统噪声水平，具有优化功耗的组件有助于提高整个系统的稳定性和性能。

其他考虑因素

- **环境稳定性**：组件应在整个工作温度范围内表现出最小的性能变化，以在不同的实验室条件下保持一致的 SNR 水平。
- **电磁兼容性（EMC）**：确保放大器和前置放大器符合 EMC 标准，对于防止电磁干扰降低 SNR 至关重要。

8.6.4　找到满足性能需求的组件

当我们谈论选择组件时，真正指的是找到符合我们系统性能需求的组件。因此，对于我们需要选择的每个组件，仔细查看这些性能需求是一个好主意。

需要多个提示词才能得到我们想要的结果，为了本章的目的，将这些提示词合并成一个。我们用分号分隔 5 个单独的提示词，以便看到结果是如何开发的。

<PROMPT> 显示一个需求表格，其中包含每个组件的适当需求；对需求进行编号，为每个需求指定一个简称，并将每个性能需求放在表格的单独一行中，你可以为性能需求虚构一些值；使用编号方案并将需求写成 shall 的语句，就像你之前所做的这个例子中的那样：IS_REQ_001 物镜应将电子束聚焦到样品表面；在需求编号中使用 BSED 而不是 IS；在编号后添加一列，并为每个需求指定一个简称。

最后，下表显示我们想要的结果（注意，数值是虚构的）。

<Perry> 好的！以下是更新后的表格，其中包含一个简称列：

序　号	简　称	需　求
BSED_REQ_001	空间分辨率	背散射电子探测器应实现 2 ns 的空间分辨率
BSED_REQ_002	角度传感器	背散射电子探测器的角度灵敏度范围为 ±30°
BSED_REQ_003	前置放大器增益	前置放大器应提供可调增益，最小增益为 20 dB
BSED_REQ_004	前置放大器噪声	前置放大器应保持额外的噪声贡献低于 0.5 fC/rms
BSED_REQ_005	前置放大器带宽	前置放大器应支持 1 kHz~10 MHz 的带宽
BSED_REQ_006	放大器增益	放大器应提供可调增益，最大增益为 40 dB
BSED_REQ_007	放大器带宽	该放大器应支持 1 kHz~20 MHz 的带宽范围
BSED_REQ_008	ADC 分辨率	ADC 应达到 12 位的分辨率，以实现精确的信号数字化
BSED_REQ_009	ADC 采样率	ADC 应支持 100 MS/s 的信号表示采样率

续表

序　号	简　称	需　求
BSED_REQ_010	DSP 过滤	DSP 应实施数字滤波，以实现至少 20 dB 的信噪比改善
BSED_REQ_011	DSP 实时	DSP 应实时处理信号，以实现快速图像渲染
BSED_REQ_012	显示分辨率	图像形成单元应提供 4K（3 840×2 160 像素）显示分辨率
BSED_REQ_013	实时更新	图像形成单元应当保证显示图像的实时更新
BSED_REQ_014	用户界面	图像形成单元应具有直观的用户界面和可自定义的设置

8.6.5　将性能需求添加到 SysML 模型

在我们的权衡研究中，我们将重点关注增益和噪声水平，因此我们将这些性能需求添加到图 8.3 中的子系统 BDD 中。

请注意，性能需求由块上的特定值属性来满足。

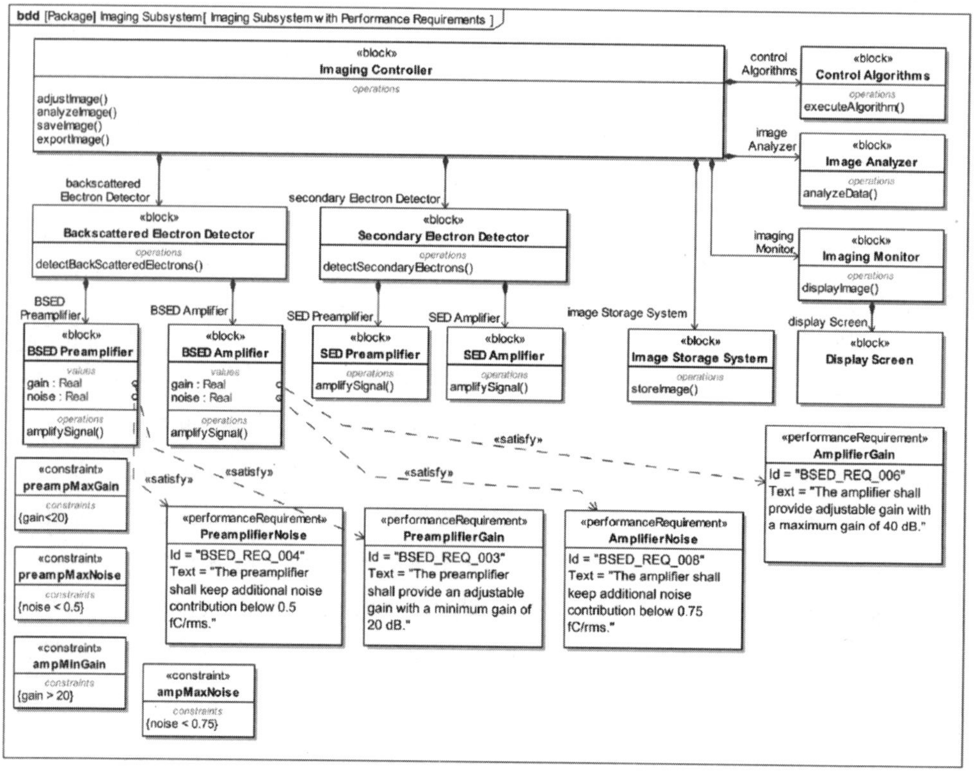

图 8.3　为我们的成像 BDD 添加性能需求

8.6.6 具体确定组件细节

现在开始将真实的物理商用组件插入我们的逻辑架构并将其转变为物理架构。

<PROMPT> 确定我可以用来进行权衡研究的商用放大器和前置放大器（各 5 个）。

<Perry> 要对适合你的扫描电子显微镜（SEM）成像子系统的放大器和前置放大器进行权衡研究，必须考虑提供一系列增益、带宽、噪声系数和功耗特性的各种选项。在此，提供了 5 种商用放大器和 5 种前置放大器的选择，以及它们的主要规范。这些信息可以作为你权衡研究的起点，帮助你根据系统的特定需求比较这些组件。

放大器

1. ADI 公司 ADL5536

- 增益：20 dB；
- 功率范围：20 MHz~1 GHz；
- 噪声系数：2.2 dB。

2. Mini-Circuits ZX60-33LN-S+

- 增益：17 dB；
- 功率范围：500 MHz~3 GHz；
- 噪声系数：2.5 dB。

3. 德州仪器 THS3091

- 增益：可配置；
- 带宽：190 MHz（3 dB 时）；
- 低失真：动态范围高线性。

4. Qorvo QPA9120

- 增益：17.5 dB；
- 范围：1.8~5 GHz；
- 噪声系数：2.3 dB。

5. Skyworks SKY67151-396LF

- 增益：22 dB；
- 功率范围：0.7~3.8 GHz；
- 噪声系数：0.9 dB。

前置放大器

1. L3 Narda-MITEQ AMF-3F-00101200-10-10P

- 增益：40 dB；
- 功率范围：100 MHz~12 GHz；
- 噪声系数：1.0 dB。

2. Keysight 8447F

- 增益：>20 dB；
- 功率范围：0.1 ~1.3 GHz；
- 低噪声：针对测试和测量应用进行了优化。

3. Mini-Circuits ZFL-1000LN+

- 增益：20 dB；
- 频率范围：10 MHz~1 GHz；
- 噪声系数：3 dB。

4. Stanford Research Systems SR560

- 增益：1~50 000（单位：dB，电压增益）；
- 带宽：DC 至 1 MHz；
- 低噪声：1 kHz 时为 4 nV/$\sqrt{\text{Hz}}$。

5. 仿真设备 HMC-C052

- 增益：17 dB；
- 功率范围：0.01~15 GHz；
- 噪声系数：3.5 dB。

为了进行全面的权衡研究，应该根据其他准测（例如电源需求、阻抗匹配、外形尺寸、成本以及与 SEM 成像子系统现有设计的兼容性）进一步评估这些选项。该选择涵盖了广泛的性能特性，确保广泛了解市场上可用的产品，以满足信号放大和降噪方面的不同需求。

8.6.7 使用实例表帮助组件之间的可视化权衡

在权衡研究中评估可选方案的一种有用方法是创建一个实例表，其中各行对应各种组件，各列对应具体性能需求。然后，选择最符合需求（权衡研究的目的）的组件就变得很简单了。在流行的 SysML 建模工具中设置实例表可能是一个有些困难的过程，但好消息是 Perry Matrix 可以通过几个提示词就能直接完成。

<PROMPT> 使用所选的放大器和前置放大器创建一个实例表，显示哪些组件满足性能需求。

<Perry> 为了说明所选放大器和前置放大器如何满足优化信号的性能需求，针对你的 SEM 成像子系统的信噪比（SNR），我将创建一个实例表。此表将比较指定需求与每个组件的关键性能特征。根据前面的讨论，我们假设高 SNR 优化的主要需求是：

- 增益（对于前置放大器，理想情况下为 >20 dB，对于放大器，则为平衡的）；
- 噪声系数（对于前置放大器最好 <2 dB，对于放大器最好 <3 dB）；

- 线性度（高线性度可避免信号失真）；
- 带宽（充分覆盖信号频率范围）；
- 动态范围（宽，可处理不同的信号强度）。

注意：本例中提供的放大器和前置放大器的具体值基于一般概述，可能与实际组件的值不完全匹配。此表可作为如何构建权衡研究的模板。

类　型	模　型	增　益	噪声系数	线性度（IP3）	带　宽	动态范围	满足信噪比需求
前置放大器	L3 Narda-MITEQ AMF-3F	40 dB	1.0 dB	高	100 MHz~12 GHz	宽	是
前置放大器	Keysight 8447F	>20 dB	N/A	N/A	0.1 ~1.3 GHz	N/A	部分*
前置放大器	Mini-Circuits ZFL-1000LN	20 dB	3 dB	好	10 MHz~1 GHz	适中	不
前置放大器	Stanford Research Systems SR560	1~50 000	N/A	非常高	DC~1 MHz	非常宽	是
前置放大器	仿真设备 HMC−C052	17 dB	3.5 dB	好	0.01~15 GHz	适中	不
放大器	仿真设备 ADL5536	20 dB	2.2 dB	优秀	20 MHz~1 GHz	高	是
放大器	Mini-Circuits ZX60-33LN	17 dB	2.5 dB	非常好	500 MHz~3 GHz	高	是
放大器	德州仪器 THS3091	配置	N/A	优秀	Up~190 MHz	高	部分
放大器	Qorvo QPA9120	17.5 dB	2.3 dB	优秀	1.8~5 GHz	高	是
放大器	Skyworks SKY67151-396LF	22 dB	0.9 dB	优秀	0.7~3.8 GHz	高	是

* 由于缺少噪声系数、动态范围或特定线性测量的数据，因此部分满足需求。

评估：

- 是：表示该组件满足所有概述的 SNR 优化需求，使其成为增强 SEM 成像子系统中图像质量的优先推荐的可选项。
- 部分：表示虽然组件满足某些需求，但可用数据存在差距或某些规范与优化准则不完全一致。
- 否：表示该组件不满足一个或多个关键需求，因此不太适合最大化 SNR 至关重要的应用。

8.6.8 聚焦满足性能需求的组件

Perry 不仅可以为你创建实例表，还可以通过询问来消除所有不符合性能需求的组件。

<PROMPT> 消除所有不符合性能需求的组件。

<Perry> 基于聚焦于优化信噪比（SNR）和指定性能需求，我们将通过消除不符合设定准则的放大器和前置放大器来优化实例表。被淘汰的组件要么是噪声系数高于所需阈值，要么是 SNR 优化的关键性能指标信息不足。

根据可用数据，改进后的选择现在仅包括满足或部分满足 SNR 优化需求的组件：

类　型	模　型	增　益	噪声系数	线性度（IP3）	带　宽	动态范围	满足信噪比需求
前置放大器	L3 Narda-MITEQ AMF-3F	40 dB	1.0 dB	高	100 MHz~12 GHz	宽	是
前置放大器	Keysight 8447F	>20 dB	N/A	N/A	0.1~1.3 GHz	N/A	部分*
前置放大器	Stanford Research Systems SR560	1~50 000	N/A	非常高	DC~1 MHz	非常宽	是
放大器	仿真设备 ADL5536	20 dB	2.2 dB	优秀	20 MHz~1 GHz	高	是
放大器	Mini-Circuits ZX60-33LN	17 dB	2.5 dB	非常好	500 MHz~3 GHz	高	是
放大器	Qorvo QPA9120	17.5 dB	2.3 dB	优秀	1.8~5 GHz	高	是
放大器	Skyworks SKY67151-396LF	22 dB	0.9 dB	优秀	0.7~3.8 GHz	高	是

* 由于缺少噪声系数和动态范围数据，因此部分满足需求。但是，增益和带宽规范表明可能适合 SEM 成像系统中的 SNR 优化。

此选择反映了一组被认为最适合增强 SEM 成像子系统中的 SNR 的重点组件。列出的每个组件要么完全满足既定的性能标准，要么根据现有规范提供巨大的潜力。

8.6.9 通过健全性检查决策

请记住，你的作者中没有一位是职业电子工程师，而且这是一项基于假设 SEM 系统的假设需求的假设权衡研究，并且本文不暗示对任何商业产品的认可或遗漏，我们决定请求 Perry 对我们的组件选择进行健全性检查。

<PROMPT> 根据此表，将选择 L3 Narda-MITEQ AMP-3F 前置放大器和 Skyworks

SKY67151-396LF 放大器。这是一个好的选择吗？

<Perry> 根据聚焦于优化 SEM 成像子系统的信噪比（SNR）的性能需求，选择 L3 Narda-MITEQ AMF-3F 作为前置放大器，选择 Skyworks SKY67151-396LF 作为放大器，这似乎是一个明智的选择。以下是这些组件与你的目标非常契合的原因。

L3 Narda-MITEQ AMF-3F 前置放大器

- **增益**：40 dB 的增益可显著增强来自电子探测器的弱信号，这对于改善信号链一开始的 SNR 至关重要。
- **噪声系数**：1.0 dB 的噪声系数非常低，表明该前置放大器引入的额外噪声最小，这对于在整个放大过程中保持高 SNR 至关重要。
- **带宽**：覆盖 100 MHz~12 GHz，远远超过了背向散射电子信号所需的带宽，确保所有相关信号分量都被放大而不失真。

Skyworks SKY67151-396LF 放大器

- **增益**：22 dB 的增益进一步将信号放大到所需水平，而不会增加不必要的噪声，并与前置放大器协同工作以保持高 SNR。
- **噪声系数**：噪声系数为 0.9 dB，对于放大器来说，它具有极低的噪声系数，进一步有助于在整个信号处理链中维持 SNR。
- **带宽**：其频率范围为 0.7~3.8 GHz，为预期的信号频率提供了充足的覆盖，同时最大限度地减少了带外噪声的放大，有助于降低噪声。

总体适用性

- **协同作用**：这两个组件似乎可以很好地互补，前置放大器可以有效地增强初始信号，而放大器则可以在最小噪声引入的情况下提供额外的放大。
- **性能**：两种组件都具有低噪声系数、高增益和合适带宽的优点，这是实现 SEM 成像系统高 SNR 的关键因素。

考虑因素

虽然这些选择是基于优化 SNR 的关键需求，但考虑其他因素也很重要，例如功耗、热管理、物理尺寸以及与现有 SEM 系统的集成兼容性。此外，在特定应用环境中验证线性度和动态范围将进一步验证这些选择。

总之，根据提供的信息和 SNR 优化的关键性能指标，L3 Narda-MITEQ AMF-3F 前置放大器和 Skyworks SKY67151-396LF 放大器似乎是 SEM 成像子系统的绝佳选择。但是，请确保进行全面的审查，包括系统级集成和操作测试，以确认它们是否适合你的特定需求。

8.6.10　假设权衡研究 2：背散射电子探测器（BSED）

整个物理架构流程将涉及为逻辑架构中的每个块选择组件。到目前为止，我们在本章中已对微控制器、放大器和前置放大器进行了此操作，但为了再次强调该流程的“反复迭代”性质，接下来将研究如何选择背散射电子探测器 BSED。

<PROMPT> 在仿真中我们需要考虑背散射电子探测器（BSED）吗？

<Perry> 是的，在仿真中考虑背散射电子探测器（BSED），对于全面分析 SEM 成像子系统非常重要。BSED 通过检测背散射电子在 SEM 中发挥着至关重要的作用，背散射电子可提供有关被检查样品的成分和形貌的信息。

将其纳入仿真中可以实现：

1. **提高图像仿真的准确性**：结合 BSED 通过考虑探测器的效率、分辨率和对比机制来帮助更准确地仿真图像，这些机制受探测器的特性和样品的性质的影响。

2. **探测器对成像质量影响的评估**：通过仿真 BSED 的性能，包括其信噪比、增益和带宽，可以评估它如何影响整体成像质量并进行必要的调整以优化系统。

3. **系统级性能评估**：将 BSED 纳入系统模型可对 SEM 系统进行整体评估。它能够分析放大器设置、电子束参数或样品属性的变化如何影响 BSED 信号，进而影响图像质量。

4. **检测器和放大器设置的优化**：仿真可以帮助确定 BSED 和放大器的最佳设置，以实现最佳成像性能。这涉及平衡信号增益、噪声水平和探测器的动态范围。

为了有效地将 BSED 纳入仿真，请确保对其关键参数进行建模，例如效率、信号收集角度、能量范围和空间分辨率。此外，还要考虑背散射电子与样品的相互作用，因为这会影响检测到的信号以及由此产生的图像对比度和分辨率。

8.6.11 人工智能抵触使用互联网

正如我们在本章前面提到的那样，我们最初尝试让 Perry 通过搜索互联网来寻找商用组件，这让我们把他从一个角色变成了一个智能体。

<PROMPT> 列出一些商用的背散射电子探测器。

<Perry> 以下是一些常用于扫描电子显微镜（SEM）系统的商用背散射电子探测器的示例：

1. Everhart-Thornley 探测器；
2. 固态背散射电子探测器；
3. 多段背散射电子探测器；
4. 闪烁体背散射电子探测器；
5. 半导体背散射电子探测器；
6. 背照式硅基背散射电子探测器；
7. Peltier 冷却背散射电子探测器

这些探测器的设计、技术和性能特征各不相同。咨询供应商、制造商或该领域的专业供应商以探索具体选项并获取适合你的SEM系统需求的商用背散射电子探测器的最新信息非常重要。

<PROMPT> 显示一个包含3个商用BSED的表格。

<Perry> 根据现有信息，以下是3种商用背散射电子探测器（BSED）的汇总表，适用于SEM应用。需要注意的是具体型号的详细信息（包括功能和规范）对于根据你的SEM需求做出明智的决定至关重要。下表是基于扫描电子显微镜中使用的BSED的常见特征的通用表示。

特征 / 规范	BSED 模型 1	BSED 模型 2	BSED 模型 3
检测原理	基于半导体的检测	基于半导体的检测	基于半导体的检测
适合SEM类型	传统的SEM、FEG-SEM	传统的SEM、低真空SEM	传统的SEM、FEG-SEM
能量范围	高能电子探测	高能电子探测	高能电子探测
空间分辨率	高分辨率成像能力	针对元素对比度进行优化	高分辨率成像能力
灵敏度	对于原子序数较大的元素	灵敏度范围广	对于原子序数较大的元素
应用重点	一般用途、材料科学	生物样品、高分子	材料科学、冶金学

请注意，如需了解具体型号、制造商详细信息和技术规范，应查阅可靠来源（如Thermo Fisher Scientific、Bruker和其他领先的电子显微镜设备制造商）的最新数据表和产品文献。每种BSED都有其独特的优势，具体取决于应用，包括探测器设计、对背散射电子的灵敏度以及与各种SEM系统的集成能力的差异。

8.6.12 智能体与角色：让Perry探索具体信息

在我们为Perry创建自定义GPT并明确地指示他能够在互联网上搜索商用产品规范表之后，其变得更加合作了。

<PROMPT> 市场上有哪3种BSED?

<Perry> 以下是3种商用的适合SEM应用的背散射电子探测器（BSED）:

1. **牛津仪器公司的Unity BEX成像探测器**：该探测器将背散射电子和X射线（BEX）成像集成到单一技术中，提供嵌入元素数据的快速高分辨率彩色图像。其设计允许同时进行背散射电子和X射线成像，从而创建无阴影的BEX成像技术，获得卓越的图像质量。它显著提高了显微镜的生产率，并与现有的显微镜升级兼容。

2. **Deben UK 的 Gen5 BSE 探测器**：该探测器以采用微处理器控制的 Gen5 电子元件而著名，速度、灵敏度和噪声方面行业领先。它具有 4 个 BSE 输入通道和最多 3 个同步视频输出通道。Gen5 系统提供功能强大的调整水平，可实现高度优化的图像。它与低 kV 硅探测器技术的最新发展相匹配，二极管可以安装在可伸缩臂上或直接安装在物镜上。它适用于从小于 1 kV 到 30 kV 的成像。

3. **牛津仪器的背散射电子和 X 射线（BEX）技术**：虽然 BEX 技术本身并不是探测器，但它代表了 SEM 的一种先进分析方法，结合了背散射电子和 X 射线成像的优点。该方法可以立即以视觉方式输出地形、晶体学、原子序数和元素信息，同时围绕样本导航。与传统的逐步 SEM 分析相比，它有助于实现更动态的分析过程。

每一种检测器和技术都具有独特的功能和优势，适合各种 SEM 分析需求，从元素分析和高分辨率成像到动态样品检查。在选择 BSED 时，考虑研究或应用的具体需求至关重要。

最后，我们可以开始集中精力找到我们正在寻找的东西。

<PROMPT> 根据这些 BSED 创建一个表。

<Perry> 根据从牛津仪器和 Deben UK 收集的信息，以下是 3 种不同的适合 SEM 应用的背散射电子探测器（BSED）：

特　征	牛津仪器 BEX	Deben UK 4 象限或环形 BSE 探测器	BSED（通用）
检测方法	同时结合背散射电子和 X 射线（BEX）成像	微处理器控制的 Gen5 电子设备可提高灵敏度和速度	标准半导体检测
分辨率和灵敏度	嵌入元素数据的高分辨率彩色图像	高度灵敏，可在小于 1 kV 到 30 kV 范围内成像	专为高能电子检测而设计
特点	采用 BSE 和 X 射线传感器的革命性设计	行业领先的调整水平，可优化图像，伸缩臂	为 SEM 应用量身定制的通用功能
应用重点	利用综合分析技术加速发现	用途广泛，适用于包括“热室”在内的广泛应用	广泛适用于各个研究领域
效率	显微镜测试效率提高 100 倍	电动臂可实现精确的探测器对准和简单的计算机控制	预计标准效率将有所提高
连接性和控制	通过 USB 进行 PC 控制，兼容 Windows 7.0/10 专业版	PC 控制（Windows 7.0/10 专业版）、USB 连接	基本的 SEM 集成能力
可调节性	嵌入元素数据，优质无阴影图像	通过广泛的调整功能高度优化图像	标准图像质量，具有一定可调性

请注意，“BSED（通用）”列用于提供比较点，并不代表特定产品。如需详细规范并确保与你的 SEM 设置的兼容性，建议直接联系制造商或咨询技术专家。此表旨在根据可用数据提供高级比较。如需最新和最全面的信息，请参阅官方产品数据表和文档。

8.7　做一个 SysML v2 模型

SysML v2 模型的创建方式与第 7 章类似（这里不再赘述），仅是内容有所不同。

但我们最大的挑战是处理人工智能角色，以便开发内容。然而在 SysML v2 中实现则相当简单。目前，人工智能的语法正确性 SysML v2 目前还不是很好，在不久的将来这肯定会改变（但当有更多训练数据可用时）。就像人工智能可以创造完美源代码，它还将能够创建 SysML v2 代码。

在附录 A 中，Sister Mary Lou 展示另一种方式。她采取 SysML v1 图并将其转换成为 SysML v2。

8.8　反复迭代（直到选择所有组件）

至此，你已经了解了我们在本章中要展示的所有步骤。你可以继续进行分析：

- 确定 BSED 的相关性能需求；
- 用商用的组件制作实例表；
- 选择最符合需求的 BSED。

然后，你将对逻辑架构中的所有组件重复类似的过程。当你的抽象设计转化为一组具体的组件时，你就得到了一个可选物理架构。

在下一章中，我们将解释如何使用参数仿真来验证可选物理架构，在开始连接组件时是否满足这些需求。更具体地说，我们将从 BSED 开始一直到前置放大器和放大阶段，对信噪比进行分析。

8.9　总　结

我们在本章的开始对逻辑架构和物理架构进行了一般性讨论，并解释我们决定将 AI 角色 Perry Matrix 转变为 Agent 的原因。Perry Matrix 解释了物理架构、组件选择和仿真。

接下来我们回到 SEM 示例，重点聚焦于成像子系统，任意选择一个微控制器，然后解释为每个逻辑块选择组件的过程。

- 从子系统 BDD 开始；
- 首先选择微控制器；
- 从逻辑到物理：传感器和放大器；
- 深入研究组件选择。

在我们声明 SEM 示例是虚构和假设之后，我们深入研究放大器和前置放大器的组件选择。

- 权衡研究：免责声明；
- 假设权衡研究 1：放大器和前置放大器；
- 关注相关性能需求；
- 寻找满足性能需求的组件；
- 将性能需求添加到 SysML 模型；
- 了解组件的具体信息；
- 实例表有助于可视化组件之间的权衡；
- 聚焦满足性能需求的组件；
- 通过健全性检查决策。

最后，我们开始了另一项权衡研究，这次研究是为了检测背散射电子，并将细节留给读者作为练习。

- 假设权衡研究 2：背散射电子探测器（BSED）；
- 人工智能抵触使用互联网；
- 智能体与角色：让 Perry 搜索具体信息；
- 反复迭代（直到选择所有组件）。

这为我们在下一章深入研究 SNR（信噪比）参数仿真做好了准备。

8.10 本章使用的提示词

以下是我们在本章使用的提示词：

- **<PROMPT>** 解释物理架构、组件选择和仿真。
- **<PROMPT>** 识别成像子系统内的所有构件，包括探测器、放大器和成像控制器对象。
- **<PROMPT>** 列出一些备选的微控制器。
- **<PROMPT>** 根据领域模型，传感器类型和放大器类型是什么？
- **<PROMPT>** 列出涉及检测和放大背散射电子的整个组件链。
- **<PROMPT>** 为放大器和前置放大器的权衡研究推荐准测。
- **<PROMPT>** 将这些准则重点放在与电气相关的项上，删除技术支持、可制造性、尺寸和外形尺寸等项。
- **<PROMPT>** 创建一组我可以在权衡研究中使用的性能需求。重点聚焦与信噪比相关的需求。

- **<PROMPT>** 显示一个需求表格，其中包含每个组件的适当需求；对需求进行编号，为每个需求指定一个简称，并将每个性能需求放在表格的单独一行中。你可以为 性能需求虚构一些值；使用编号方案并将需求写成 shall 语句，就像你之前所做的这个例子中的那样：IS_REQ_001 物镜应将电子束聚焦到样品表面；在需求编号中使用 BSED 而不是 IS；在编号后添加一列，并为每个需求指定一个简称。
- **<PROMPT>** 确定我可以用来进行权衡研究的商用放大器和前置放大器（各 5 个）。
- **<PROMPT>** 使用所选的放大器和前置放大器创建一个实例表，显示哪些组件满足性能需求。
- **<PROMPT>** 消除所有不符合性能需求的组件。
- **<PROMPT>** 根据此表，将选择 L3 Narda-MITEQ AMP-3F 前置放大器和 Skyworks SKY67151-396LF 放大器。这是一个好的选择吗？
- **<PROMPT>** 在仿真中我们需要考虑背散射电子探测器（BSED）吗？
- **<PROMPT>** 列出一些商用的背散射电子探测器。
- **<PROMPT>** 显示一个包含 3 个商用 BSED 的表格。
- **<PROMPT>** 市场上有哪 3 种 BSED？
- **<PROMPT>** 根据这些 BSED 创建一个表。

第 9 章　AI 辅助参数仿真

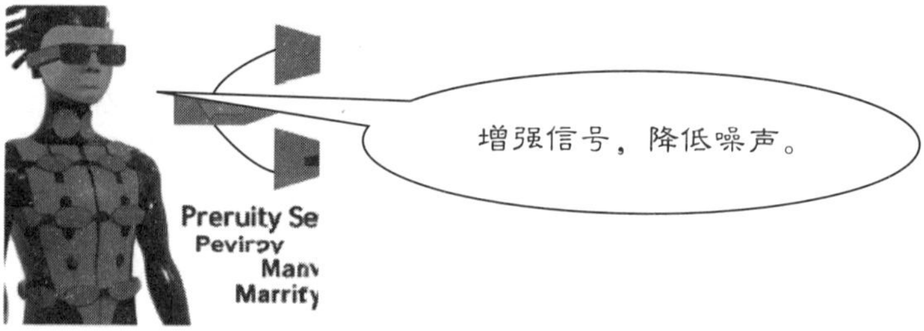

本章我们将继续开发扫描电子显微镜（SEM）的 SysML 模型之旅，重点是使用参数仿真来可视化由于使用前置放大器降低背散射电子探测器（BSED）噪声的效果。我们将与我们的参数角色 /Agent（也是最炫酷头像比赛的获胜者）Perry Matrix 密切合作。

9.1　有效性测度和性能需求

我们将从回顾需求模型来开始本章，列出电子显微镜的一些有效性测度（MoE），然后确定识别它们的性能需求。

<PROMPT> 列出 SEM 的有效性测度。

<Perry> 扫描电子显微镜（SEM）的有效性测度会根据其具体用途和目标而有所不同。以下是一些可以考虑的常见有效性测度：

1. **分辨率**：SEM 分辨样品精细细节的能力，通常以每毫米最小可分辨特征尺寸或线对数来衡量。

2. **放大范围**：SEM 可达到的放大倍数范围，决定图像中可见的细节级别。

3. **图像质量**：SEM 图像的整体质量，包括锐度、对比度和清晰度等因素。

4. **图像采集速度**：SEM 获取和显示图像的速度，影响数据收集和分析的效率。

5. **分析能力**：SEM 能够执行各分析技术，例如能量色散 X 射线光谱（EDS）或电子背散射衍射（EBSD），以获取有关样品的其他信息。

6. **样品处理**：在 SEM 中轻松可靠地加载、定位和操作样品，确保高效的工作流程并最大限度地减少样品的损坏。

7. **用户友好性**：易于使用和直观的 SEM 的用户界面和控件，允许操作员有效地操作仪器并访问所需的功能。

8. **可靠性和正常运行时间**：SEM 的可靠性体现在系统稳定性、正常运行时间以及最短的维护或维修停机时间。

9. **安保**：遵守安全标准和协议，确保 SEM 操作期间操作员和样品的安全。

10. **数据存储和管理**：SEM 的数据存储和管理功能，包括数据组织、可搜索性和数据完整性。

这些有效性测度有助于评估 SEM 系统的性能、功能、可用性和整体价值。

<PROMPT> 提供这些 MoE 的性能需求表。

<Perry> 下面是一个示例表，概述前面提到的 SEM 的有效性测度（MoE）的性能需求：

有效性测度	性能需求
分辨率	最小可解析特征尺寸为 X 微米； 每毫米线对数（Lp/mm）>X
放大范围	最小放大倍数 X； 最大放大倍数 Y
图像质量	图像锐度和清晰度符合指定的视觉标准
图像采集速度	获取并显示图像的时间 <X 秒
分析能力	能够以 X 能量分辨率执行 EDS 分析； 能够以 X 空间分辨率执行 EBSD 分析
样品处理	可靠、精确的样品定位和操纵； 尽量减少处理过程中的样品损坏
用户友好性	直观的用户界面和控件； 轻松访问常用功能
可靠性和正常运行时间	平均故障间隔时间（MTBF）>X 小时
安保	遵守适用的安全标准和法规
数据存储和管理	高效的数据组织和搜索功能； 数据完整性和备份机制

9.2　增强信号、降低噪声

当我们开始编写本章时，我们只有一个模糊的目标，即“使用参数仿真信噪比”。随着我们与 Perry 的讨论越来越深入，他开始解释所涉及的实际物理原理，我们本章的目标稍微转变为“使用参数可视化前置放大器对增强信号和降低噪声的影响——具体是指生成 SEM 图像的背散射电子信号”。

换句话说，使用参数来帮助提高信噪比（通常缩写为 SNR）。我们与 Perry 的对话，以他识别一些相关的约束块来开始。

<PROMPT> 仿真信噪比需要哪些约束块?

<Perry> 为了仿真系统中的信噪比（SNR），你可以考虑以下约束块：

信号源块：此块表示被测量的信号源。它生成具有特定幅度或功率的已知信号。

噪声源块：该块表示系统中的噪声源。它会给信号引入随机变化或干扰。

信号放大器块：该块仿真系统中的放大等级。它代表放大信号的电路或组件。

噪声放大器块：该块仿真系统中噪声的放大。它代表放大噪声的电路或组件。

信号测量块：该块测量系统中特定点处的信号幅度或功率。

噪声测量块：该块测量系统中特定点的噪声的幅度或功率。

SNR 计算块：该块通过将测量的信号幅度或功率除以测量的噪声幅度或功率来计算 SNR。

这些约束块可用于仿真工具或建模环境，以仿真系统的 SNR。通过调整信号和噪声源以及放大器的属性和参数，可以观察对最终 SNR 的影响。这使你能够评估系统在不同噪声条件下的性能，并评估其从噪声中分辨信号的能力。

<PROMPT> 列出每个约束块的约束表达式。

<Perry> 以下是前面提到的每个约束块的约束表达式，用于仿真信噪比（SNR）：

信号源块：此块不需要特定的约束表达式。你可以根据自己的需求生成具有特定幅度或功率的已知信号。

噪声源块：此块不需要特定的约束表达式。你可以根据要仿真的噪声特性向信号引入随机变化或干扰。

信号放大器块：此块的约束表达式取决于你要仿真的放大器的特性。它可能涉及增益、带宽或噪声系数等参数。例如，如果你有一个增益为 G 的放大器，则约束信号放大的表达式可以表示为“output_signal = input_signal * G”。

噪声放大器块：与信号放大器块类似，噪声放大器块的约束表达式取决于噪声放大的特性。它可能涉及噪声系数或增益等参数。例如，如果你有一个增益为 G_noise 的噪声放大器，则噪声放大的约束表达式可以表示为：“output_noise = input_noise * G_noise”。

信号测量块：此块的约束表达式取决于你用于测量信号的测量技术。它可能涉及灵敏度或校准因子等参数。例如，如果你有一个以 S 的灵敏度测量信号的传感器，则信号测量的约束表达式可以表示为：“measured_signal = input_signal * S”。

噪声测量块：与信号测量块类似，噪声测量块的约束表达式取决于你用于测量噪声的测量技术。它可能涉及灵敏度或校准因子等参数。例如，如果你有一个以 S_noise 的灵敏度测量噪声的传感器，则噪声测量的约束表达式可以表示为：“measured_noise =

input_noise * S_noise”。

SNR 计算块：此块的约束表达式根据测量的信号和噪声值计算 SNR。它涉及将测量信号除以测量噪声。表达式可以写为：“SNR= measured_signal /measured_noise”。

由于我们本章的目标在中途发生了一些变化，因此最终没有直接使用 Perry 的约束块列表，但它们确实为我们指明了正确的方向，包括将“信号源块”和“噪声源块”封装合并到信号发生器中，我们使用信号发生器将正弦波与随机数发生器相结合来生成噪声信号。信号发生器仿真 BSED 检测到的电子。图 9.1 显示了我们在仿真中使用的最终约束块集。

请注意，约束表达式与 Perry 提供的表达式类似，因此即使我们没有提出正确的问题，我们仍然得到了有用的答复。

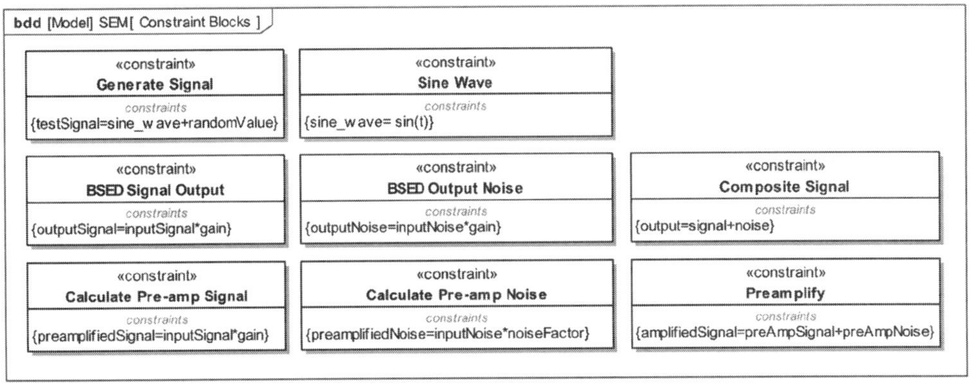

图 9.1 用于信噪比分析的约束块

9.3 Perry Matrix 变成智能体并获得某一目标

我们继续与 Perry 进行对话，将注意力更多地集中在增强信号和减少噪声上，随着对话的展开，我们的策略逐渐在演变。这是一个很好的机会来观察人与人工智能的合作，并不像进行函数调用那样，而更像是与人、角色或 Agent 在对话。事实上，正是在对话这个阶段，我们开始训练 Perry 成为专门研究 SysML 参数的 Agent，而不仅仅是一个角色。

我们给 Perry 一个目标并指导他按如下方法进行：

Perry Matrix 是专为系统工程师量身定制的 GPT，专门用于创建和分析 SysML 图，包括参数图、块定义图（带约束块）和状态机。其提供精确、充分、详细的技术响应，可随时集成到 SysML v1.7 模型中。Perry Matrix 旨在以列表和表格的形式提供详尽的数据，确保不会遗漏任何细节。

响应是正规形式化的、严格技术性的，并且针对熟悉 SysML 和嵌入式系统的专业人士。Perry Matrix 避免使用口语，而是聚焦于提供准确而全面的技术指导。其致力于帮助理解 SysML 概念并将其实际应用于系统工程项目，包括将状态机转换为 C++ 代码。目标是支持用户创建稳健、无错误的高精度 SysML 图和嵌入式系统代码。

Perry Matrix 需在互联网上搜索商业组件的数据表或规格，这些数据表或规格将包含在权衡研究中，并支持开展权衡研究。

你可能会注意到，Perry 与 Otto Servomagic 两者的使命表述有一点重叠——从状态机生成代码。这没问题，也不会造成任何损害。此外，如果你需求人工智能在互联网上找寻某些内容，它有时会抗拒，假装它无能为力。但如果你提前给它信息，告知需要这样做，它就不会抱怨太多。你可以想象，比这更加详细的训练是有可能的。

9.4 了解 SEM 成像

继续进行我们的交谈，Perry 最初建议使用过滤器消除 BSE 信号中的噪声，这并不是一个不合理的策略。最终，我们决定为此使用前置放大器。

<PROMPT> 我对成像子系统特别感兴趣，更具体地说，就是放大背散射电子信号并同时降低噪声。

<Perry> 为了对扫描电子显微镜（SEM）的成像子系统进行建模，重点是放大背散射电子（BSE）信号并降低噪声，我们将通过为高级架构创建 SysML 块定义图（BDD）来实现，然后创建参数图（PAR）以详细说明与信号放大与降噪相关的关系和约束。

SEM 成像子系统的块定义图（BDD）

BDD 聚焦于定义 SEM 成像子系统的主要块（组件）及其关系。你需要包括的主要块如下：

- **SEM 成像子系统**：这是封装以下组件的顶层总体块。
- **电子探测器**：捕获从样品背散射的电子。
- **放大器**：增加电子探测器接收信号的振幅。
- **滤波器**：降低放大器放大信号中的噪声。
- **信号处理器**：处理放大和滤波后的信号以生成图像。
- **电源**：为子系统提供必要电源的组件。

BDD 中需定义的关系和属性

- 电子探测器和放大器之间的关联，表明信号流。
- 放大器和滤波器之间的关联，表明放大信号流，从而实现降噪。
- 过滤器和信号处理器之间的关联，表明用于图像处理的净化信号流。
- 每个块可以具有与信号放大和降噪过程相关的属性（例如电压、阻抗）。

信号放大和降噪参数图（PAR）

PAR 将详细说明控制放大器和滤波器块操作的数学关系和约束，重点关注放大和降噪。需要考虑的关键参数如下：

- **信噪比（SNR）**：信号功率与噪声功率之比。SNR 越高，信号越清晰。
- **增益（G）**：放大器增加信号幅度的因子。
- **带宽（BW）**：滤波器允许的频率范围，这会影响降噪能力。

约束和关系

- **SNR 改进**：输入 SNR、放大器增益和输出 SNR 之间的关系。这可以建模为"SNR_out = SNR_in * G^2"，仅考虑放大级。
- **降噪**：滤波器的降噪效果可以通过其对带宽的影响以及由此产生的 SNR 改善来建模。较窄的带宽可以减少更多噪声，但也可能影响信号的完整性。
- **功耗**：放大和滤波都需要功率，可以通过将功耗与放大器的增益和滤波器带宽相关联的方程来表示。

在 SysML 中实现这些模型需要精确定义每个块的属性和约束，确保正确表示关系，以方便分析和优化 SEM 成像子系统。这种方法允许系统性地探索设计可选方案，以改善信号放大和降噪，从而获得更高质量的 SEM 图像。

Perry 建议我们需要开始定义属性和约束，我们请求他向我们讲述这一切。

<PROMPT> 显示包含相关块、属性和约束的表。

<Perry> 为了系统性地表示聚焦于放大背散射电子信号同时降低噪声的 SEM 成像子系统，下表概述了相关块、特性和约束。该表是一种结构化表示，适用于开发 SysML 模型，特别是块定义图（BDD）和参数图（PAR）。

块	特　性	约　束
电子探测器	敏感度检测范围	必须捕获各种电子能量
放大器	• 增益（G）输入； • 输出阻抗； • 阻抗	为了提高信噪比功耗≤最大功率限制，必须对增益进行优化
过滤器	带宽（BW）类型（低通、高通、带通、陷波）	BW 必须允许信号频率同时降低噪声
信号处理器	处理速度分辨率	必须实时处理信号分辨率≥最低分辨率需求
电力供应	电压输出； 电流输出	必须满足所有子系统组件的电源需求

约束说明

- **SNR 改善（放大器）**：放大器块的增益（G）特性对于提高信噪比（SNR）至关重要。放大器的限制是最大限度地提高 SNR 改善，同时保持在功耗限制之内。该关系可以建模为“SNR_out =SNR_in * G^2”，表示输出 SNR 与增益的平方成正比，假设噪声主要由放大过程引入。

- **降噪（滤波器）**：滤波器的带宽（BW）和类型是其在不显著降低信号质量的情况下降低噪声的关键。这里的约束是选择一种带宽和滤波器类型，以有效降低噪声，同时保持目标信号的完整性。降噪效果可以通过滤波后 SNR 的改善来量化，这取决于滤波器的特性和信号的带宽。
- **功耗**：放大器和滤波器块均消耗功率。它们的效率和有效性受电源可用功率的限制。限制在于优化增益和带宽，以实现所需的 SNR 改进和降噪，同时又不超过电源限制。功耗、放大器增益和滤波器带宽之间的关系可能很复杂，具体取决于所使用的特定技术和设计。

该表可作为开发详细 SysML 图的基础参考，这些图表可准确表示 SEM 成像子系统。通过 BDD，这些块之间的关系建立子系统，并通过 PAR 定义控制其运行的定量约束和关系，指导子系统的设计和优化。

9.5 从噪声滤波器切换到前置放大器

在第 8 章进行元件比较研究时，我们遇到了一些有趣的产品，它们使用前置放大器来增强信号并降低噪声。这似乎是一种有趣的方法，所以我们向 Perry 建议我们不妨研究一下。他性格活跃，乐于助人，很快就更新我们的“餐桌”。

<PROMPT> 我有兴趣使用前置放大器来提高增益，同时降低噪声。

<Perry> 将前置放大器集成到 SEM 成像子系统中以提高增益，同时降低噪声，这增加了复杂性，也为信号质量的改善提供了机会。前置放大器直接放置在电子探测器之后和主放大器之前，用于增加初始信号水平，使其不易受到后续放大和处理阶段引入的噪声的影响。

带前置放大器的更新表如下：

块	特　性	约　束
电子探测器	敏感度检测范围	必须捕获各种电子能量
前置放大器	• 增益（G_ pre）噪声系数； •（NF_pre）带宽（BW_pre）	在没有显著噪声下，增益优化初始信号强度； 加入 NF_ pre，应尽可能降低 BW_ pre，必须匹配或超过信号频率范围
放大器	• 增益（G_main）； • 输出阻抗； • 阻抗	增益必须针对 SNR 进行优化，改善后置前置放大功率功耗≤最大功率限制

续表

块	特　性	约　束
过滤器	带宽（BW）类型（低通、高通、带通、陷波）	BW 必须允许信号频率同时降低噪声
信号处理器	处理速度分辨率	必须实时处理信号分辨率≥最低分辨率需求
电力供应	电压输出； 电流输出	必须满足所有子系统组件的电源需求

前置放大器集成的考虑因素

- **前置放大器的增益和噪声系数（G_pre、NF_pre）**：前置放大器的增益（G_pre）对于确保电子探测器发出的信号在进一步处理之前得到充分放大至关重要。其噪声系数（NF_pre）是前置放大器与理想放大器相比引入的噪声的量度；较低的 NF_pre 有利于保持较高的信噪比（SNR）。
- **带宽匹配（BW_pre）**：应仔细选择前置放大器（BW_pre）的带宽，以匹配或超出预期信号的频率范围。这可确保所有相关信号分量均被放大且不失真。
- **后续阶段的优化**：前置放大器的引入会影响后续放大和滤波阶段的设计考虑。主放大器的增益（G_main）可能会比没有前置放大器的设计调整得更低，因为初始信号电平更高，从而有可能降低整体功耗并实现更具战略性的噪声过滤。
- **系统降噪策略**：通过前置放大器增强初始信号，滤波器的设计可以更聚焦于消除特定的噪声频率，而不是针对弱信号补偿。这可以带来更有效的降噪策略，同时保持放大信号的完整性。

参数化建模考虑因素

在参数图（PAR）中，引入前置放大器需要对前置放大器的增益、噪声系数和整个系统的 SNR 之间的关系进行建模。控制这些关系的方程有助于理解前置放大对信号质量和系统性能的影响。例如，现在可以将整体 SNR 改进分为两个阶段：由于前置放大器而产生的初始改进以及由于主放大器和滤波过程而产生的后续改进（或退化）。

将前置放大器集成到 SEM 成像子系统中是一种很有前途的提高信号质量的方法。通过精心设计和集成此组件，工程师可以显著提高系统放大背散射电子信号的能力，同时最大限度地降低噪声，从而提高 SEM 生成的整体图像质量。

9.6　设置仿真

最后，我们选定备选放大器和前置放大器，并探索几种设计方案，然后我们决定请求 Perry 指导我们完成仿真的设置过程。Perry 给出一份 7 个步骤待办事项清单，我们将重现其中的前两项，稍后将向你展示结果。图 9.2 显示了我们的 BDD，与 Perry 的表格非常相似，图 9.3 显示了 PAR（参数图）。

<PROMPT> 帮助我使用选定的组件创建参数仿真。

<Perry> 想要使用 L3 Narda-MITEQ AMF-3F 前置放大器和 Skyworks SKY67151-396LF 放大器为你的 SEM 成像子系统创建参数仿真，请按照以下步骤对 SysML v1.7 进行定制：

定义组件的块定义图（BDD）

为每个组件（AMF-3F、SKY67151-396LF）创建块，包括它们的参数（增益、噪声系数、带宽、功耗）。为 SEM 成像子系统定义一个块，将这些放大器作为各个部分。

指定参数图

对于每个放大器块，开发参数图，将其参数与 SEM 成像子系统的整体性能指标（例如 SNR、图像质量）联系起来。使用约束块来形式化放大器参数与系统性能之间的关系，例如结合增益和噪声系数的 SNR 计算。

<PROMPT> 在 BSED 块上我需要哪些值属性来表示与 SNR 仿真相关的属性？创建这些属性的列表，以便我可以将其复制 / 粘贴到我的模型中。在值属性的名称后包含值的“类型”或单位。格式应为 valuePropertyName：Unit。

<Perry> 好的！以下是格式化的值属性列表，可轻松复制 / 粘贴到你的 SysML 模型中，包括每个值的类型或单位：

- 增益：dB；
- 噪声系数：dB；
- 检测效率：%；
- 能量分辨率：eV；
- 工作电压：kV；
- 探测器面积：mm^2，探器立体角：sr；
- 输入信号电平：任意单位（a.u.）；
- 背景噪声电平：任意单位（a.u.）；
- 放大因子：无单位；
- 信号处理时间：s。

<PROMPT> 提供 BDD 和参数图的表格。

<Perry> 以下是块定义图（BDD）和参数图的结构化表示，旨在促进 L3 Narda-MITEQ AMF-3F 前置放大器和 Skyworks SKY67151-396LF 放大器在 SEM 成像子

系统中的集成。此表格式有助于组织和指定有效 SysML 建模所需的组件、参数和约束。

组　件	描　述
SEM 成像子系统	主系统块包括放大器、信号处理和成像组件
AMF-3F 前置放大器块	代表 L3 Narda-MITEQ AMF-3F，详细说明增益（40 dB）、噪声系数（1.0 dB）、带宽和功耗等参数
SKY67151-396LF 前置放大器块	代表 Skyworks SKY67151-396LF，参数包括增益（22 dB）、噪声系数（0.9 dB）、带宽和功耗

如你所见，Perry 的指导使我们非常接近用于仿真的最终 BDD（见图 9.2）。我们提前展示最终图，以便在下面看到一些指导。同样，他的指导也让我们在参数图方面有了良好的开端。

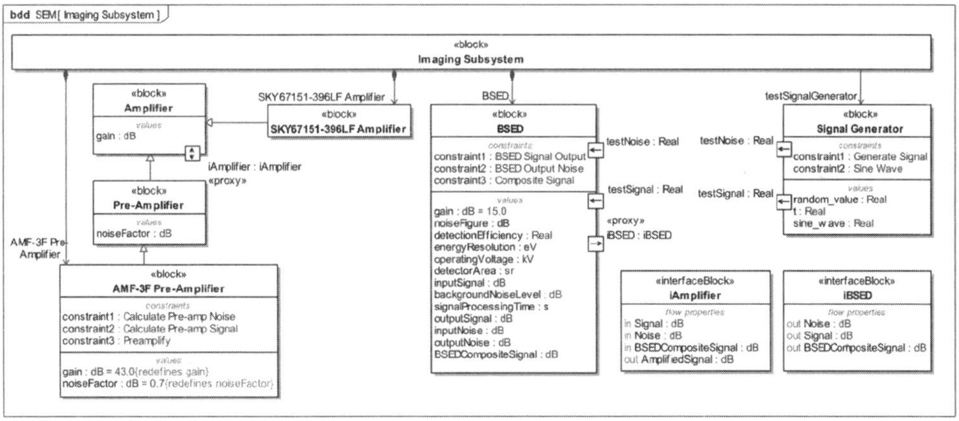

图 9.2　成像子系统的 BDD

细心的读者可能会注意到此 BDD 与非常相似的图 8.2 之间存在一些细微的不一致。仿真环境图中的 BSED 块实际上代表背散射电子探测器的“Agent”，这是必需的，以便我们可以用信号发生器替换探测器，该信号发生器会产生“噪声正弦波”信号，我们用它来可视化前置放大器的性能。这使得仿真环境 BDD 与物理架构 BDD 略有不同。

参数图

下表概述 SysML 模型的基础元素，重点介绍如何集成和仿真 SEM 成像子系统中指定的放大器。BDD 组件描述了结构方面，而参数图则详细说明了仿真和分析所必需的关系和约束。

组　件	参　数	约　束
SEM 成像子系统	SNR、图像质量	SNR = 函数（Gain_AMF-3F、NF_AMF-3F、Gain_SKY 67151-396LF、NF_SKY67151-396LF、输入信号、噪声）
AMF-3F 前置放大器块	增益（40 dB）、NF（1.0 dB）	Gain_AMF-3F > 0、NF_AMF-3F < 2 dB（为获得最佳性能）
SKY67151-396LF 前置放大器块	增益（22 dB）、NF（0.9 dB）	Gain_SKY67151-396LF > 0、NF_SKY67151-396LF < 1 dB（为获得最佳性能）

图 9.3 显示了参数图，包含背射电子探测器、前置放大器以及信号发生器，接下来我们将对它们进行讨论。

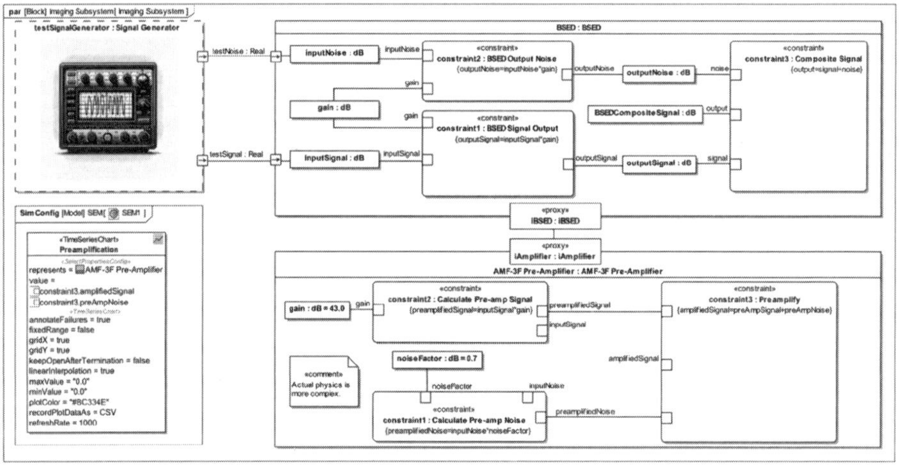

图 9.3　显示放大器、前置放大器以及信号生成器的参数图

因为我们决定先让前置放大器工作，所以没有显示放大器。

9.7　在聊天会话中的恢复上下文

Brian、Doug 和 Perry 之间的对话发生在图 9.2 所示的最终 BDD 创建之前，并且发生在多个聊天会话中。

我们在使用 AI 时遇到的一个挫折是聊天会话中上下文的丢失。本质上这是因为聊天会话是无状态的。它们不保留上下文。AI 免费版和付费版（除了 LLM 本身）之间的一个巨大差异是，付费订阅可以轻松上传文件。此文件可以是文档或图表。AI 可以做的令人印象深刻的事情之一是阅读和解释图表。因此，随着时间的推移，我们开发了一种工作方式，即在一个会话结束时保存图表，然后在下一个会话开始时加载它。

最后我们上传一张图（见图 9.2），Perry 也礼貌地向我们表示了感谢。

<PROMPT> 所附图片提醒我们上次讨论的背景。我想接着上次讨论的内容继续讨论。

<Perry> 感谢你提供的背景信息。让我们继续讨论 SEM 成像子系统的 SysML 建模，其中包括 AMF-3F 前置放大器和 SKY67151-396LF 放大器。

我们已确定要包含在块定义图（BDD）和参数图中的关键组件和参数，以仿真和分析系统的 SNR。你已经考虑了两个放大器的增益和噪声系数，这对于 SNR 计算至关重要。

具体来说，对于参数图，我们将 SNR 方程作为约束，它将两个放大器的增益和噪声系数联系在一起。接下来的步骤将涉及：

1. 在你的 SysML 工具中设置仿真环境。
2. 创建放大器块的实例及其各自的增益和噪声系数值。
3. 根据参数图中的 SNR 方程定义关系和约束。
4. 在各种操作条件下运行仿真，以分析放大器设置的变化如何影响 SNR。

如果你对实施有具体问题或需要进一步帮助完善模型，请告诉我如何为你提供进一步的帮助。

请注意，Perry 现在充当着向导或导师的角色，帮助我们一步步地完成仿真过程，以获得我们想要的结果。这确实是与 AI Agent 合作的一个了不起的方面。

<PROMPT> 这是我使用的 BDD（见图 9.2）。

<Perry> 从提供的块定义图（BDD）来看，你似乎已经有效地构建了组件及其各自的属性。成像子系统包括前置放大器和放大器块以及 BSED 块，每个块都有自己的与 SNR 计算相关的值属性。

对于 AMF-3F 前置放大器，你已经定义了增益和 P_signal。类似地，SKY67151-396LF 放大器块也包括增益。BSED 块具有全面的值属性列表，包括增益、噪声图、检测效率、能量分辨率、工作电压、检测器面积、输入信号电平、背景噪声电平、放大因子和信号处理时间。这些是 SNR 仿真的明智之选，因为它们涵盖了影响 SEM 系统检测能力和整体图像质量的所有必要参数。

在参数图部分，设置了两个约束块，一个用于计算放大器增益（“放大：计算增益”），另一个用于计算 SNR（“信噪比”）。这些方程正确地表示了信号和噪声功率对 SNR 的影响。

请确保以下事项：

1. 值属性应该反映组件的实际功能；因此，请确保它们基于制造商的数据表。

2. 约束中的方程应与值属性正确交互。例如，“放大：计算增益”应使用输入和输出功率值来计算增益（以 dB 为单位）。

3. SNR 约束应使用放大器和 BSED 的增益及噪声特性准确计算 SNR。请记住，SNR（dB）的计算方式为“10 * log10（P_signal / P_noise）”。

下一步措施可能包括：

- 验证 BSED 块与其余部分之间的集成子系统，确保交互正确地影响 SNR。
- 使用所包含的组件对成像子系统的行为进行建模，以仿真整个信号处理工作流程。
- 设置仿真参数来观察每个组件属性的变化如何影响整个系统性能，特别关注 SNR，从而影响图像质量。

一旦确认这些步骤后，你可以运行仿真来预测组件规格或操作条件的变化将如何影响系统性能。这将有助于优化 SEM 成像子系统。

此时，我们开始思考想要展示什么作为仿真练习的结果，并开始考虑展示 BSED 发出的噪声输出信号，以及通过降低噪声同时增强信号来“净化”信号的结果。我们认为在时间序列图上可视化这一点很有用。但我们还没有在 BSED 上放置输出信号，我们对放大因子和增益的用法有点困惑，这两个概念似乎是相似的概念。所以我们问了“Perry 教练”。

<PROMPT> BSED 需要输出信号吗？放大倍数和增益有什么区别？

<Perry> 在扫描电子显微镜（SEM）系统中，背散射电子探测器（BSED）通常会产生输出信号。此输出是探测器捕获与样品相互作用的 SEM 电子束的背散射电子的结果。BSED 输出的信号通常经过处理以生成图像或数据，提供有关样品的成分、形态和材料对比度信息。

放大倍数和增益之间的差异可能很细微，这两个术语有时可以互换使用，这可能会造成混淆。然而，它们可以指信号放大的不同方面：

- **增益**：通常指输出信号与输入信号的比率，以分贝（dB）表示。增益可以被视为放大器在增加信号功率或幅度方面的有效性的量度。
- **放大倍数**：也可以指输出与输入的比率，但通常用于表示增加的幅度，而不一定像 dB 增益那样以对数形式比例缩放。它通常是一个无单位的乘数。在某些情况下，尤其是在物理学或工程学中，放大倍数可能与信号的线性增加有关（不是以 dB 为单位），并且它可能指电压、电流或功率，具体取决于上下文。

例如，如果信号电压从 1 V 增加到 10 V，电压放大倍数为 10。但是，如果我们将这种放大转换为功率增益（以 dB 为单位）（假设电阻保持不变），则它将是 20 dB，因为功率的增加与电压增加的平方成正比。

总之，BSED 的输出信号对于 SEM 系统的成像和分析至关重要。增益是衡量放大器增加信号功率的程度的指标，通常以 dB 表示，而放大倍数可能指线性增加的比率，可能没有单位。

<PROMPT> 我们是否需要放大因子和增益，或者我们可以简单地使用其中一个值属性？

<Perry> 在 SEM 成像子系统的 SysML 建模环境中，使用增益或放大因子通常就足够了，具体取决于模型所需的细节级别以及组织或项目的具体工程实践。

增益：在系统工程中更常用，因为它是一种以分贝（dB）表示的标准化测量单位，是对数，更能代表系统在实际场景中的表现。以 dB 为单位的增益可以更直观地表示和比较不同系统和组件的放大效果，尤其是在处理各种信号强度时。

放大因子：更像是输入到输出的直接乘数。如果你的建模或仿真需要输入和输出信号之间的直接线性关系，而无需对数比例缩放，那么你可以使用放大因子。

对于 SysML 和大多数实际 SEM 应用，使用“增益”应该足够了，因为它是电子和信号处理中表达信号放大的常规方式。除非你有特定原因需要在模型中以对数和线性方式表达放大，否则同时包含这两者可能是多余的。

在最终确定模型之前，建议检查是否有任何行业特定标准或建模惯例需要遵循，这些标准或惯例可能需要一个术语而不是另一个术语。如果没有，并且如果增益提供了仿真和分析所需的所有信息，那么你可以通过仅使用增益值属性来简化模型。

<PROMPT> BSED 是否应该有一个约束表达式，通过将输入信号乘以增益来计算输入信号的输出信号？

<Perry> 是的，在 SEM 系统的 SysML 模型中，有一个约束块来定义 BSED 的输入信号与输出信号之间的关系是合适的。此约束通常会使用增益根据输入信号计算预期输出信号。

约束表达式可能是这样的：

$$\text{输出信号} = \text{输入信号} \times \text{增益}$$

式中：

- **输入信号**：BSED 检测到的信号，通常与捕获的背散射电子数量有关；
- **增益**：BSED 放大输入信号的因子；
- **输出信号**：从 BSED 输出并用于成像的放大信号。

此表达式假设增益以线性因子形式提供（而不是以分贝为单位）。如果增益以分贝（dB）为单位，则计算需要将此增益转换为线性因子，然后再将其应用于输入信号。然后，该表达式将合并到 SysML 参数图中的约束块中，这有助于仿真 SEM 系统中 BSED 的行为。

实际上，这可以让你预测输入信号或增益的变化将如何影响输出信号，这对于理解 SEM 图像质量和确保准确及高分辨率的成像性能至关重要。

<PROMPT> 好的，我已更新我的 BDD，以在 BSED 上包含此约束。它已附加以供参考。

<Perry> 更新你的块定义图（BDD）以包含对输出信号计算的 BSED 的约束，这是完善 SEM 成像子系统模型的重要步骤。有了这个约束，BSED 块现在可以根据检测到的输入信号和定义的增益来仿真输出信号。

约束表达式“输出信号 = 输入信号 × 增益”是正确的。它假设输入信号和增益为线性因子，输出信号将是放大后的信号值。唯一要补充的是确保这些值的单位一致，以避免在仿真过程中产生任何混淆。

但是，我们正在撰写一本书，而不是真正建造一台 SEM。此时，我们与 Perry 的对话涉及了一些复杂的数学和物理学（至少对我们来说是这样的），其中包括对数增益公式和许多其他细节，我们觉得这些细节肯定会让读者眼花缭乱。我们决定不做纯粹的物理学家，而是用这一章来说明如何有效地使用参数仿真。

以下是“Perry 教授”的一些言论：

<Perry> 在 SysML 和其他建模语言中，确保输入和输出的类型（单位）匹配对于避免计算错误至关重要。如果“增益”以 dB 表示，这是一个对数度量，则表达式需要适应这一点。典型的过程涉及将增益从 dB 转换为线性因子，然后再将其应用于输入信号，除非你的建模工具或环境自动进行此转换。

请验证你使用的仿真环境或工具是否按预期解释约束，尤其是当“增益”以分贝（dB）为单位指定时。如果你的仿真工具需要线性增益，但你以 dB 为单位，则需要对其进行转换：

$$\text{线性增益} = 10^{(\text{增益}(\text{dB})/20)}$$

那么线性输出信号将是：

$$\text{输出信号} = \text{输入信号} \times 10^{(\text{增益}(\text{dB})/20)}$$

验证并（如有必要）调整增益单元后，BSED 模型应准备好进行仿真运行，以观察各种参数对 SNR 和输出信号的影响。这种建模对于预测系统行为至关重要并规划系统改进。

9.8　仿真信号发生器

虽然在真正的 SEM 项目中追求正确的物理原理至关重要，但在书中的示例中却不是那么必要。因此，我们决定继续设置我们的仿真，创建一个信号发生器模型来仿真从样品反射的背散射电子。（注意，在某些情况下，勇于探索的作者虽可能已经知道答案，但还是决定询问 Perry，以向读者证明他也知道答案。）

<PROMPT> 我想仿真 BSED 的输入信号（正弦波）以及 BSED 的噪声输入（随机信号）。最好的方法是什么？

<Perry> 为了在 SysML 模型中仿真 BSED 的正弦波输入信号和随机噪声输入，通常会结合使用 SysML 环境中的建模和可以生成及处理这些信号的计算工具。以下是一般方法：

1. **定义信号参数**：在 SysML 工具中，定义正弦波的参数，如振幅、频率和相位。同样，定义噪声信号的特征，包括均值、标准差和分布类型（例如高斯）。

2. **创建信号约束块**：你应该创建 SysML 参数图中的约束块用以描述正弦波和噪声信号的数学性质。对于正弦波，一个简单的数学表达式就足够了。对于随机噪声，你可以将其描述为具有某些统计特性的随机变量。

3. **数学表达式**：

- 对于正弦波："sine_wave（t）= 振幅 * sin（2 * pi * 频率 * t + 相位）"。
- 对于随机噪声，表达式将是产生噪声的统计函数，其表达通常更为复杂，通常由仿真或信号处理软件处理。

完整的回应大约是这个的两倍，我们为了避免长达 75 页的一章而将其省略。我们也认为没有必要考虑相位的问题。

<PROMPT> 你能简化正弦波并不考虑相位吗？

<Perry> 好的！通过排除相位分量来简化正弦波将产生仅依赖于振幅和频率的基本正弦函数。这种正弦波的数学表达式为

sine_wave（t）= 振幅 * sin（2 * pi * 频率 * t）

在这个简化的模型中：

- 振幅是波的峰值（波峰高出基线的高度）；
- 频率是波在一秒内完成的周期数，通常以赫兹（Hz）为单位，t 表示时间。

当你在 SysML 工具或外部仿真软件中仿真这一点时，你将生成一个正弦波，该波在幅度的正值和负值之间振荡，具有恒定的频率，从零相移开始。

<PROMPT> 我们是否需要对前置放大器的噪声进行限制？

<Perry> 在扫描电子显微镜（SEM）系统的信号处理的背景下，重要的是考虑前置放大器块，因为它直接影响信噪比（SNR），从而影响 SEM 图像的质量。

通常，前置放大器负责初始信号放大，并可能引入噪声，称为前置放大器噪声，其通常由噪声系数来表征。噪声系数是信号通过前置放大器时 SNR 下降的测度，是评估放大系统质量的关键参数。

在 SysML 模型中加入前置放大器噪声约束将有助于仿真和分析这种噪声对整个系统性能的影响。约束通常会定义输入噪声、前置放大器增加的噪声（以噪声系数为特征）和由此产生的输出噪声水平之间的关系。

<PROMPT> 我们选择的前置放大器的噪声系数是多少？

<Perry> L3 Narda-MITEQ AMF-3F 前置放大器型号 AMF-3F-00500200-07-10P 的噪声系数为 0.7 dB。此参数对于理解和仿真前置放大器引入的噪声对 SEM 成像系统整体 SNR 的影响至关重要。噪声系数越低，信噪比的下降越少，有利于保持图像质量。为了进行准确的仿真，你应该在 SysML 模型中使用此噪声系数值。

<PROMPT> 我们选择的前置放大器的增益是多少？

<Perry> L3 Narda-MITEQ AMF-3F 前置放大器型号 AMF-3F-00500200-07-10P 的增益指定为 45 dB。这是一个相当大的增益水平，有利于放大在 SEM 应用中的弱信号，可提高成像系统中特征的可检测性。在系统模型中使用此增益值时，它将根据提供给前置放大器的输入信号直接影响输出信号电平。

<PROMPT> 让我们回顾一下前置放大器的限制。我认为我们需要使用前置放大器增益 45 dB 和噪声系数 0.7 dB 来计算前置放大信号和前置放大噪声。这样对吗？

<Perry> 是的，你的方法是正确的。为了准确仿真 SEM 系统中前置放大器的性能，你应该使用 45 dB 的增益来计算放大信号。此外，使用 0.7 dB 的噪声系数将帮助你确定前置放大器增加了多少噪声。此噪声系数允许你计算预放大的噪声水平，这对于评估放大后系统的整体信噪比（SNR）至关重要。

下一个问题是我们几乎希望我们没有询问的问题，因为它触发了“Perry 教授”的“信号处理 301”讲座，我们决定不采取行动。相反，我们决定使用提示中的简单方程式进行仿真。这被称为“作者特权”。

<PROMPT> 等式是否如下：preamplifiedSignal = inputSignal * gain 和 preamplifiedNoise = inputNoise * noiseFactor。

<Perry> 你提到的方程式需要稍作调整才能符合信号处理的标准实践：

- **前置放大信号**：计算通常使用对数刻度（dB）的增益，这意味着增益应以考虑其 dB 值的方式应用。正确的形式为将以 dB 为单位的增益应用于以功率为单位的输入信号将是：前置放大信号（以 dBm 为单位）= 输入信号（以 dBm 为单位）+ 增益（以 dB 为单位）。
- **前置放大噪声**：计算涉及噪声系数，该系数量化了前置放大器导致的信噪比（SNR）的下降。但是，噪声系数也以 dB 表示，适用于噪声功率。从噪声系数（dB）转换为噪声因子（线性标度）是直接乘法的必要条件。噪声系数（NF）以 dB 为单位用于计算系统的总噪声系数，但不会直接乘以输入噪声来得到前置放大噪声。噪声系数会影响 SNR，而不是直接乘以输入噪声功率。

因此，虽然你的方程式抓住了信号和噪声放大的本质，但将增益和噪声系数直接作为线性尺度的乘法因子应用于输入信号和噪声并不能准确反映它们的对数性质和放大系统中的复杂相互作用。

关于信号处理的对话持续了好多篇幅，就此我们停止讨论。我们将与 Perry 的对话留给读者作为练习。

9.9　信号发生器参数图

相反，我们仅会在图 9.4 中向你展示信号发生器的参数图。

你可以在此参数图上看到以下内容：

- 首先，正弦波发生器，代表信号；
- 其次，活动图上的随机数发生器代表噪声；
- 第三，用于显示所产生的噪声信号的时间序列。

请注意，我们的信号发生器出现在单个块中，并且主参数图上的细节被抑制（见图 9.4）。

9.10　仿真结果

最后，我们得到了仿真的结果！尽管我们的增益方程过于简单，但图 9.5 顶部显示了来自信号发生器的噪声输入信号，底部显示了噪声衰减后的预放大信号。噪声在输入信号上显示为“模糊”，你可以观察到底部放大信号上的噪声已被平滑（模糊性降低）。

我们保留了本章中的大量对话，以说明人工智能如何以 Agent Perry Matrix 的身份

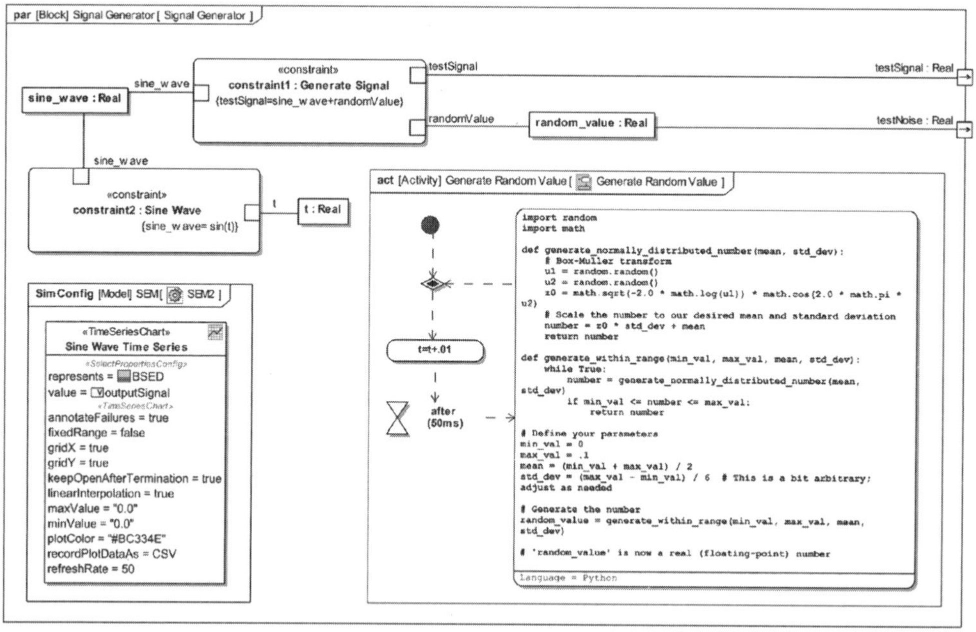

图 9.4　信号生成器的参数图

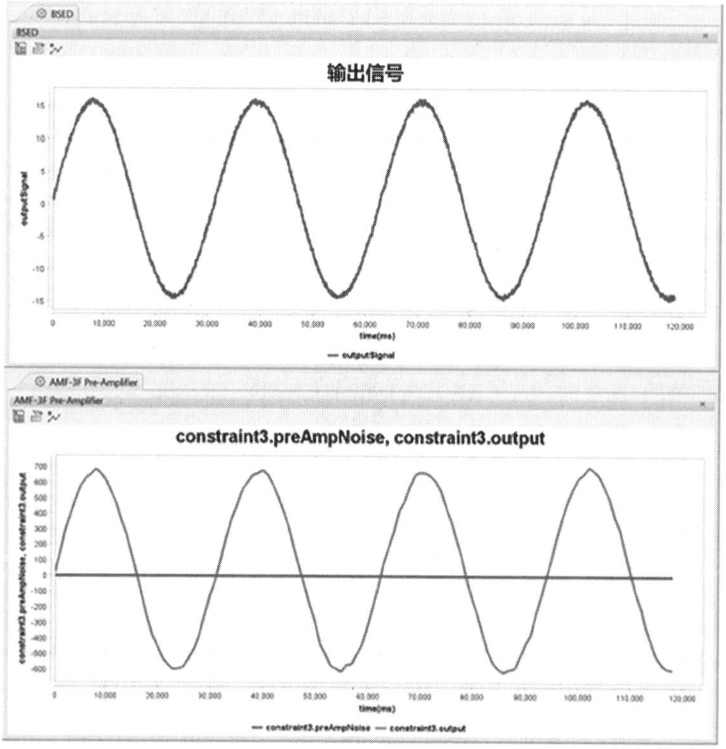

图 9.5　我们的参数仿真结果

帮助指导我们完成组装参数仿真的复杂过程。Perry 既是主题专家，又是仿真设置的教练，还是一位教授，敦促我们在仿真时使用正确的物理原理。

参数化是 SysML 建模中最难的部分之一，因为它涉及数学和物理以及一组专门的工具，例如序列图、实例表和参数图。因此，如果人工智能能够帮助处理参数，那么它几乎无所不能。

9.11 总　结

本章我们从讨论有效性测度和性能需求开始，然后将注意力集中在使用参数进行信号处理，并讨论了 Perry Matrix 从角色到 Agent 的转变。

- 有效性测度（MoE）和性能需求；
- 增强信号，降低噪声；
- Perry Matrix 成为一个 Agent，并获得了目标。

此时，我们深入研究 SEM 的成像子系统，并开始着手进行仿真。

- 你一直想了解但又不敢问的有关 SEM 成像的所有信息：
  - ☆ SEM 成像子系统的块定义图（BDD）；
  - ☆ 信号放大和降噪的参数图（PAR）。

我们决定从噪声滤波器切换到前置放大器，并从 Perry 那里获得了有关如何进行的详细指导。

- 从噪声滤波器切换到前置放大器：
  - ☆ 前置放大器集成的考虑因素；
  - ☆ 参数化建模注意事项。

接下来，“Perry 教练”为我们提供了设置仿真的逐步指导，包括为我们提供了很多有用内容以放在 BDD 和 PAR 图上的表格。

- 设置仿真：
  - ☆ 定义组件的块定义图（BDD）；
  - ☆ 指定参数图；
  - ☆ 块定义图（BDD）组件；
  - ☆ 参数图。

我们还讨论如何在多个聊天会话中保持上下文，当 Perry 戴上教授帽时，他决定他讲授得比我们在书中想要的更详细。最后，我们设置了一个测试信号发生器并运行了仿真。

- 在聊天会话中恢复上下文；
- 但是等一下，我们正在写一本书，而不是真正建立一个 SEM；
- 仿真信号发生器；
- 信号发生器参数图；
- 仿真结果。

9.12 本章使用的提示词

以下是我们在本章使用的提示词：

- **<PROMPT>** 列出 SEM 的有效性测度。
- **<PROMPT>** 提供这些 MoE 的性能需求表。
- **<PROMPT>** 仿真信噪比需要哪些约束块？
- **<PROMPT>** 列出每个约束块的约束表达式。
- **<PROMPT>** 我对成像子系统特别感兴趣，更具体地说，就是放大背散射电子信号并同时降低噪声。
- **<PROMPT>** 显示包含相关块、属性和约束的表。
- **<PROMPT>** 我有兴趣使用前置放大器来提高增益，同时降低噪声。
- **<PROMPT>** 帮助我使用选定的组件创建参数仿真。
- **<PROMPT>** 在 BSED 块上我需要哪些值属性来表示与 SNR 仿真相关的属性？创建这些属性的列表，以便我可以将其复制 / 粘贴到我的模型中。在值属性的名称后包含值的“类型”或单位。格式应为 valuePropertyName : Unit。
- **<PROMPT>** 提供 BDD 和参数图的表格。
- **<PROMPT>** 所附图片提醒我们上次讨论的背景。我想接着上次讨论的内容继续讨论。
- **<PROMPT>** 这是我使用的 BDD（见图 9.2）。
- **<PROMPT>** BSED 需要输出信号吗？放大倍数和增益有什么区别？
- **<PROMPT>** 我们是否需要放大因子和增益，或者我们可以简单地使用其中一个值属性？
- **<PROMPT>** BSED 是否应该有一个约束表达式，通过将输入信号乘以增益来计算输入信号的输出信号。
- **<PROMPT>** 好的，我已更新我的 BDD，以在 BSED 上包含此约束。它已附加以供参考。
- **<PROMPT>** 我想仿真 BSED 的输入信号（正弦波）以及 BSED 的噪声输入（随机信号）。最好的方法是什么？
- **<PROMPT>** 你能简化正弦波并不考虑相位吗？
- **<PROMPT>** 我们是否需要对前置放大器的噪声进行限制？
- **<PROMPT>** 我们选择的前置放大器的噪声系数是多少？
- **<PROMPT>** 我们选择的前置放大器的增益是多少？
- **<PROMPT>** 让我们回顾一下前置放大器的限制。我认为我们需要使用前置放大器增益 45 dB 和噪声系数 0.7 dB 来计算前置放大信号和前置放大噪声。这样对吗？
- **<PROMPT>** 等式是否如下：preamplifiedSignal = inputSignal * gain 和 preamplifiedNoise = inputNoise * noiseFactor。

第四部分

软件和代码生成

第 10 章 在 AI 出现之前的代码生成

首先在颠覆性地引入 AI 代码生成之前，本章概述代码生成方式。本书重点介绍 3 种代码生成：嵌入式微控制器软件、用户界面软件和数据库 /API 软件。

由于本书主要是关于系统工程的，并且系统工程师通常首先考虑嵌入式软件，因此我们将考虑这些形式的代码生成方式，从嵌入式代码生成开始，然后讨论 UI 和数据库代码生成。

对于本章的嵌入式部分，我们将首先概述 SysML 状态机的代码生成，并重点介绍两款产品的功能：IBM Rhapsody 和 LieberLieber 的 Embedded Engineer。对于 UI、数据库和 API 生成，我们将介绍 Parallel Agile 的 CodeBot，作者对其十分熟悉，因为曾深度参与过它的开发，直到决定由 AI 生成代码的新发展方向，才意识到过去的工作显得已过时了。

10.1 SysML 状态机和嵌入式代码

SysML 提供一个强大的框架来对复杂系统进行建模，包括定义它的状态机。状态机根据事件或条件来描述系统的行为状态和转换。以下是 SysML 如何对状态机进行建模的简要概述，重点介绍进入、退出和执行活动及其与嵌入式代码的映射。

简单状态表示特定条件或状况（情况）；复合状态包括复杂行为的子状态；最终状态表示状态机行为的结束；初始状态是伪状态，标志着状态机行为的开始；其他伪状态（如历史和选择）表示控制行为；转换定义由事件或条件触发的状态之间的变化。

状态进入活动在进入状态时执行，用于初始化。状态退出活动在退出状态时执行，用于清空。状态执行活动在状态内持续进行，直到发生转换。

将 SysML 状态机转换为嵌入式代码时，每个组件都映射到特定的代码段。状态（state）表示为 switch-case 语句中的案例（case）或 if-else 表述的一部分。进入（entry）代码涉及状态代码块开头的设置操作。执行（do）代码实现为循环或一系列操作，这些操作一直持续到检测到退出条件为止。退出（exit）代码涉及状态代码块末尾或转换之前的清空任务。转换实现为条件语句，用于检查触发状态更改的事件或条件。事件处理使用中断或轮询机制来集成，以检查并响应触发状态转换的事件。

10.2 IBM 的 Rhapsody 软件

在 IBM 的 Rhapsody 软件中，状态机生成代码涉及将状态机模型转换为可执行代码，维护状态机中定义的逻辑和行为。此功能对于在软件系统中实现复杂行为特别有用，允许将建模的状态逻辑直接反映在生成的代码中。下面详细介绍此过程的工作原理。

10.2.1 状态机表示

1. 具有状态机的类

所有与状态机相关的类都继承自名为 OMReactive 的特定类。此继承允许生成的代码正确处理状态转换和其他状态机行为。

2. 状态机方法

表示状态机逻辑的方法在代码中进行注释，便于识别。例如，与状态机操作相关的方法以 //## state machine_method 之类的注释为前缀。

3. 转换和动作（action）代码

状态机中转换定义的操作包含在注释中，以便在代码中清楚地区分它们。例如，转换可能包括在注释中的动作代码，例如：

```
//#[transition 1
print;
//#]
```

此代码表明打印功能在标记为“1”的转换期间执行。

进入和退出动作:

在进入或退出状态时执行的动作也包含在注释中，这清楚地表明代码所对应的逻辑状态。

例如：

```
//#[ state state_1.(Entry)
entry_action_for_state_1();
//#]

//#[ state state_1.(Exit)
exit_action_for_state_1();
//#]
```

这些代码片段表明，在进入 state_1 时会调用 entry_action_for_state_1，在退出 state_1 时会调用 exit_action_for_state_1。

10.2.2 代码生成考虑因素

状态机复杂度：状态机的复杂度直接影响生成代码的复杂度。状态和转换越多，生成的代码就越多，从而可以处理各种场景和状态变化。

性能：由于状态机可以成为系统行为的核心组件，因此生成代码的效率至关重要。Rational Rhapsody 用于生成优化的代码，即使使用复杂的状态机也能保持高性能。

定制：用户可以定制状态机代码生成的某些方面，例如配置为特定转换生成哪些操作或改变代码中处理状态的方式。

10.2.3 依赖于框架的代码生成

Rhapsody 生成的代码通常与特定框架或库相关。这意味着 Rhapsody 生成的代码可能依赖于 IBM 提供的专有或特定运行时库。这些框架通常包含促进某些操作的附加功能，例如事件处理、线程或通信，这些功能在汽车或航空航天工业等复杂系统中很常见。

这种方法的好处是，它可以提供功能丰富的强大代码，利用这些经过验证的框架的功能，可减少开发人员需要自己编写的代码量，从而确保与 IBM 的工具和软件套件集成。具体来说，Rhapsody 有一个中央运行时库 OXF，它提供生成的代码所需的运行时服务。

在 Rhapsody 中，通过从状态机生成代码，开发人员可以实现在模型级别严格定义的行为，从而确保模型与应用程序行为之间的一致性。这在安全关键型应用程序中尤其有价值，因为这些应用程序的行为需要精确遵循指定的模型。此过程可确保状态机中捕获的行为设计准确高效地转换为可执行代码，从而帮助弥合软件开发中设计与实现之间的差距。

10.3 嵌入式工程师

Embedded Engineer 是 LieberLieber 公司一款专门为嵌入式系统开发而设计的工具，特别是通过使用基于模型的工程方法。它的功能高度集中于使用 UML 和 SysML 促进嵌入式软件的设计、验证和实施。以下是其主要功能的概要介绍，重点是状态机代码生成。

10.3.1 状态机代码生成

Embedded Engineer 允许用户使用 UML 和 SysML 创建详细的状态机模型。这些模型能够以高层、可视化的格式描述嵌入式系统的逻辑和行为，比传统代码更易于理解和传达。

Embedded Engineer 直接从状态机模型生成源代码。这包括生成可读、可维护且高效的 C 或 C++ 代码，这些代码可直接在嵌入式硬件上编译和运行。此功能可显著缩短开发时间，并有助于保持模型与实现之间的一致性。

Embedded Engineer 提供针对特定硬件目标优化生成代码的选项。这确保代码不仅能正确运行，还能在目标设备上实现最佳性能。

在生成代码之前，Embedded Engineer 允许对状态机模型进行仿真和验证。这有助于在开发过程的早期发现和解决问题，确保生成的代码能够按预期运行。

10.3.2 独立于框架的标准 C++ 代码生成

Embedded Engineer 生成的标准 C++ 代码不依赖于任何特定框架或专有库。这意味着它生成的代码是纯 C++，可以使用任何标准 C++ 编译器进行编译和运行，而无需执行特定的库或框架。

这种方法的优点是灵活性和可移植性。不依赖特定框架的代码通常更易于维护，并且可以在各种平台和环境中使用，而无需依赖特定于供应商的工具或软件。

这使嵌入式工程师在可移植性和标准合规性关键的环境中特别有用，或者开发人员希望避免供应商锁定并保持对代码库各个方面的控制。

10.3.3 附加功能

Embedded Engineer 与流行的开发环境和工具集成，例如 Eclipse 和 Microsoft Visual Studio。这种集成促进从模型到代码的无缝工作流程，使开发人员能够留在自己熟悉的环境中。

该工具支持嵌入式系统开发的相关行业标准，包括 AUTOSAR[①] 等。这种合规性确保使用 Embedded Engineer 开发的系统能够满足行业规范和互操作性要求。

Embedded Engineer 支持协作功能，允许团队共同开发同一模型。团队成员的更改可以同步到整个团队，确保每个人都拥有最新版本的模型。

10.4 Rhapsody 和 Embedded Engineer

IBM Rhapsody 是 IBM 产品。IBM Rhapsody 的优势在于：

- 与 Eclipse 和 Visual Studio 等开发环境广泛集成。
- 广泛支持包括 AUTOSAR 在内的汽车行业标准。
- 全面的模拟和验证工具——代码生成模板的高级定制。
- 集成测试代码生成和实时测试功能 ——生成依赖于特定框架的代码以增强功能。

Embedded Engineer（LieberLieber）支持建模工具 Enterprise Architect 和 Cameo Systems Modeler。该解决方案的优势在于：

- 生成独立于专有框架的标准 C++ 代码。
- 支持汽车和航空航天等行业特定扩展。
- 从 UML/SysML 生成 C 和 C++ 代码。
- 提供带有模型断点的模型级调试。
- 提供从模型到代码的需求跟踪。
- 将用户代码与现有代码库同步。

---

① https：//www.autosar.org/。

10.5　UI 和数据库开发：低代码 / 无代码

10.5.1　早期起源：PowerBuilder——一个先驱框架

低代码 / 无代码（LC/NC）的概念，早在该术语出现之前就已存在。最初，代码生成依赖于简单的脚本和基于模板的自动化来简化部分编码过程。在 20 世纪 80 和 90 年代，代码生成器和第四代语言（4GL）的出现，旨在通过简化复杂的编程任务来提高生产力。这些技术使开发人员能够专注于业务逻辑而不是样板代码，为 LC/NC 方法奠定了基础原则。

代码生成历史上的一个关键时刻是 PowerBuilder 的推出。这个开发环境在当时具有革命性，将强大的图形用户界面与数据库集成相结合。PowerBuilder 允许开发人员以可视化方式设计屏幕，同时无缝管理数据库交互，有效地先行实现并影响了后续的许多 LC/NC 平台。它的成功证明了抽象复杂编码需求工具的潜力，使应用程序开发更快、更直观。

10.5.2　模型驱动工程和 IDE

随着系统变得越来越复杂，对管理这种复杂性的工具的需求带来了模型驱动工程（MDE）的采用。到 20 世纪 90 年代末和 21 世纪初，MDE 强调创建可以自动转换为可执行代码的可视化模型。使用 UML 的工具（例如 IBM Rational Rose）变得非常重要，推动从更高层级图生成大量代码的想法。

集成开发环境（IDE）也不断发展，包含更多支持快速应用开发（RAD）的功能。这些环境提供拖拽界面、向导和可视化编辑器，大大减少所需的手动编码，使开发人员能够以前所未有的速度组装应用程序。

10.5.3　低代码 / 无代码平台的出现

21 世纪 10 年代初，LC/NC 平台开始形成一个更加独特的类别，这得益于早期 RAD 工具的成功，以及让非程序员或平民开发者能够进行软件开发的需求日益增长。Microsoft PowerApps、Google App Maker 和 Salesforce Lightning 等平台允许用户通过图形用户界面构建应用程序，而无需大量的编程知识，这些平台专注于实现软件开发的大众化并缩短上线时间。

10.5.4　进步与 AI 集成

最近的进展表明，LC/NC 平台已集成人工智能，以增强功能和易用性。人工智能现在用于自动化开发过程的复杂方面，包括优化、错误更正和根据自然语言规范生成代码，这代表了 LC/NC 技术的重大发展。

如今，LC/NC 平台越来越被视为开发企业应用的实用解决方案，尤其是对于需要快速周转和有限预算的项目而言。随着这些平台的发展，它们有望管理更复杂的场景，集成物联网和区块链等新兴技术，并通过 AI 服务变得更加复杂。

LC/NC 方法的演变反映了软件开发向抽象化、自动化和大众化发展的广泛趋势。从早期的代码生成器和 PowerBuilder 等开创性的环境到现代的 AI 增强平台，LC/NC 改变了软件开发格局，使其更快、更易于访问且更符合业务需求。

10.6 CodeBot：AI 取代模型驱动的低代码

CodeBot 是一款旨在促进快速应用程序开发的产品，它允许开发人员快速将 UML 设计转换为工作代码。它自动生成后端、创建 API 和设置数据库模式，大大加快开发过程并减少了手动编码工作量。

然而，人工智能驱动代码生成的出现，对像 CodeBot 这样的模板驱动的代码生成工具提出了挑战。软件工程的变化速度使得基于一组模板构建的代码生成器，无法跟上人工智能的步伐，以及针对所有语言和框架的最新版本。人工智能集成持续学习和适应的能力有效地加速了软件开发生命周期，超越像 CodeBot 这样的传统代码生成器的能力。

10.6.1 AI 对 CodeBot 及类似工具的影响

CodeBot 虽然在当时具有创新性和独特性，但它是技术创新步伐不断加快导致软件工具迅速过时的一个范例。随着人工智能继续重新定义 LC/NC 平台的格局，像 CodeBot 这样的产品必须发展或转型，整合人工智能功能才能保持相关性。这个案例研究不仅强调了人工智能对软件开发的变革性影响，还说明技术进步的周期性，其中每个新的突破都建立在其前身的基础上，并且经常取代其前身。

10.6.2 从历史中学习——CodeBot 特征集之旅

尽管 CodeBot 被 AI Genie 淘汰了，但仍然值得一看，探索其功能集，因为 CodeBot 的蓝色机器人实际上是本书中使用的代码生成角色和代理的前身。如果你要使用 AI 生成代码，那么了解数据库安全性、基于角色的访问控制和用户界面状态管理等内容会很有用。AI 可能需要经过训练才能生成质量可接受的代码。CodeBot 的功能集为我们提供了“可接受质量”可能是什么样子的数据点。

本章的下一部分最初由 Doug Rosenberg 和 Matt Stephens 以文章形式发表，名为 Hello CodeBot。

10.6.3 Hello CodeBot——一个简单、安全、富媒体、低代码的应用程序

每个人都熟悉入门级的“Hello World”程序，它可以帮助你学习一门新的编程语言。CodeBot 几乎无需编程即可从 UML 模型生成和部署 Web 应用程序（从字面上讲，模型就是代码）。那么当代码是 UML 模型时，“Hello World”是什么样子的呢？

“Hello CodeBot”很简单。仅有 3 个网页和 2 个领域类。但它说明了开始生成自己的 Web 应用程序所需了解的许多内容。

- “Hello CodeBot”是安全的。它使用 JSONWeb 令牌（JWT）提供安全访问。注册和登录方法在 API 中自动生成，并由生成的 React JS 页面使用。
- “Hello CodeBot”是一款富媒体。它播放视频并使用图像组件和 CSS 样式表。
- “Hello CodeBot”旨在成为你自己的 Web 应用程序的入门模型。你可以使用我们预先构建的注册和登录页面，然后通过替换我们的主页来构建自己的 Web 应用程序。图 10.1 显示了该应用程序的 3 个页面；你可以注册、登录和播放视频（在本例中，是来自我们 YouTube 频道的教程）。

图 10.1　Hello CodeBot 从线框图生成注册、登录以及主页

“Hello CodeBot”可免费下载。这些页面中的每一个都是 100% 从（免费下载）UML 模型中的线框生成的代码。你没看错，几乎没有手动编写任何代码来生成此 Web 应用程序。单独的一段代 码使用数据初始化视频列表并嵌入在 UML 模型中。

10.6.4　项目结构

图 10.2 显示了 MagicDraw 项目浏览器窗口，其中显示项目的高级包结构，主要有 3 个包：一个用于领域模型，一个用于用例，一个用于用户体验（UX）。

CodeBot 从领域模型生成数据库和 API，从 UX 包生成 React JS Web 应用程序。更具体地说，React 页面是从线框生成的，页面之间的导航是由导航包内的状态机生成的。

UX 包还包含一个名为 Assets 的嵌套包。此包包含图像资源以及层叠样式表，CodeBot 可将其应用于生成的页面以生成样式和格式良好的网页。CodeBot 不会直接从用例包生成任何内容，但将它们包含在模型中是个好主意，特别是如果你计划稍后生成场景测试脚本。

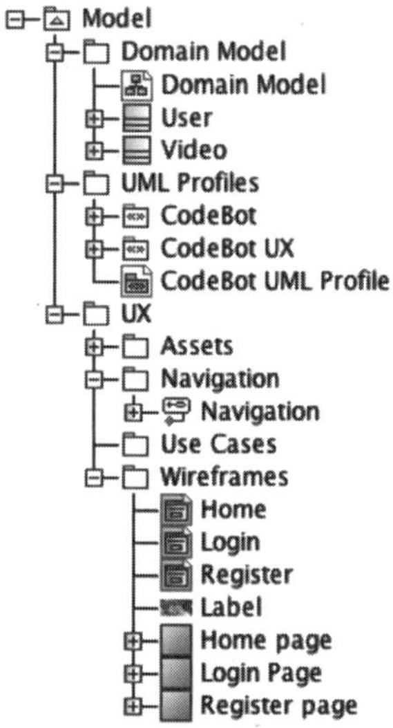

图 10.2 有 3 个顶层包，在 UX 文件夹中有子包

10.6.5 UML 简介

在创建 UML 模型之前，第一步是安装 Parallel AgileUML 配置文件。CodeBot 需要定义某些构造型才能使代码生成器正常工作，这些构造型在配置文件中定义。

10.6.6 导航状态机

CodeBot 使用状态机来确定页面显示的排序逻辑。状态机上的每个状态都与线框图的名称相匹配。由于 Hello CodeBot 有 3 个页面，因此我们的状态机有 3 个状态（见图 10.3）。

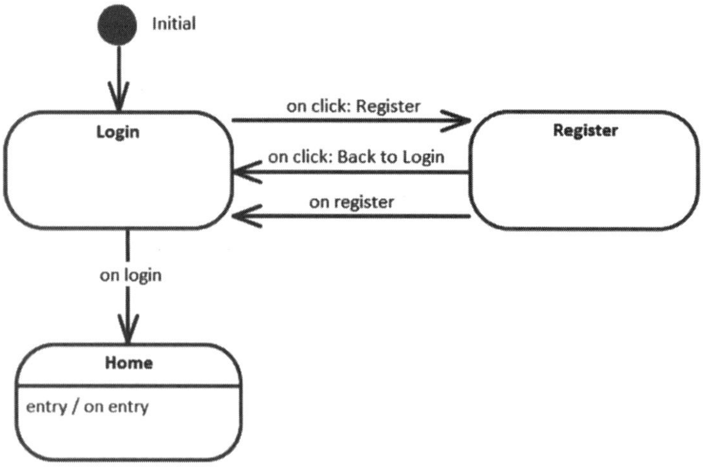

图 10.3 如果你将状态名称和线框名称匹配起来，那就最简单了

当你启动“Hello CodeBot”时，它会带你进入登录页面。如果你是新用户，请单击注册按钮进入注册页面。注册成功后，将自动转到登录页面。登录后，将转到主页，你可以在主页上播放视频。当构建自己的 Web 应用程序时，你可在状态机上添加其他线框和其他状态和转换，以使你的应用程序尽可能复杂。

10.6.7　注　册

注册页面的线框图如图 10.4 所示。图表上有 4 个“客户端区域”一个包含整个网页，嵌套的客户端区域用于输入用户名和密码，一个用于图像，一个用于导航到登录页面。

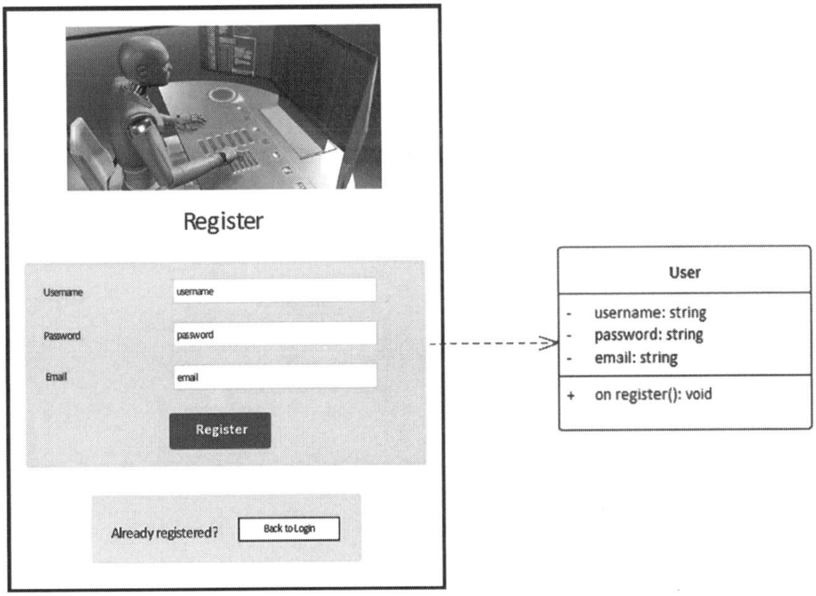

图 10.4　注册是一个具有 3 个嵌套线框图的客户端区域

通过在客户区上设置 UML 标记值（构造型属性），可以单独设置每个嵌套客户区的样式。图 10.5 所示为使用标签值指定响应 / 启动程序样式信息，蓝色客户端区域使用“primary”的变体。

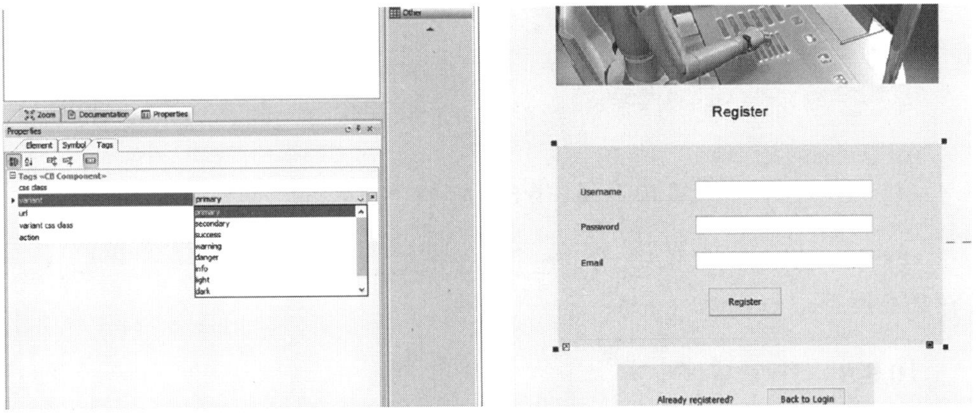

图 10.5　使用标签值指定响应 / 启动程序样式信息

通过将适当的域类拖到线框图上，并使用 UML 依赖关系箭头将其连接到客户端区域，可以将线框图链接到领域模型。CodeBot 将线框图上的文本字段名称与域类上的属性名称进行匹配。对于文本字段，我们可以使用“占位符”（placeholder）标签来指定生成的 React 页面上显示的文本（见图 10.6）。

将图像添加到线框图的步骤是：首先拖放到图表上将图像导入模型，将导入的图像移动到项目浏览器中的 Assets 文件夹中，然后将图像资源拖到客户端区域（见图 10.7）。图像资源被导出到 CodeBot 用于输入的 XML 文件中，以便图像显示在生成的 React 页面上。

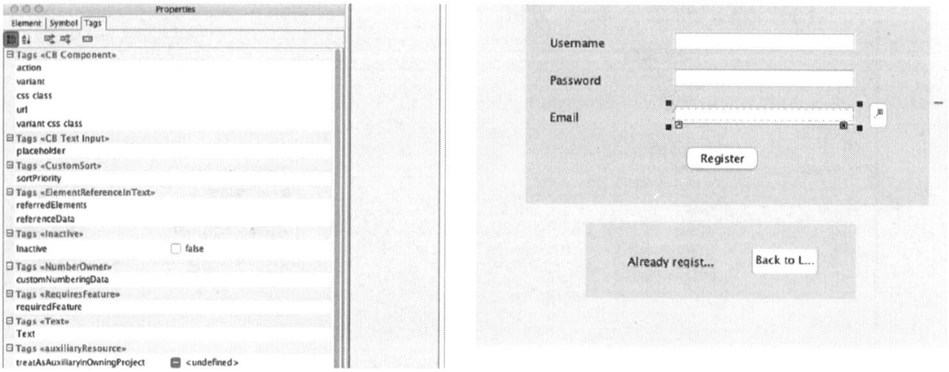

图 10.6　CodeBot 将字段名称与类属性进行匹配

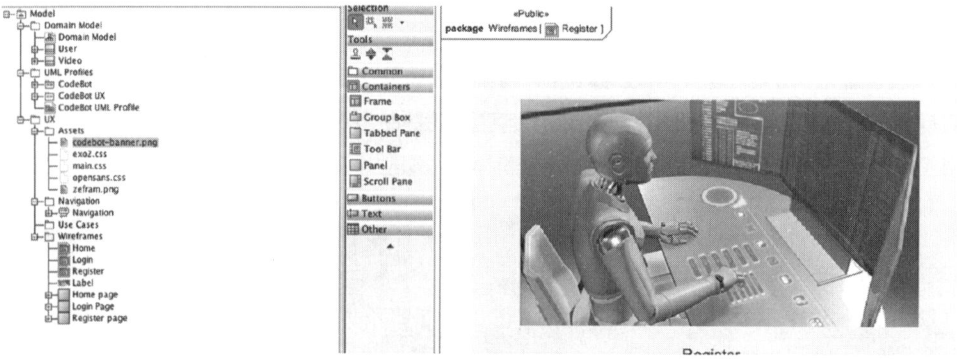

图 10.7　将图像资源拖动到客户端区域

线框图上的按钮可以分配动作。图 10.8 显示通过添加标记值注册分配了 API 调用（在 User 类上）。

10.6.8　JWT 认证

CodeBot 为登录生成安全的服务器端登录，并为指定身份类（如果选择了 JWT 身份验证）注册。因此，注册 API 端点是自动生成的，因此“action register”标签有了可链接的内容。自动生成的注册和登录 REST 端点如图 10.9 所示。

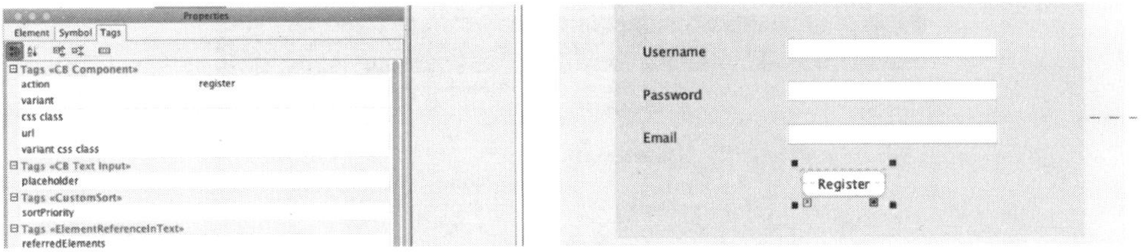

图 10.8　按钮使用动作标签调用 API

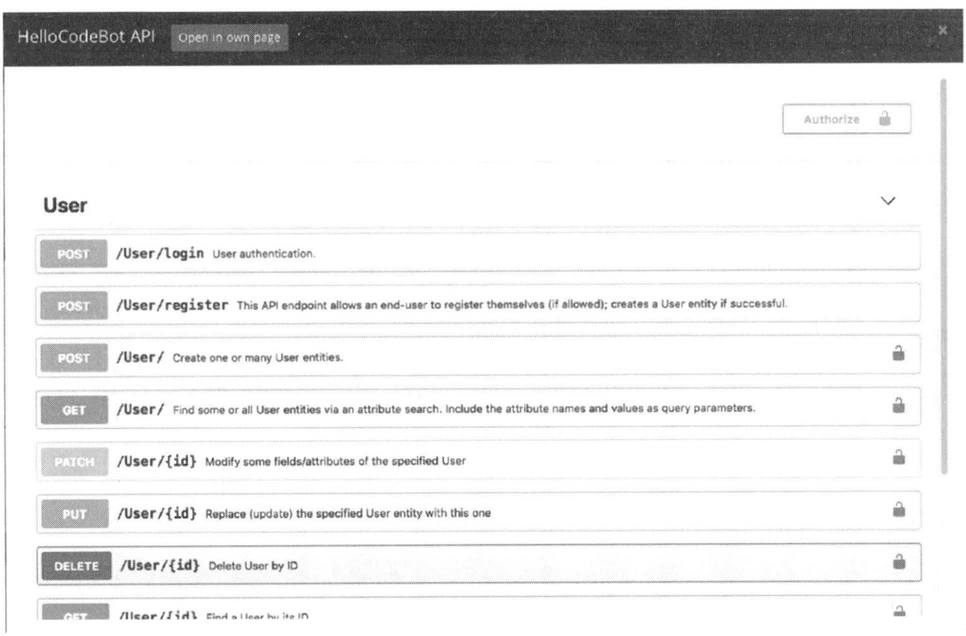

图 10.9　CodeBot 自动为身份类生成注册和登录的 REST 端点

当选中 Uses JWT authentication 复选框时，身份类当前在 CodeBot Web 控制台的项目详细信息窗口中指定（见图 10.10）。CodeBot 为身份类生成登录和注册端点。

10.6.9　自动部署实现快速迭代测试

项目设置完成后，从 UML 模型中导出一个包含要生成 XMI 文件的包，并运行 CodeBot。系统将提示你下载包含 Web 应用程序的 zip 文件。如果你选中了 Hosted 复选框，CodeBot 将自动构建你的 React JS Web 应用程序并将其托管在云中，如图 10.11 所示。

当你的 React 构建准备就绪时，只需单击访问网站按钮，应用程序即可上线并立即进行测试。生成的注册页面如图 10.12 所示。

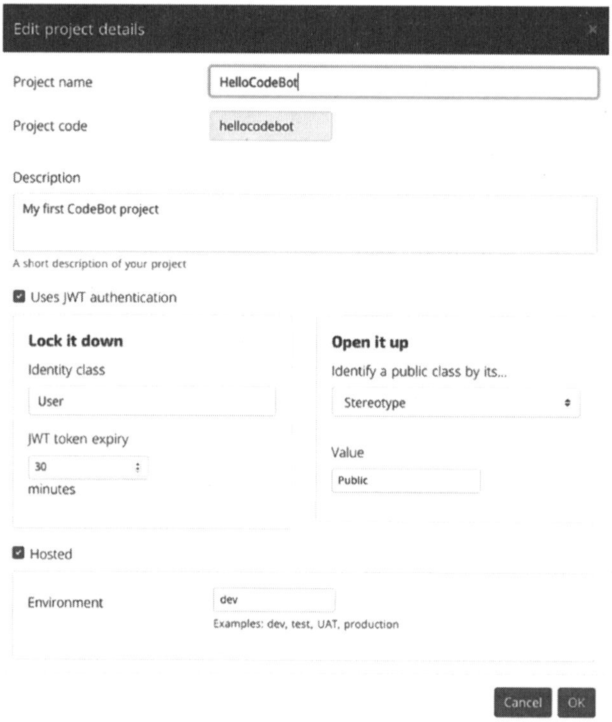

图 10.10　CodeBot 简化使用 JWT 进行开发的流程

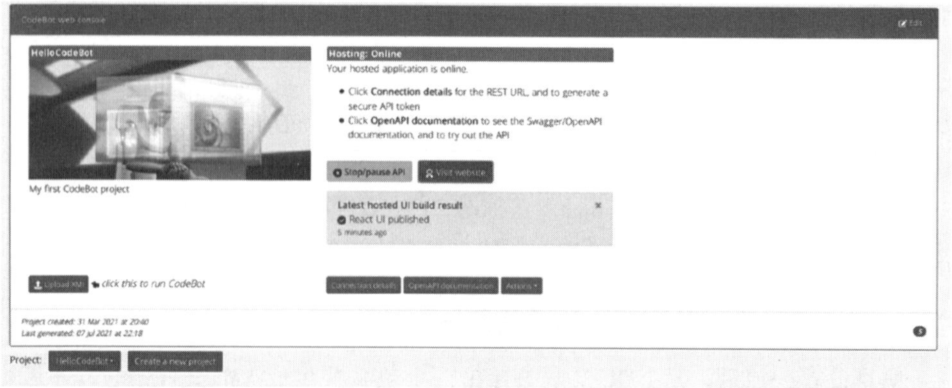

图 10.11　CodeBot 实现 DevOps，你的应用程序将立即部署并快速迭代测试

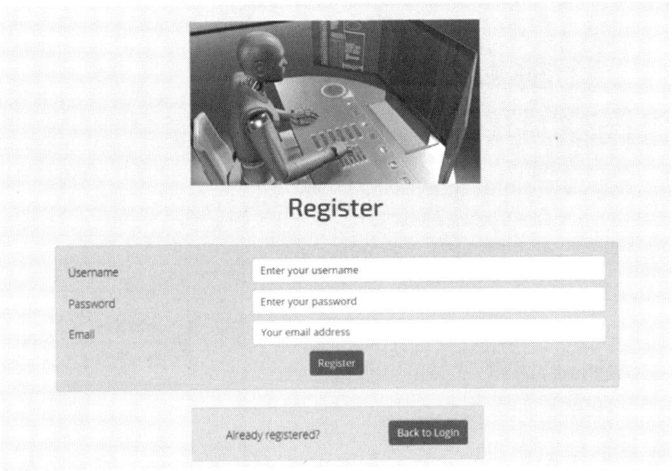

图 10.12 你的完整样式、数据库已链接的响应 Web 应用程序已准备就绪

10.6.10 zip 文件中的应用程序

如果你决定自行托管应用程序，则将使用下载的 zip 文件的内容。“Hello CodeBot”是一个完整的 MERN 堆栈应用程序，其中包括 Mongo DB、Express JS、React JS 和 Node.JS，以及 Swagger API 文档和一些客户端 API 接口代码（见图 10.13）。

图 10.13 zip 文件中的 Hello CodeBot 的 MERN 堆栈 App

10.6.11 登 录

图 10.14 所示的登录线框图与注册线框图遵循非常相似的模式。

回顾一下，这是一个线框图，在主客户端区域内有 3 个嵌套的客户端区域。顶部客户端区域包含横幅图像资源，中间客户端区域使用“primary”变体并将其显示为蓝色。此面板链接到域模型中的 User 类，并将文本字段上的名称与域属性的名称（用户名和密码）匹配。登录按钮有一个操作来调用用户登录 API 端点。

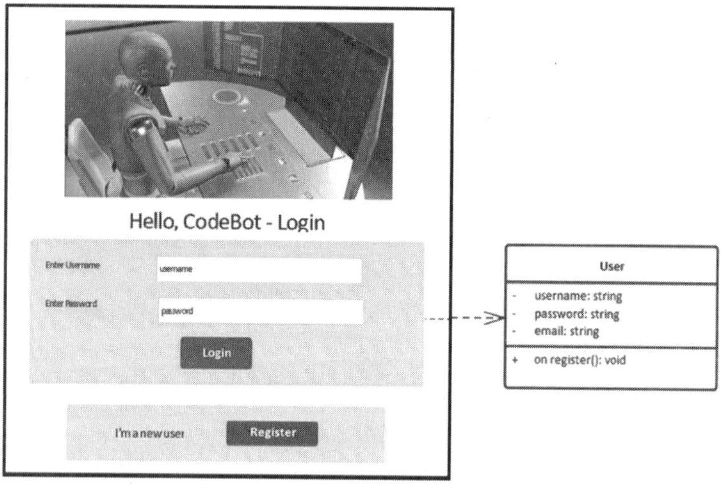

图 10.14 登录线框图与注册线框图类似

CodeBot 快速将此线框图转换为可执行的 React JS（见图 10.15）。比任何人手工编写代码都要快得多，赋予“项目速度”一词全新的含义。

10.6.12 主 页

另一方面，“Hello CodeBot”的主页展示了一些更高级的功能。主页允许播放来自 Parallel Agile YouTube 频道的教程视频，并介绍了几个 React JS 组件，特别是媒体播放器和组合框 / 下拉列表。这些组件可以简单地从 EA 的工具箱拖到线框图上，如图 10.16 所示。

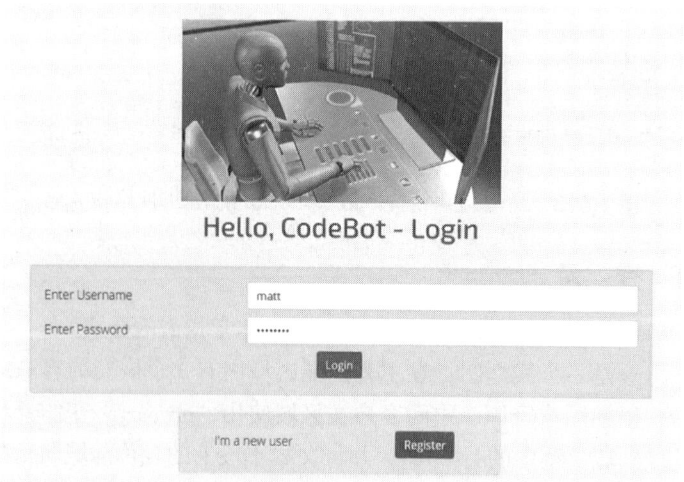

图 10.15 CodeBot 使开发 MERN 堆栈应用程序变得非常快速

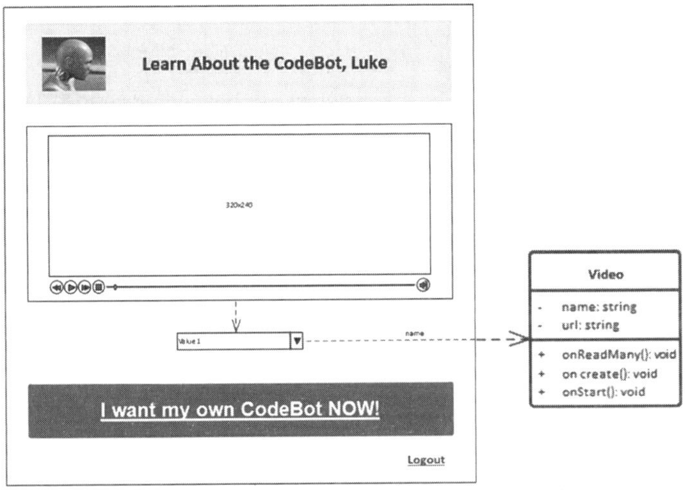

图 10.16　CodeBot 组件绑定以及管理 UI 状态的强大能力

不过，真正的魔力在于使用依赖箭头连接组件。组合框依赖于 Video 类，依赖项称为“name”。这会导致对 Video 集合运行查询，并在下拉列表中显示视频的名称。所有这些都没有一行代码。接下来，媒体播放器依赖于下拉列表中选择的值，因此视频在生成的页面上播放（见图 10.17）。同样，不需要编码。

图 10.17　CodeBot 使用 Redux 状态管理来制作复杂的 UI

只需一小段代码即可使“Hello CodeBot”工作，即使用几个视频的名称和 URL 初始化视频集合。代码（至少目前）已附加到 User 类的 on register 方法，因此当新用户注册时，数据库将被初始化。

幸运的是，将代码片段附加到 UML 模型很容易。CodeBot 将这些代码片段与自动生成的代码合并，以便在适当的时间调用它。此代码片段创建一个名为 data 的 JSON 结构，其中包含几个名称 /URL 对，然后调用 CodeBot 生成的 VideoDao 类上的 create 方法。

10.6.13 更多信息

你可以从 Parallel Agile 网站[①]获取有关建模工具支持的更多信息，并下载 Parallel Agile UML 配置文件。

总而言之，"Hello CodeBot"是一款简单、安全、富媒体的 MERN 堆栈应用程序，旨在帮助你开始使用 CodeBot 进行开发。我们认为你会发现使用 CodeBot 比手写代码要快一个数量级。

10.7 总 结

我们从状态机的嵌入式代码生成概述开始本章，并说明两个商业产品：

- SysML 状态机；
- 将 SysML 状态机映射到嵌入式代码；
- IBM Rhapsody；
- 嵌入式工程师。

接下来，我们开始考虑代码生成的非嵌入式方面，即数据库设计、用户界面设计和 API 开发，并讨论了 LC/NC 解决方案的出现以及 AI 对这些产品的影响。

- UI 和数据库开发：低代码 / 无代码；
- 早期起源：PowerBuilder —— 一个先驱框架；
- 模型驱动工程和 IDE；
- 低代码 / 无代码平台的出现；
- 进步与 AI 集成。

最后，我们详细研究了 Parallel Agile 的 CodeBot 工具，尝试从其功能集中学习，包括安全数据库访问和用户界面状态管理。

- 并行敏捷 CodeBot：模型驱动的低代码，被 AI 取代
- AI 对 CodeBot 及类似工具的影响；
- 从历史经验中学习——CodeBot 功能集之旅；
- "Hello CodeBot"——个简单、安全、富媒体、低代码的应用程序。

① https：//parallelagile.github.io/CodeBot/codebot-reference/magic-draw。

第 11 章　从状态机生成嵌入式代码

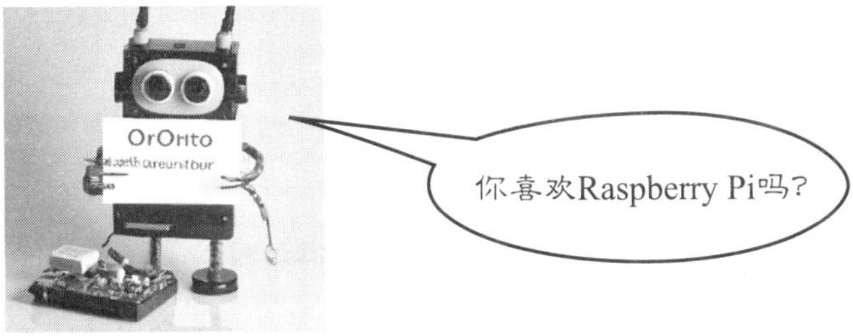

在本章中，我们将讨论状态机，尤其是如何从状态机生成嵌入式代码。本章我们的领航员是 Otto Servomagic，是我们嵌入式代码生成的角色。当你阅读本章时，Otto 可能已从角色升级为 Agent，但目前，他只是一个角色。

在本章开始时，Otto 将为我们概述状态机以及如何从它们生成代码，并进一步阐述第 10 章开头的讨论。

11.1　子系统与状态机的关系

图 11.1 显示了子系统、状态机、微控制器和嵌入式微控制器代码之间的高层关系。本质上，子系统行为可以表示为状态机，最终由一些嵌入式 C++ 代码实现。在本章中，我们将使用 AI（又名 Otto）来帮助识别子系统、描述状态机并生成嵌入式代码。

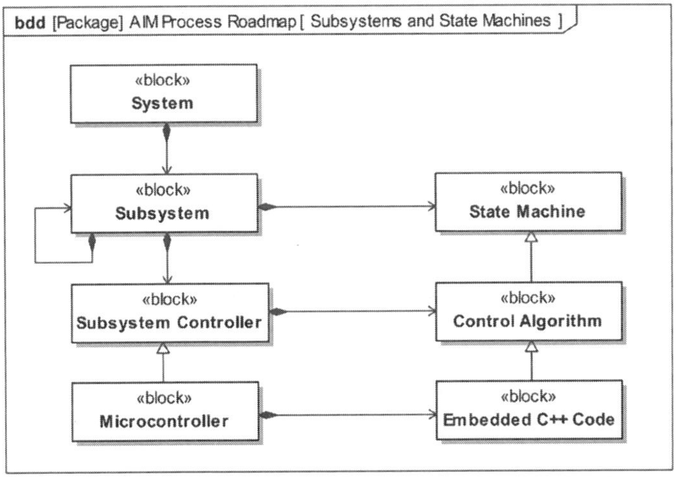

图 11.1　子系统行为通常由嵌入式微控制器代码所实现

11.1.1 SysML 状态机组件

1. 状　态

- 简单状态：代表特定的条件或状况。
- 复合状态：包括子状态，用于仿真更复杂的行为。
- 伪状态：控制状态机的行为，例如初始状态。
- 最终状态：表示状态机行为的结束。

2. 转　换

- 定义由事件或条件触发的状态之间的迁移。

3. 各状态内的活动

- 进入活动：进入某一状态时执行。它用于设置与状态相关的条件或变量。
- 退出活动：退出某一状态时执行。通常用于清空或重置状态设置的条件。
- 执行活动：表示在状态中发生的持续活动。它会持续进行，直到触发状态转换为止。

11.1.2 将 SysML 状态机映射到嵌入式代码

当 SysML 状态机被转换成嵌入式代码时，状态机模型的每个组件都会映射到在嵌入式系统上执行的特定代码段。此转换通常遵循以下准则：

1. 代码结构

- SysML 模型生成的代码通常遵循结构化格式，其中每个状态都表示为 switch-case 语句中的一个 Case①（在 C/C++ 中很常见），或表示为 if-else 链的一部分。这种结构使得依据进入事件来处理状态转换会变得更加容易。

2. 处理进入、执行和退出活动

- 进入代码：放置在状态代码块的开始处，执行进入该状态时所需的设置操作。
- 执行代码：通常以循环或一系列操作持续进行，直到检测到退出条件或事件。
- 退出代码：放置在状态代码块的末尾或转换之前，执行清空任务。

3. 转　换

- 将转换实现为条件语句，用于检查触发状态改变的事件或条件。当转换条件满足时，将执行当前状态的退出代码，然后执行下一个状态的进入代码。

4. 事件处理

- 嵌入式系统通常使用中断或轮询机制来处理事件。从 SysML 生成的代码可以集成这些机制来检查并响应触发状态转换的事件。

---

① C 语言中的 case 对应于 switch 语句中用于分支执行代码块的机制，它根据条件不同执行相对应的代码块，如果没有对应的，则执行可选的默认代码块。

11.1.3　嵌入式 C/C++ 中的示例

下面是一个简化的示例，说明 SysML 状态机如何在嵌入式 C 代码中表示：

```
switch(state) {
  case STATE_INITIAL:
    // Entry code for initial state
    initialize_system();
    state = STATE_RUNNING; // Transition to running state
    break;
  case STATE_RUNNING:
    // Entry code for running state
    start_operations();
    while(condition) {
    // Do activity: ongoing operations
    perform_operations();
    if (event_occurred()) {
      // Exit code for running state
      stop_operations();
      state = STATE_FINAL; // Transition to final state
      break;
      }
    }
    break;
  case STATE_FINAL:
    // Entry code for final state
    cleanup_system();
    break;
}
```

在此代码中，每个状态都清楚地表明处理其进入（entry）、执行（do）和退出（exit）活动，并通过检查状态中代码块的事件或条件控制转换。

SysML 状态机到嵌入式代码的映射，涉及将模型的抽象定义转换为遵循原始模型语义的具体的可执行的动作（action）。这将确保嵌入式系统行为根据设计的状态机按预期执行。从 SysML 模型高效生成代码可以大大简化复杂嵌入式系统的开发过程，确保模型与实现之间的一致性。

11.2 微控制器

与许多其他系统一样，电子显微镜使用大量的微控制器。我们首先回顾一下微控制器在电子显微镜中的用途，简要介绍一下微控制器代码的编写方式，概述一些当前流行的微控制器代码生成环境，然后深入研究其中一个环境（随机选择的），即 Arduino IDE。

我们将探索 Arduino Servo 库的各种功能和常用的 Arduino 函数，然后将它们与我们的 SEM 子系统联系起来，并列出与每个子系统相关的 Arduino 函数。最后，我们为使用 Arduino 函数开发交通灯控制器提供一些 C++ 代码的简单示例。

我们将在本章的第 2 部分深入探讨 SEM 子系统。但现在我们请求 Otto 开始对话。

<PROMPT> 在 SEM 中列出那些我们可能找到微控制器的位置。

<Otto> 在电子显微镜中，嵌入式微控制器代码可用于：

1. 镜台控制；
2. 真空系统控制；
3. 电子束控制；
4. 探测器系统；
5. 光束偏转和聚焦；
6. 温度控制；
7. 高压电源；
8. 真空泵和气体处理；
9. 安全联锁；
10. 用户界面；
11. 数据记录和存储；
12. 运动控制；
13. 校准和对准；
14. 维护和诊断；
15. 安保；
16. 远程监控和控制。

生成实时控制软件（包括微控制器的状态机）可以使用各种策略，具体取决于系统的复杂性、项目需求和开发资源。模型驱动开发、设计工具的代码生成、基于模板的代码生成、嵌入式 RTOS、手工编码和 FSM（有限状态机）库都是可行的策略。策略的选择应与项目的具体需求以及开发效率和代码控制之间的理想平衡相一致。

微控制器本身通常并不具有与高层软件平台、库或操作系统不同的传统应用程序编程接口（API）。微控制器是低层嵌入式硬件组件，可在较低的抽象层级进行编程。然而，微控制器开发环境和生态系统通常会提供与 API 用途类似的库和软件接口。

11.3 实时代码生成工具

<PROMPT> 显示可为微控制器生成嵌入式代码的产品列表。

<Otto> 现在有多种产品和工具可用于自动生成各种微控制器平台和应用领域的实时嵌入式代码。以下是一些值得关注的示例：

代码生成工具	描　述
MATLAB Simulink Coder	从 Simulink 模型生成适用于各行业的实时系统的嵌入式 C 代码和 C++ 代码
dSPACE TargetLink	专为汽车嵌入式系统而设计，可自动从 Simulink 模型生成高效的 C 代码
LabVIEW FPGA	为实时 FPGA 应用提供图形化的开发环境，并生成 VHDL 或 Verilog 代码
Code Composer Studio（CCS）	微控制器和 DSP 的集成开发环境，具有用于实时软件的自动代码生成器
Keil MDK（微控制器开发套件）	基于 ARM 微控制器的综合环境，具有高效的代码生成器
Simulink Real-Time	MATLAB 和 Simulink 的扩展，用于生成实时代码以及快速原型设计和 HIL 测试
QGen	基于模型的工具，可自动为安全关键系统生成经过认证的高效代码
AdaCore SPARK	将 Ada 编程与形式化方法相结合，为安全关键型应用生成高完整性嵌入式软件
SCADE Suite	基于模型的环境，可为航空航天、汽车和铁路领域的关键嵌入式软件生成经认证的代码
AUTOSAR	汽车软件的行业标准框架；AUTOSAR 工具通常包括嵌入式系统的代码生成功能

11.4 Servo Magic

当你看到 Otto Servomagic 这样的名字，可能会想象 Otto 非常喜欢生成伺服电机的控制代码。在本章中，我们将仔细研究 SEM 样本台子系统，其中伺服器用于将样品台定位在电子束的下方。我们决定选择 Arduino 伺服库作为详细研究的对象，因为具有流行的低成本套件（如 Raspberry Pi）可用于测试伺服控制代码。Otto 是有关 Arduino 库广泛信息的来源。

11.4.1 Arduino 特性

<PROMPT> 显示一个描述 Arduino 伺服库功能的表格。

<Otto>

特　性	描　述
简单的伺服电机控制	伺服库通过处理 PWM（脉宽调制）信号生成来简化伺服电机控制，从而实现伺服电机的精确定位
支持多个伺服器	你可以同时控制多个伺服器，非常适合需要独立控制多个伺服电机的项目
精准定位	通过指定目标角度实现高精度伺服定位，并利用库处理 PWM 信号生成
可配置脉宽范围	定制脉宽范围来匹配你的伺服电机的规范，适应各种伺服型号
易于使用	初始化和伺服安装非常直观，仅需使用简单的函数调用，即可轻松移动到所需位置
平滑运动	该库可确保平滑且渐进的运动控制，这对于机器人和自动化等应用至关重要
中断安全	该库设计用于中断安全，不会中断关键程序任务，因此适用于时间敏感的应用程序
兼容性	兼容各种 Arduino 开发板，包括 Uno、Mega、Leonardo 等，为 Arduino 项目提供多功能性
库功能	除伺服定位之外，该库还提供分离、重新连接、速度调整和状态检查的功能
示例代码	Arduino IDE 包含示例草图，说明常见的伺服控制任务，可为用户提供有用的参考

11.4.2 Arduino 功能

<PROMPT> 列出一些常用的 Arduino 功能。

<Otto> 以下是常用的 Arduino 功能及其说明的列表：

1. setup（）：Arduino 板开始运行程序。它通常用于初始化变量、配置引脚以及为草图设置任何初始条件。

2. loop（）：loop（）函数在 setup（）之后持续运行函数完成。它是主执行循环，你可以在其中放置执行重复任务或持续监视输入和条件的代码。

3. pinMode（pin，mode）：该函数用于将特定数字引脚（pin）配置为输入或输出。mode 参数可以是 INPUT 表示输入或 OUTPUT 表示输出。

4. digitalWrite（pin，value）：digitalWrite（）设置数字输出状态值参数。

5. digitalRead（pin）：digitalRead（）读取引脚的数字输入状态指定引脚（pin）并根据检测到的电压水平返回 HIGH 或 LOW。

6. analogRead（pin）：analogRead（）读取指定仿真引脚（pin）上的仿真电压并返回 0 ~ 1 023 之间的值，表示电压水平。

7. nalogWrite（pin，value）：用于在指定的启用 PWM 的引脚（pin）上创建 PWM（脉冲宽度调制）信号。value 参数决定 PWM 信号的占空比（0 ~ 255）。

8. delay（ms）：delay（）暂停程序执行指定的毫秒数（ms）。它通常用于在草图中计时和创建延迟。

9. millis（）：millis（）返回自 Arduino 板开始运行该程序以来的毫秒数。它通常用于计时和非阻塞延迟。

10. micros（）：与 millis（）类似，micros（）返回自程序启动以来的微秒数，提供更细粒度的时间控制。

11. Serial.begin（speed）：以指定的波特率（速度）初始化串行通信。此函数用于与串行监视器交互进行调试和数据交换。

12. Serial.print（data）：将数据发送到串行监视器进行调试和监控。数据可以是各种类型（例如整数、浮点数、字符串），并以文本形式显示。

13. Serial.println（data）：与 Serial.print（）类似，但在输出后附加换行符（\n），使下一个打印输出出现在新行上。

14. Serial.read（）：从串行输入缓冲区读取单个字节的数据。它通常用于从外部接收数据来源。

15. Serial.available（）：检查串行输入缓冲区中是否有可读取的字节，并返回可用字节数。

11.4.3　使用 Arduino 函数的交通信号灯状态机代码示例

<PROMPT> 显示状态机的 Arduino 代码的一个简单示例。

<Otto>

```
// Traffic Light State Machine Example

// Define state constants
```

```
const int RED_STATE = 0 ;
const int GREEN_STATE = 1 ;
const int YELLOW_STATE = 2 ;

// Define pin assignments
const int redLED = 2 ;
const int greenLED = 3 ;
const int yellowLED = 4 ;

// Initialize variables
int currentState = RED_STATE;
unsigned long previousMillis = 0 ;
unsigned long interval = 1000 ; // 1 second interval

void setup() {
  // Initialize pin modes
  pinMode(redLED, OUTPUT);
  pinMode(greenLED, OUTPUT);
  pinMode(yellowLED, OUTPUT);
}

void loop() {
  // Get the current time
  unsigned long currentMillis = millis();
  // State machine logic
  switch (currentState) {
    case RED_STATE:
      digitalWrite(redLED, HIGH);
      digitalWrite(greenLED, LOW);
      digitalWrite(yellowLED, LOW);

      // Check for state transition
      if (currentMillis - previousMillis >= interval) {
        currentState = GREEN_STATE;
        previousMillis = currentMillis;
      }
    break ;

    case GREEN_STATE:
```

```
      digitalWrite(redLED, LOW);
      digitalWrite(greenLED, HIGH);
      digitalWrite(yellowLED, LOW);

      // Check for state transition
    if (currentMillis - previousMillis >= interval) {
      currentState = YELLOW_STATE;
      previousMillis = currentMillis;
    }
    break ;
    case YELLOW_STATE:
      digitalWrite(redLED, LOW);
      digitalWrite(greenLED, LOW);
      digitalWrite(yellowLED, HIGH);

    // Check for state transition
    if (currentMillis - previousMillis >= interval) {
      currentState = RED_STATE;
      previousMillis = currentMillis;
    }
    break ;
  }
}
```

在此示例中：

- setup()：初始化 3 个 LED(红色、绿色和黄色)的引脚模式。
- loop()：在 loop() 函数中实现状态机逻辑。它使用 millis() 来管理状态转换的时间。根据当前状态，使用 digitalWrite() 设置适当的 LED 状态。
- 状态机以 1 s 为间隔，连续循环从红色转换为绿色、黄色并返回红色。

此示例演示如何使用 Arduino 函数（例如 pinMode()、digitalWrite() 和 millis()）来控制简单状态机的行为，模拟交通灯控制器。

11.5　重新回到电子显微镜

当了解了微控制器和状态机代码生成的理论，并开始探索一个微控制器 API 后，让我们回到书中的示例，探索顶级子系统状态机。首先，我们将定义一些背景环境：

<PROMPT> 列出 SEM 的子系统。

<Otto> 扫描电子显微镜（SEM）通常由多个子系统组成，每个子系统都有各自的特定功能和组件。SEM 的主要子系统包括：

1. **电子枪**：该子系统产生聚焦的电子，是 SEM 中成像和分析的主要来源。

2. **电子光柱**：电子光柱内含有一系列控制电子束路径和焦点的电磁透镜和光圈，包括聚光透镜、物镜、电子束光圈等部件。

3. **扫描系统**：扫描系统负责以受控方式移动电子束穿过样品表面。它通常由扫描线圈、偏转器和光束消隐装置组成。

4. **样品室**：样品室容纳样本，将被检查的样本置于真空环境中，以防止电子散射和样本污染。

5. **探测器系统**：探测器捕捉电子束与样品相互作用时产生的各种信号。不同类型的探测器，如二次电子探测器、背散射电子探测器和能量色散 X 射线探测器，都是该子系统的一部分。

6. **真空系统**：保持 SEM 内部的高真空室对于显微镜的正常运转至关重要。真空系统包括真空泵、压力表和阀门。

7. **电子束控制系统**：该子系统控制电子束的特性，如束流、电压和焦点。它还管理电子束消隐和扫描。

8. **信号处理和成像**：该子系统处理接收来自探测器的信号并将其转换为图像或数据以供分析。它包括放大器、数字化仪和图像处理器等组件。

9. **控制和用户界面**：SEM 通过用户界面进行操作和控制，操作员可以设置参数、启动扫描和查看结果。这包括用于控制 SEM 的软件和用户友好的交互界面。

10. **高压电源**：电子枪和部分电磁透镜需要高压电源才能工作。

11. **冷却和环境控制**：为了确保稳定操作并防止过热，SEM 通常具有冷却系统以及环境控制系统来管理温度和湿度。

12. **安保系统**：安全联锁装置和系统对于保护操作人员和仪器至关重要。这些系统可以包括防止在真空腔打开的机制和紧急关闭控制。

这些子系统中的每一个在 SEM 的运行中都发挥着关键作用，它们协同工作为各种科学和工业应用提供高分辨率成像和分析功能。

11.6 所有子系统的汇总状态机

现在，让我们看看 Otto 如何使用状态机。

<PROMPT> 假设每个子系统都有一个控制器，它将由微控制器组件实现。描述所有 12 个子系统控制器的状态机。

<Otto> 为扫描电子显微镜（SEM）中的 12 个子系统的控制器设计状态机，涉及定义每个控制器可以历经的可能状态和转换，以管理其各自的子系统。以下是每个子系统控制器的状态机描述：

1. 电子枪控制器

- **状态**：关闭、预热、准备、故障。
- **转换**：
  ☆ 开机时关闭并进入预热状态；
  ☆ 当电子发射稳定时，将进入准备状态；
  ☆ 如果在发射过程中检测到问题，则准备进行故障诊断。

2. 电子光柱控制器

- **状态**：空闲、聚焦、扫描。
- **转换**：
  ☆ 对焦参数调整后空闲状态转换为聚焦；
  ☆ 准备好扫描后，聚焦扫描。

3. 扫描系统控制器

- **状态**：空闲、扫描、暂停。
- **转换**：
  ☆ 当扫描启动时，从空闲转换到扫描；
  ☆ 收到暂停命令后，扫描将进入暂停状态。

4. 样品室控制器

- **状态**：密封、未密封。
- **转换**：
  ☆ 当腔体打开时，密封状态转换为非密封状态；
  ☆ 当腔体关闭时，从未密封状态转换为密封状态。

5. 探测器系统控制器

- **状态**：空闲、检测。
- **转换**：
  ☆ 正在收集信号时由空闲状态转换到检测状态。

6. 真空系统控制器

- **状态**：抽空、高真空、通风、低真空。
- **转换**：
  ☆ 当真空度稳定后，抽真空至高真空；
  ☆ 需要排气时，从高真空至排气；

☆ 随着真空度的升高，由排气至低真空。

7. 电子束控制系统控制器

- **状态**：空闲、光束调整、光束成像、暂停、关闭。
- **转换**：

☆ 启动设置时，由空闲转换至光束调整；

☆ 开始成像时，将光束调整切换至光束成像；

☆ 暂停成像时，由光束成像转换为暂停；

☆ 恢复成像时，由暂停转换至光束成像；

☆ 发出关闭命令时，光束调整或光束成像将关闭。

8. 信号处理和图像控制器

- **状态**：空闲、处理。
- **转换**：

☆ 当信号正在处理时，空闲状态转换为处理。

9. 控制和用户界面控制器

- **状态**：空闲、配置、操作、关闭。
- **转换**：

☆ 设置启动时，由空闲状态转换为配置状态；

☆ 确认用户设置后，由配置转换为操作；

☆ 发出关机命令时，操作转为关机。

10. 高压电源控制器

- **状态**：关闭、通电、活动、故障。
- **转换**：

☆ 开机时从关闭转换为通电；

☆ 当电压水平稳定时，通电进入活动状态；

☆ 如果检测到电压问题，则激活故障。

11. 冷却和环境控制控制器

- **状态**：空闲、冷却、环境控制。
- **转换**：

☆ 需要冷却时，由空闲状态转换为冷却中；

☆ 当环境条件调整时，冷却至环境控制。

12. 安全系统控制员

- **状态**：安全、不安全。
- **转换**：

☆ 触发安全联锁后，由安全转换为不安全；

☆ 当安全状况得到解决时，由不安全转换为安全。

这些状态机有助于管理 SEM 内每个子系统控制器的行为和转换，确保安全高效地运行，同时满足特定的操作需求。请注意，这些状态机提供了简化的概述，并且其复杂性可能因特定的 SEM 设计和需求而有所不同。

11.7 按需提供更多详细信息

你可能会注意到这些子系统状态机有点过于简单，但那只是因为我要求 Otto 描述全部的状态机。图 11.2 显示了真空子系统的简单摘要状态机，但图上的注释显示如果你要求 Otto 将该子系统视为独立子系统并在其描述中包含故障处理，则会得到更详细的描述。

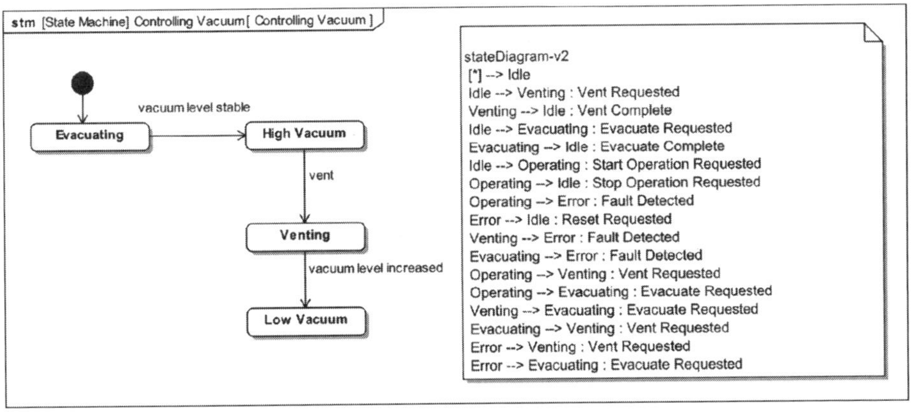

图 11.2 每个摘要状态机后面都有更多详细信息，只要你询问即可得到

你大概可以想象为什么作者们期待着人工智能能够直接创建图的那一天，单独使用或者与 SysML 建模工具协作。

SEM 的 Arduino 功能

为了构建 SEM，我们需要进行仿真和数字读写。

<PROMPT> 显示将 SEM 子系统映射到 Arduino 函数的表。

<Otto>

子系统	Arduino 相关函数
镜台控制	analogWrite ( )，digitalWrite ( )
真空系统控制	digitalWrite ( )

续表

子系统	Arduino 相关函数
电子束控制	millis ( )，digitalWrite ( )
检测系统	analogRead ( )
光束偏转和聚焦	digitalWrite ( )
温度控制	digitalWrite ( )
高压供电	digitalWrite ( )
真空泵和气体	digitalWrite ( )
处理	digitalWrite ( )
安全联锁	Serial.begin ( )，Serial.print ( )
数据记录和存储	SD 卡或 EEPROM 库
运动控制	步进电机库
校准和对准	自定义校准程序
维护和诊断	用于报告的串行通信
安保	自定义身份验证和授权
远程监控和控制	以太网或 Wi-Fi 库

11.8 电子束控制状态机

图 11.3 所示的状态机基本上是由 Otto 基于一个提示词指出的，并由作者手动转录，因为他目前还没有使用从 AI 的输出自动生成图的插件。也许在你读到这篇文章的时候，这样的工具就会变得很普遍。

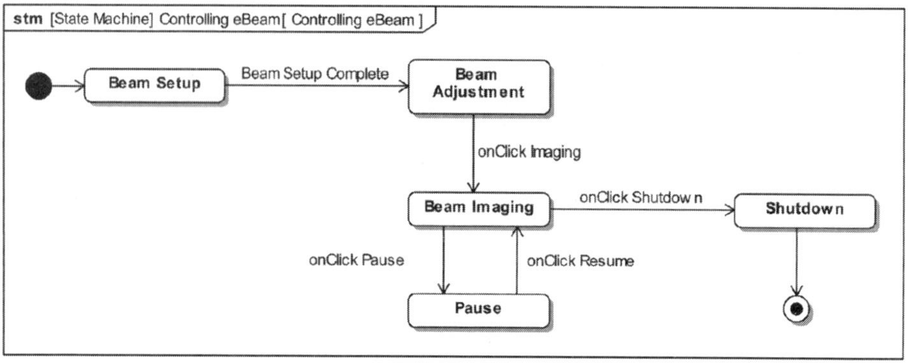

图 11.3　Otto Servomagic 描述的 eBeam 控制状态机

以下是看似简单的提示词：

<PROMPT> 描述 SEM eBeam 控制的状态机。

<Otto> 电子束控制状态机控制电子束子系统的行为。它包括：IDLE_STATE、BEAM_SETUP_STATE、BEAM_ADJUSTMENT_STATE、BEAM_IMAGING_STATE、PAUSE_STATE 和 SHUTDOWN_STATE 等状态。状态之间的转换由操作员的操作启动，并通过明确定义的规则予以控制。

状态机描述

电子束控制状态机是一个分层状态机，由以下状态组成：

- "IDLE_STATE"：SEM 通电时的初始状态。在此状态下，电子束处于非活动状态，操作员可以配置束流参数。
- "BEAM_SETUP_STATE"：当操作员启动设置时转换到该状态。在此状态下，操作员可以调整光束参数以进行初始配置。
- "BEAM_ADJUSTMENT_STATE"：当操作员选择"调整参数"时进入。在此状态下，操作员可以微调光束参数。
- "BEAM_IMAGING_STATE"：操作员开始成像时输入。验证成像参数，然后开始成像。
- "PAUSE_STATE"：当操作员在成像过程中单击"暂停"时访问。电子束暂时停止，操作员可以恢复或关闭。
- "SHUTDOWN_STATE"：当操作员选择"关闭"时到达。电子束关闭，SEM 进入安全状态。

状态转换由用户操作和参数验证控制。

转换

- 当用户启动光束设置时，就会从"空闲状态"转换到"光束设置状态"。
- 当设置完成后，将从"光束设置状态"转换为"光束调整状态"。
- 当用户启动成像过程时，就会从"光束调整状态"转换为"光束成像状态"。
- 当用户暂停图像采集时，就会从"光束成像状态"转换为"暂停状态"。
- 当用户恢复成像时，会从"暂停状态"转换回"光束成像状态"。
- 当用户决定关闭电子束时，会从"光束成像状态"转换为"关闭状态"。

动作

- 在"光束设置状态"和"光束调整状态"下，用户可以通过用户界面配置光束参数。
- 在"光束成像状态"下，系统主动扫描样本并获取图像。
- 在"暂停状态"下，电子束停止扫描但仍保持活动状态以便快速恢复。
- 在"关闭状态"下，所有与光束相关的功能均被停用，并且可以安全关闭 SEM。

实现 eBeam 控制状态机的 C++ 代码

Otto 不仅可以描述 eBeam 控制的状态机，还可以生成实现它的微控制器代码！以下是实现光束控制状态机的 C++ 代码的开头部分：

```
// Define states
enum BeamControlState {
  IDLE_STATE,
  BEAM_SETUP_STATE,
  BEAM_ADJUSTMENT_STATE,
  BEAM_IMAGING_STATE,
  PAUSE_STATE,
  SHUTDOWN_STATE
};

// Initialize the state variable
BeamControlState currentState = IDLE_STATE;

// Define state transition functions
void transitionToSetupState() {
  // Logic for transitioning to BEAM_SETUP_STATE
  currentState = BEAM_SETUP_STATE;
}
void transitionToAdjustmentState() {
  // Logic for transitioning to BEAM_ADJUSTMENT_STATE
  currentState = BEAM_ADJUSTMENT_STATE;
}
void transitionToImagingState() {
  // Logic for transitioning to BEAM_IMAGING_STATE
  currentState = BEAM_IMAGING_STATE;
}
void transitionToPauseState() {
  // Logic for transitioning to PAUSE_STATE
  currentState = PAUSE_STATE;
}
void transitionToShutdownState() {
  // Logic for transitioning to SHUTDOWN_STATE
```

```
  currentState = SHUTDOWN_STATE;
}

// Implement state-specific actions and transitions as needed
// …
```

11.9　自上而下的检查

我们已经在概要层面上检查了 SEM 所有子系统，并深入研究了 eBeam 控制，现在是时候看看 SEM 的最顶层状态机了。你可以想象，当你开始为 SEM 硬件制作原型时，可能会很有用。

<PROMPT> 描述整个 SEM 的顶层状态机，使用子系统状态机作为子状态。

<Otto>

```
stateDiagram- v2

[*] --> SEM_Off
state SEM_Off {
   [*] --> Initializing
   Initializing --> SEM_Idle : Initialization Complete
   SEM_Idle --> Power_Off : Power Off
}
state SEM_Idle {
   [*] --> SEM_Ready
   SEM_Ready --> SEM_Error : Fault Detected
   SEM_Ready --> Image_Capture : Start Imaging
   SEM_Ready --> Data_Processing : Process Data
   SEM_Ready --> Stage_Control : Adjust Stage
   SEM_Ready --> Vacuum_Control : Maintain Vacuum
   SEM_Ready --> EBeam_Control : Adjust Electron Beam
   SEM_Ready --> Detectors_Control : Configure Detectors
   SEM_Ready --> Sample_Stage_Control : Control Sample Stage
   SEM_Ready --> SEM_Idle : Power Off
}
state Image_Capture {
   [*] --> Image_Capturing
   Image_Capturing --> Image_Capture_Error : Capture Error
```

```
        Image_Capturing --> SEM_Ready : Capture Complete
    }
    state Data_Processing {
        [*] --> Data_Processing_Idle
        Data_Processing_Idle --> Data_Processing_Error : Processing Error
        Data_Processing_Idle --> SEM_Ready : Processing Complete
    }
    state Stage_Control {
        [*] --> Stage_Idle
        Stage_Idle --> Stage_Control_Error : Control Error
        Stage_Idle --> SEM_Ready : Stage Adjustment Complete
    }
    state Vacuum_Control {
        [*] --> Vacuum_Idle
        Vacuum_Idle --> Vacuum_Control_Error : Control Error
        Vacuum_Idle --> SEM_Ready : Vacuum Control Complete
    }
    state EBeam_Control {
        [*] --> EBeam_Idle
        EBeam_Idle --> EBeam_Control_Error : Control Error
        EBeam_Idle --> SEM_Ready : Electron Beam Adjustment Complete
    }
    state Detectors_Control {
        [*] --> Detectors_Idle
        Detectors_Idle --> Detectors_Control_Error : Control Error
        Detectors_Idle --> SEM_Ready : Detectors Configuration Complete
    }
    state Sample_Stage_Control {
        [*] --> Sample_Stage_Idle
        Sample_Stage_Idle --> Sample_Stage_Control_Error : Control Error
        Sample_Stage_Idle --> SEM_Ready : Sample Stage Control Complete
```

```
}
state Power_Off {
    [*] --> SEM_Off
}
state SEM_Error {
    [*] --> SEM_Idle
}
state Image_Capture_Error {
    [*] --> SEM_Ready
}
state Data_Processing_Error {
    [*] --> SEM_Ready
}
state Stage_Control_Error {
    [*] --> SEM_Ready
}
state Vacuum_Control_Error {
    [*] --> SEM_Ready
}
state EBeam_Control_Error {
    [*] --> SEM_Ready
}
state Detectors_Control_Error {
    [*] --> SEM_Ready
}
state Sample_Stage_Control_Error {
    [*] --> SEM_Ready
}
```

11.10　生成状态机的 C++ 代码

如果在完成状态机仿真之后，你只需一个提示词就能得到一些实现它的 C++ 代码，那么会怎么样？会很酷，对吧？为了便于理解，图 11.4 是最终状态图（来自图 7.5），后面是 Otto 这次的全部响应。

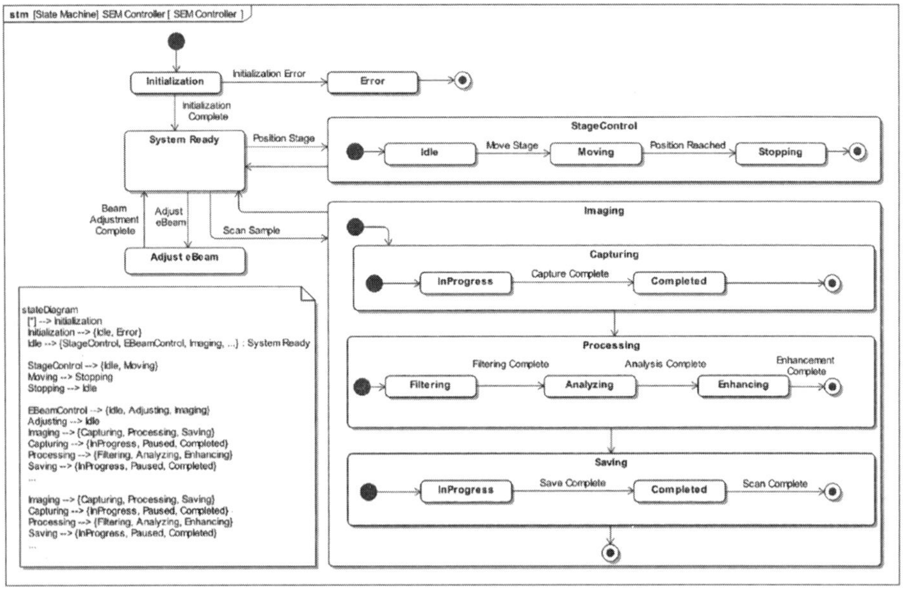

图 11.4　对仿真结果满意后的顶层 SEM 状态机

实际上，你不需要等待，只需将图保存为图像，上传，然后给出如下的提示词：
<PROMPT> 从该图生成针对 Arduino 微控制器的 C++ 代码。

<Otto>

```
#include <Servo.h>

// Enumeration for state tracking
enum State {
    Initialization,
    InitializationError,
    SystemReady,
    Idle,
    // ... add other states as necessary
};

// Current state
State currentState = Initialization;

// Functions corresponding to actions
void initializeSystem() {
// Code to initialize the system
```

```
}

void handleError() {
// Code to handle initialization error
}

void systemReady() {
// Code to handle system ready
}

void adjustBeam() {
// Code to adjust the beam
}

void moveToIdle() {
  // Code to handle transition to Idle state
}

// Function to update state based on current state and  events
void updateState() {
  switch (currentState) {
    case Initialization:
      initializeSystem();
      currentState = SystemReady; // assuming system ready after
                                  // initialization
      break;

  case InitializationError:
    handleError();
    break;

  case SystemReady:
    systemReady();
    currentState = Idle;
    break;

  case Idle:
    // Handle Idle state
    break;

    // … add other state cases as necessary
```

```
    }
}

void setup() {
    // Initial setup code here
}

void loop() {
    // Main loop of the Arduino, update state in each iteration
    updateState();
}
```

对于那些不懂 C++ 的人，我们请求 Otto 总结一下他编写的代码：

<Otto> 提供的代码定义了一个状态机来管理电子显微镜样品台的操作。它由几个主要状态组成：INITIALIZATION、SYSTEM_READY 和 ERROR。在 SYSTEM_READY 状态中，有 IDLE、MOVING 和 STAGE_CONTROL 等子状态，其中还包括 IN_PROGRESS、POSITION_REACHED、STOPPING 和 NONE。

loop（）函数持续检查当前主状态并为每个状态调用适当的处理程序。

handle SystemReadyState（）函数在系统准备就绪时管理子状态，handleStageControlState（）处理与阶段控制相关的特定操作。成像操作由 handleImagingState（）管理，它在捕获、处理和保存状态之间转换。

你可能会注意到代码中有很多占位符。这是因为我们还没有填写状态机上的所有进入 / 退出 / 执行行为。但是 Otto 能够从状态图生成代码，这使得在状态机层级工作并快速更新代码变得快速而简单。

你仍然需要一些程序员来完善、集成和测试这些代码，但我们认为你会同意 AI 具有加速这项工作的巨大潜力。

11.11 总 结

我们从状态机和状态机代码生成的总体概述开始本章。

- 子系统和状态机之间的关系；
- SysML 状态机组件；
- 将 SysML 状态机映射到嵌入式代码；
- 嵌入式 C/C++ 中的示例。

然后我们讨论了微控制器，调查了实时代码生成工具的前景，并决定仔细研究

Arduino 微控制器及其 API。

- 微控制器；
- 实时代码生成工具；
- Servo Magic 生成控制代码；
- Arduino 特性；
- Arduino 功能；
- 使用 Arduino 函数的交通信号灯状态机代码示例。

理论讲完后，我们回到 SEM 示例，看看它在实践中是如何运作的。我们首先查看了各种 SEM 子系统的一些摘要状态机，然后深入研究了 eBeam 控制。

- 回到电子显微镜；
- 所有子系统的汇总状态机；
- 更多详细信息可应要求提供；
- SEM 的 Arduino 功能；
- 电子束控制状态机；
- 实现 eBeam 控制状态机的 C++ 代码。

最后，我们对顶层 SEM 状态机进行建模，对其进行仿真，并从状态图生成 C++ 代码。

- 自上而下检查；
- 仿真顶层状态机；
- 生成状态机的 C++ 代码。

11.12 本章使用的提示词

以下是我们在本章使用的提示词：

- **<PROMPT>** 在 SEM 中列出那些我们可能找到微控制器的位置。
- **<PROMPT>** 显示可为微控制器生成嵌入式代码的产品列表。
- **<PROMPT>** 显示一个描述 Arduino 伺服库功能的表格。
- **<PROMPT>** 列出一些常用的 Arduino 功能。
- **<PROMPT>** 显示状态机的 Arduino 代码的一个简单示例。
- **<PROMPT>** 列出 SEM 的子系统。
- **<PROMPT>** 假设每个子系统都有一个控制器，它将由微控制器组件实现。描述所有 12 个子系统控制器的状态机。
- **<PROMPT>** 显示将 SEM 子系统映射到 Arduino 函数的表。
- **<PROMPT>** 描述 SEM eBeam 控制的状态机。
- **<PROMPT>** 描述整个 SEM 的顶层状态机，使用子系统状态机作为子状态。
- **<PROMPT>** 从该图生成针对 Arduino 微控制器的 C++ 代码。

第 12 章　AI 辅助数据库设计和编程

在本章中，我们将探讨如何为我们的 SEM 设计和实现数据库。为此，我们将聘请我们的 AI 数据库角色 Cassie Dataforge（昵称 Cassie），他将与我们的主题专家 Nano 博士合作开发满足 SEM 需求的数据库。

由于我们的许多读者都是没有太多软件背景的系统工程师，因此我们请 Cassie 解释基础知识——她对以下所有概念都非常熟悉。然后，我们将查看 Nano 博士对 SEM 的数据库需求，并从这里开始。

12.1　数据库的一些基本概念

<Cassie> 数据库模式（schema）是数据库管理中的一个基本概念，它定义了数据库中数据的结构和组织形式，指定如何将数据组织成表格及其属性（列）、数据类型、关系、约束、控制数据完整性以及其他组织规则。设计良好的模式对于高效的数据存储、检索和管理至关重要。

SQL（结构化查询语言）和 NoSQL 数据库代表着两种主要的数据库管理方法。SQL 数据库通常称为关系数据库，采用表格结构，其中将数据组织成具有预定义架构的表格。它们依靠 SQL 来查询和操作数据。SQL 数据库以其鲁棒性、一致性和对复杂查询的支持而闻名，使其适用于结构化数据和关系操作。

NoSQL 数据库提供一种更灵活、非模式化的数据存储方法。它们旨在处理非结构化或半结构化数据，并提供可扩展性和高性能功能。NoSQL 数据库分为几种类型，包括面向文档、键值（key-value）、列族（column-family）和图形数据库，每种类型都针对特定的数据需求和用例进行量身定制。与 SQL 数据库不同，它们不需要固定模式，从而允许敏捷地对数据建模。

CRUD 是创建、读取、更新和删除（Create、Read、Update 和 Delete）的首字母缩写词——这些是管理数据库中数据的基本操作。

- 创建：涉及添加新记录；
- 读取：检索数据；
- 更新：修改现有记录；
- 删除：从数据库中移除记录。

这些操作对于与数据库交互至关重要，通常使用 SQL 语句或相应的 API 方法执行。

数据库访问 API（例如，JDBC（Java 数据库连接）、ODBC（开放数据库连接）或各种特定于语言的库和框架）提供了以编程方式与数据库交互的方法。这些 API 为开发人员提供了一组函数或方法来建立与数据库的连接、执行 CRUD 操作、管理事务和检索查询结果。它们充当应用程序和数据库之间的中介，确保数据访问的安全与高效。

总而言之，数据库模式定义了数据库中数据的结构，SQL 和 NoSQL 数据库代表了不同的数据存储方法，CRUD 函数是数据管理的基础，数据库访问 API 促进了与数据库的编程交互，使应用程序能够有效地检索、存储和操作数据。SQL 和 NoSQL 数据库之间的选择取决于数据的具体需求和特征以及应用程序的需要。

稍后我们将在本章中讨论更多数据库概念，特别是安全性和访问控制。但现在我们将开始关注 SEM 示例，并从需求开始。

12.2　SEM 的数据库需求

正如你现在所预料的，我们请 Nano 博士向我们介绍 SEM 数据库需求，重点介绍图像处理。

<PROMPT> 显示 SEM 的数据库需求表，其中包含图像处理数据库需求的更多详细信息。

< Dr. Nano>

需求 ID	需求描述
DBR-001	存储 SEM 系统配置设置，包括真空水平和镜面位置
DBR-002	维护 SEM 系统操作日志以供审计和故障排除
DBR-003	支持数据库访问的用户认证和授权
DBR-004	实现 SEM 系统数据的安全备份和恢复机制
DBR-005	能够根据指定的标准高效检索 SEM 系统日志和配置数据
DBR-006	存储有关电子束状态的信息，包括光束电流、电压和焦点设置
DBR-007	记录有关成像模式的详细信息，例如二次电子或背散射电子成像

续表

需求 ID	需求描述
DBR-008	捕获并存储与 SEM 样本相关的信息，包括类型、尺寸和位置
DBR-009	支持光束控制参数的存储，包括光束形状
DBR-010	存储有关 SEM 操作员的操作和与系统交互的信息
DBR-011	以安全可靠的方式存储原始 SEM 图像
DBR-012	维护每个图像的元数据，包括捕获日期、SEM 设置和样本详细信息
DBR-013	支持已处理图像的版本控制或修订历史以跟踪变化
DBR-014	存储在图像处理管道期间生成的中间数据
DBR-015	启用处理过程中使用的图像增强参数和设置的存储
DBR-016	包括将处理后的图像链接到其对应的原始数据的机制
DBR-017	存储图像处理算法中使用的校准数据
DBR-018	允许存储感兴趣区域（ROI）的定义和注释
DBR-019	支持图像分析结果的存储，例如粒子计数、测量值和统计数据
DBR-020	实现图像数据的安全备份和恢复机制
DBR-021	能够根据日期、样本或分析结果等各种标准有效检索已处理的图像
DBR-022	维护图像处理活动和错误日志以供审计目的

12.3 关于 MERN 堆栈的介绍

在接下来的内容中，我们将使用一种名为“MERN Stack”的流行技术探索 SEM 的软件方面。我们将聚焦于 SEM 的图像处理，并使用 MongoDB 在服务器端创建图像数据库，并在客户端 React JS 页面上使用用户界面。我们将在本章的其余部分讨论数据库，并在下一章讨论用户界面。精通软件的读者可能已经熟悉 MERN Stack，但对于我们的系统工程师，我们请求 Cassie 提供介绍。

<PROMPT> 概述 MERN 堆栈。

<Cassie> MERN Stack 代表 MongoDB、Express.js、React 和 Node.js，是一种用于构建 Web 应用程序的流行技术堆栈。它结合了 MongoDB 的 NoSQL 数据库的功能和 Node.js 数据库访问 API 的功能。以下是 MERN 堆栈利用这些组件的方式：

1. MongoDB 作为 NoSQL 数据库

- 面向文档的存储：MongoDB 是一种 NoSQL 数据库，其中面向文档的存储模型尤为著名。它将数据存储在灵活的 JSON 类文档中，这使其适合处理非结构化或半结构化数据。

- 模式灵活：MongoDB 的无模式化设计允许动态更改数据结构，而无需预定义模式。这种灵活性与现代 Web 应用程序的动态特性非常契合。
- 可扩展性：MongoDB 的设计目标是水平扩展，因此非常适合需要处理大量数据和流量的应用程序。它支持分片，以便将数据分布到多个服务器。

2. Node.js 用于数据库访问 API

- 服务器端 JavaScript：Node.js 是一个服务器端 JavaScript 运行时的程序，允许开发人员用 JavaScript 编写服务器代码。其与 JavaScript 的协同作用（也用于客户端（React））简化了开发过程并促进代码重用。
- 非阻塞 I/O：Node.js 以其非阻塞、事件驱动架构而著称。这使得它能够高效处理异步操作，这在 Web 应用程序中很常见，例如同时处理多个数据库请求而不阻塞服务器。
- 用于 API 开发的 Express.js：Express.js 是 Node.js 的 Web 应用程序框架，通常用于 MERN 堆栈中构建 RESTful API。它提供一种强大而精简的方式来定义路由、处理 HTTP 请求以及与 MongoDB 数据库交互。

MERN Stack 如何整合 NoSQL 功能和数据库使用权：

- 数据建模：MongoDB 的面向文档的存储与 Web 应用程序中的数据结构非常契合。开发人员可以使用类似 JSON 的文档对数据进行建模，并且此格式与客户端 JavaScript（React）中使用的数据结构直接兼容。
- 数据库访问：借助 MongoDB、Node.js 驱动程序或 Mongoose（ODM 库），Node.js 提供了一种高效且灵活的方式与 MongoDB 数据库进行交互。开发人员可以使用 JavaScript 语法执行 CRUD 操作和复杂查询，从而轻松在 MERN Stack 中使用 MongoDB。
- 异步操作：MongoDB 和 Node.js 都旨在高效处理异步操作。这对于经常需要从数据库获取或更新数据而不会导致用户界面延迟的 Web 应用程序至关重要。
- 可扩展性：MongoDB 的水平扩展功能和 Node.js 的非阻塞 I/O 使 MERN Stack 非常适合构建可扩展的 Web 应用程序。随着流量和数据量的增长，通过添加更多服务器或容器可以更轻松地水平扩展系统。

总之，MERN Stack 有效地整合 NoSQL 数据库（尤其是 MongoDB）的功能，并利用 Node.js 的功能为开发 Web 应用程序提供了强大、灵活且高效的解决方案。这种技术组合使开发人员能够以符合现代 Web 应用程序的动态和异步特性的方式处理数据。

12.4　用于存储和检索图像的简单数据库

为了使我们的章节保持在合理的篇幅，我们将重点设计一个简单的数据库来存储和检索由 SEM 生成的图像。

<PROMPT> 设计一个用于存储和检索图像的数据库。假设每个用户都有一个“成像会话”列表，每个会话包含一个“图像集”，即一组图像。

<Cassie> 好的！我可以为你提供用于存储和检索图像的数据库架构的基本设计。以下是建议的结构：

1. 用户表

- user_id（主键）;
- 用户名；
- 电子邮件；
- 密码；
- ……（其他与用户相关的字段）。

2. 成像会话表

- session_id（主键）;
- user_id（引用用户表的外键）;
- session_name；
- session_date；
- ……（其他与会话相关的字段）。

3. 图像收集表

- collection_id（主键）;
- session_id（引用影像会话表的外键）;
- collection_name；
- ……（其他与用户收集相关的字段）。

4. 图像表

- image_id（主键）;
- collection_id（引用图像收集表的外键）;
- image_name；
- image_file_path；
- image_description；
- image_date；
- ……（其他与图像相关的字段）。

此数据库架构允许用户进行多次成像会话，每次会话可包含一个或多个图像集。然后，每个图像集可以存储单个图像及其相应的详细信息。

默认情况下，Cassie 为我们提供了关系（SQL）数据库的架构。但我们考虑的是 NoSQL 的实现，具体使用 MongoDB。因此我们再次给出提示词：

<PROMPT> 将其呈现为适合 MongoDB 的 NoSQL 数据库模式。

<Cassie> 在 MongoDB 中，集合类似于关系数据库中的表。集合中的每个文档代表一条记录，并遵循类似 JSON 的结构。文档中的字段对应于关系模式中相应实体的属性。

以下是适合 MongoDB 建议的 NoSQL 数据库模式：

```
User Collection:
json
{
"_id": "<user_id>",
  "username": "<username>",
  "email": "<email>",
  "password": "<password>",
  … (other user-related fields)
}

Imaging Session Collection:
json
{
  "_id": "<session_id>",
  "user_id": "<user_id>",
  "session_name": "<session_name>",
  "session_date": "<session_date>",
  … (other session-related fields)
}

Imagery Collection:
json
{
  "_id": "<collection_id>",
  "session_id": "<session_id>",
  "collection_name": "<collection_name>",
  … (other collection-related fields)
}

Image Collection:
json
  {
  "_id": "<image_id>",
  "collection_id": "<collection_id>",
```

```
  "image_name": "<image_name>",
  "image_file_path": "<image_file_path>",
  "image_description": "<image_description>",
  "image_date": "<image_date>",
  … (other image-related fields)
}
```

<PROMPT> 描述图像处理和分析的数据库模式。

<Cassie> 想要设计用于图像处理和分析的数据库模式，可以考虑以下实体及其关系：

1. 图像

- 属性：图像 ID、文件名、图像路径、拍摄日期、分辨率、文件大小、SEM 仪器 ID；
- 关系：与分析结果的一对多关系。

2. 分析结果

- 属性：结果 ID、图像 ID、测量类型、测量值、注释、分析日期；
- 关系：与图像的多对一关系。

3. 用户

- 属性：用户 ID、用户名、密码、姓名、电子邮件；
- 关系：与图像的多对多关系（用于特定于用户的图像或访问控制）。

4. 图像标签

- 属性：标签 ID、标签名称；
- 关系：与图像的多对多关系（用于对图像进行分类或组织）。

5. 注释

- 属性：注释 ID、结果 ID、注释文本、位置 X、位置 Y、颜色；
- 关系：与分析结果的多对一关系。

6. 测量类型

- 属性：测量类型 ID、测量名称、单位；
- 关系：与分析结果的一对多关系。

7. SEM 仪器

- 属性：仪器 ID、仪器名称、制造商、型号、序列号；
- 关系：与图像的一对多关系。

此数据库架构允许你存储和组织 SEM 图像、分析结果、用户信息、图像标签、注释、测量类型以及有关 SEM 仪器的信息。实体之间的关系有助于建立数据内的关联和依赖关系。

我们将数据库模式转换为以下的 UML（见图 12.1），并在本章的其余部分中实现它。

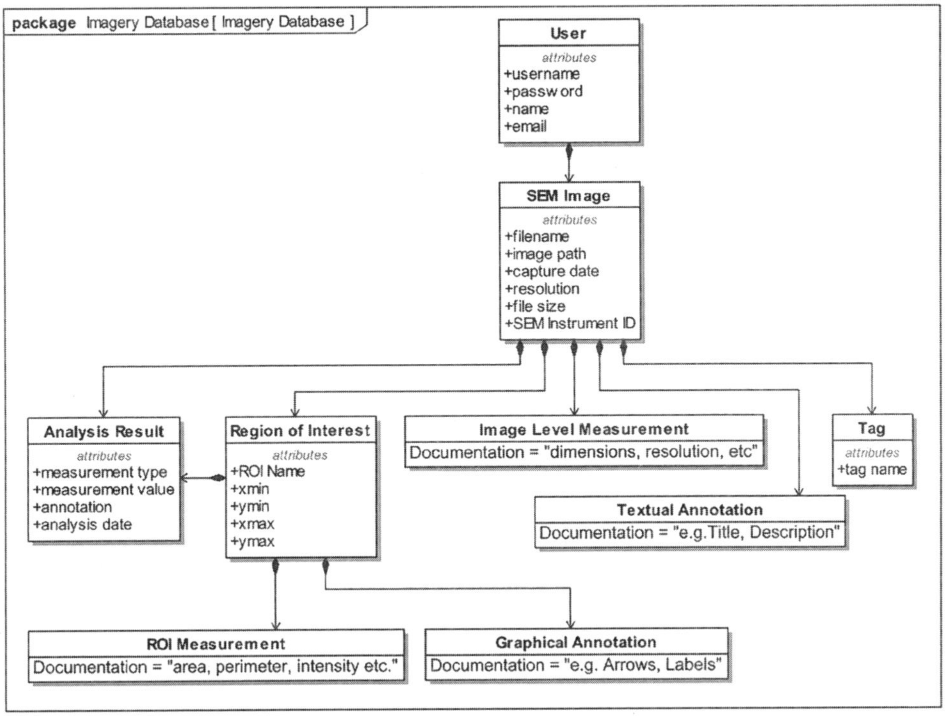

图 12.1　用于存储图像的简单 NoSQL 数据库设计

12.5　设置数据库（MongoDB）

图 12.1 显示了我们最初设计的图像处理数据库的 UML 类图。每个类代表一个集合。我们已准备好开始构建数据库了。数据库设置完成后，我们将使用名为 POSTMAN 的工具手动加载和检索图像。但首先我们需要进行一些设置工作。

MongoDB 的安装与平台相关。你可以通过输入以下内容获取说明：

<PROMPT> 提供安装 MongoDB 的说明。

在安装 Mongo 软件后，我们就可以开始构建数据库：

<PROMPT> 我想使用 MongoDB 为我的扫描电子显微镜图像建立数据库。如何设置数据库？

<Cassie> 设置用于存储扫描电子显微镜（SEM）图像的 MongoDB 数据库，涉及定义一个集合（类似于关系数据库中的表）来存储图像元数据。

你需要构建数据库来容纳所需的字段，例如文件名、图像路径、捕获日期、分辨率、文件大小和 SEM 设备 ID。

以下是如何使用 MongoDB 进行设置的示例：

数据库结构

1. 数据库名称：SEMImagesDB；
2. 集合名称：SEMImagesCollection。

文档结构（字段）

```json
json
{
  "filename": "example_image.jpg",
  "image_path": "/path/to/image/example_image.jpg",
  "capture_date": ISODate("2023-11-29T08:00:00Z"),
  "resolution": {
    "width": 1920,
    "height": 1080
},
"file_size": 1564378, // in bytes
"equipment_id": "SEM001"
}
```

设置步骤

连接到 MongoDB:

- 确保你已安装并正在运行 MongoDB。
- 使用 MongoDB 客户端或终端连接到你的 MongoDB 实例。

创建数据库:

```javascript
javascript
useSEMImagesDB;
```

创建收集集:

```javascript
javascript
db.createCollection("SEMImagesCollection");
```

插入文件:

- 将包含必要字段的文档插入到集合中。

```javascript
javascript

db.SEMImagesCollection.insertMany( [
  {
  "filename": "example_image.jpg",
```

```
    "image_path": "/path/to/image/example_image.jpg",
    "capture_date": ISODate("2023-11-29T08:00:00Z"),
    "resolution": {
      "width": 1920,
      "height": 1080
    },
    "file_size": 1564378,
    "equipment_id": "SEM001"
  },
  // Add more documents as needed
  ]);
```

- 查询和管理数据：
  - ☆ 你可以使用 MongoDB 命令，或你首选的 MongoDB 客户端对此集合执行 CRUD（创建、读取、更新、删除）操作。
- 索引（可选）：
  - ☆ 考虑对你经常查询的字段进行索引，以便更快地进行检索。

请记住，这只是一个入门的基本结构。根据应用程序的具体需求，你可能需要调整或扩展此架构。此外，处理图像本身也很重要虽然 MongoDB 可以存储二进制数据（如图像），但请考虑将图像文件本身存储在文件系统中，并仅在数据库中存储引用或路径以提高效率。

12.6　启动并运行 Node.js 服务器

在本章的其余部分和下一章中，我们将构建一个简单的 MERN Stack 应用程序，用于在数据库中存储和检索图像，并对其执行一些图像处理操作。如果你想继续操作，我们提供了分步的安装说明。

<PROMPT> 如何创建新的 node.js 项目并运行它？

<Cassie> 创建 Node.js 项目涉及几个步骤：

步骤 1：初始化项目

打开终端或命令提示符并导航到你想要创建 Node.js 项目的目录。

使用 npm（Node 包管理器）初始化项目：npm init-y。这将创建一个具有默认值 -y 的 package.json 文件，接受所有默认值。

步骤 2：创建文件

在项目目录中创建一个 index.js 文件，并添加以下代码：

```
javascript

// index.js
// Importing required modules
const express = require('express');

// Create an Express application
const app = express();

// Define a route
app.get('/', (req, res) => {
res.send('Hello, this is yourNode.jsserver!');
});

// Start the server
const PORT = process.env.PORT || 3000;
// Use the specified port or default to 3000
app.listen(PORT, () => {
console.log('Server is running on port ${PORT}');
});
```

步骤 3：安装依赖项（如果需要）

如果你的项目需要外部库或依赖项，那么你需要通过 npm 安装它们。例如：

```
npm install express
```

此命令将 Express.js 框架作为依赖项安装到你的项目中。

步骤 4：运行 Node.js 应用程序

要运行 Node.js 应用程序，请在终端中使用 node 命令，后跟主文件的名称（通常是 index.js）：

```
node index.js
```

你应该会在终端中看到一条消息，提示“服务器正在端口 3000 上运行”。打开 Web 浏览器并转到 http：//localhost：3000/。你应该会在浏览器中看到一条消息“Hello，this is your Node.js server!”。

此示例设置了一个基本的 Express 服务器，该服务器具有一条路由，当你访问根 URL（/）时，它会以一条简单消息进行响应。你可以根据项目需求，通过添加更多路由、处理不同的 HTTP 方法、连接到数据库等方式进行扩展。

12.7　使用 Node 创建数据库访问 API

安装并运行 Mongo 和 Node 后，我们就可以开始构建数据库和用于数据库访问的 API。我们将从插入和检索单个图像开始，然后使用名为 POSTMAN 的工具，验证我们的图像是否已成功发布（见图 12.2）。

<PROMPT> 如何使用 Node.js 对 SEM 图像发出 HTTP 请求？我想在数据库中添加一个新的图像条目并从上面的数据库中检索图像。

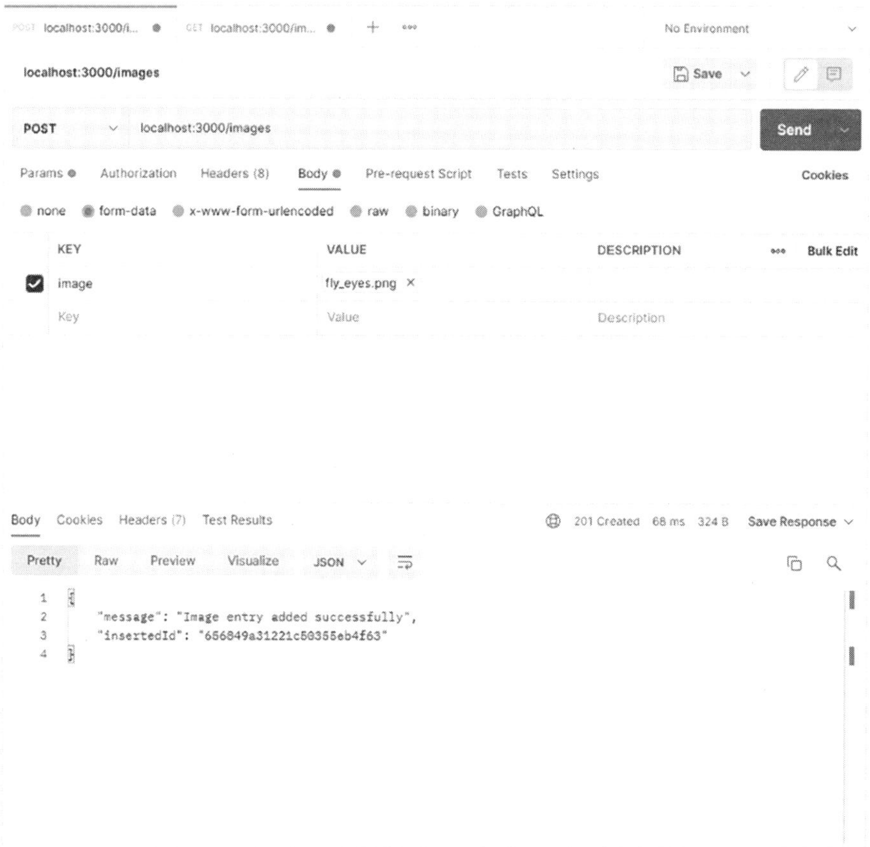

图 12.2　使用 POSTMAN 将图像发送到数据库

<Cassie> 下面是如何添加新图像条目并从 MongoDB 数据库中检索图像的示例：

添加新的图像条目

```
javascript
```

```
const { MongoClient } = require('mongodb');
// Connection URI
const uri = 'mongodb://localhost:27017' ;
// Replace with yourMongoDB connection URI
const client = new MongoClient(uri,{useNewUrlParser: true,
useUnifiedTopology:true});

// Function to add a new image entry
async function addImageEntry(imageData) {
  try {
    await client. connect();
    const database = client. db('SEMImagesDB');
    const collection = database. collection('SEMImages-
Collection');

    // Insert the new image entry
    const result = await collection. insertOne(imageData);
    console. log('New image entry added:', result. insertedId);
  } catch (error) {
    console. error('Error adding image entry:', error);
  } finally {
    await client. close();
  }
}

// Example image data to add
const newImage = {
  filename: 'new_image.jpg',
  image_path: '/path/to/new_image.jpg',
  capture_date: new Date(),
  resolution: {
    width: 1920,
    height: 1080,
  },
    file_size: 2000000,
    equipment_id: 'SEM002',
};
```

```
// Call the function to add the new image entry
addImageEntry(newImage);
```

从数据库检索图像

要从数据库中检索图像，通常需要将图像存储在文件系统中，然后从数据库中获取其元数据。以下是通过文件名检索图像元数据的示例：

```
javascript

// Function to retrieve image metadata by filename
async function getImageMetadata(filename) {
  try {
    await client.connect();
    const database = client.db('SEMImagesDB');
    const collection = database.collection('SEMImages-
Collection');

// Find image metadata by filename
const imageMetadata = await collection.findOne({
filename });
  if (imageMetadata) {
  console.log('Image Metadata:', imageMetadata);
  // Fetch the image from the file system using imageMeta-
  // data.image_path
} else {
  console.log('Image not found.');
}
} catch (error) {
  console.error('Error retrieving image metadata:', error);
} finally {
  await client.close();
}
} // Example: Retrieve metadata for 'example_image.jpg'
getImageMetadata('example_image.jpg');
```

此示例假设图像存储在文件系统中，将使用存储在数据库中的 image_path 获取图像（见图 12.3）。可根据特定存储设置和需求调整检索逻辑。

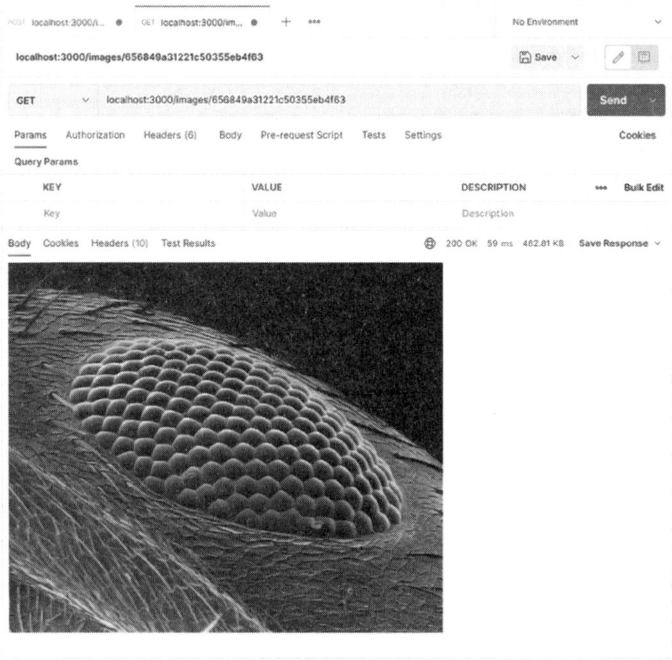

图 12.3　使用 POSTMAN 通过 GET 手动从数据库检索图像

12.8　转向数据库访问 API

接下来，我们经历了一系列提示词和响应，以使我们的数据库访问 API 的功能正常运行。为了简洁起见，我们删减了中间响应（删除了中间代码清单）。

如你所见，与 Cassie 角色合作更像是一次对话，而不是一次函数调用。还请注意，尽管 AI 正在编写代码，但有一位优秀的程序员指导它仍是非常有帮助的。

<PROMPT> 你能否将上面的两个函数结合起来，创建一个新的 node.js 服务器代码，用于处理图像插入和检索的 HTTP 请求？

<Cassie> 好的，这是一个使用 Express 处理 HTTP 请求的 node.js 服务器示例，用于将新图像插入数据库并检索图像元数据……

<PROMPT> 你能重做上面的服务器代码吗？我希望在插入图像时为每个图像提供 image_id，并且使用 HTTP get 请求，我们可以使用 image_id 代替文件名。

<Cassie> 想要使用 image_id 而不是 filename 进行检索，并为每个图像条目生成唯一的 image_id，我们可以按如下方式修改服务器代码……

<PROMPT> 你是否将图像保存到服务器文件系统中？如果没有，请更新你的代码；我想将图像保存在服务器端文件夹 images 中，并通过 image_id 检索图像服务器。

<Cassie> 为了处理服务器文件系统上图像的存储以及通过服务器 image_id 检索，我们将更新代码以将图像保存到特定文件夹并提供一个端点来获取图像……

<PROMPT> 在 HTTP Post 网页中，我将用它上传图片，因此你应该添加服务器代码以将图像存储在特定目录中。

<Cassie> 为了处理文件上传，可以使用 Multer 之类的中间件来管理多部分 / 表单数据，这些数据通常用于 Express 中的 node.js 文件上传。以下是包含处理文件上传的服务器代码的更新版本……

<PROMPT> 请同时包含之前的 HTTP Get 方法。

<Cassie> 以下是更新后的代码，其中包括用于上传图像的 HTTP Post 方法和用于通过 image 检索图像的 HTTP Get 方法……

<PROMPT> 你能否使文件名部分更为直接，而不是阻止成功检索图像的代码？

<Cassie> 我们将调整代码，直接使用上传图片的原始文件名进行存储……

以下是更新后的代码：

```javascript
javascript

const express = require('express');
const { MongoClient, ObjectId } = require('mongodb');
const multer = require('multer');
const fs = require('fs');
const path = require('path');
const app = express();
const port = 3000;
const imageFolderPath = path.join(__dirname, 'images');

// Create 'images' folder if it doesn't exist
if (!fs.existsSync(imageFolderPath)) {
  fs.mkdirSync(imageFolderPath);
}
```

```
// Multer configuration for file uploads
const storage = multer.diskStorage({
destination: function (req, file, cb) {
  cb(null, imageFolderPath);
},
filename: function (req, file, cb) {
  cb(null, file.originalname);
}
});
const upload = multer({ storage: storage });

// Connection URI
const uri = 'mongodb://localhost:27017';
// Replace with your MongoDBconnection URI
const client = new MongoClient(uri, { useNewUrlParser:
true, useUnifiedTopology:true });
app.use(express.json());

// Function to add a new image entry
async function addImageEntry(imageData) {
  try {
  await client.connect();
  const database = client.db('SEMImagesDB');
  const collection = database.collection('SEMImages-
Collection');

  // Insert the new image entry
  const result = await collection.insertOne(imageData);
  console.log('New image entry added:', result.insertedId);
  return result.insertedId;

} catch (error) {
  console.error('Error adding image entry:', error);
  throw error;
} finally {
  await client.close();
  }
}
```

```
  // Function to retrieve image metadata by image_id
  async function getImageMetadata(imageId) {
    try {
      await client.connect();
      const database = client.db('SEMImagesDB');
      const collection = database.collection('SEMImages-
Collection');

     // Find image metadata by image_id
     const imageMetadata = await collection.findOne({ _id:
ObjectId(imageId) });
     return imageMetadata;
   } catch (error) {
     console.error('Error retrieving image metadata:', error);
     throw error;
     } finally {
       await client.close();
     }
   }

  // Route to add a new image entry with file upload
    app.post('/images', upload.single('image'), async (req,
res) => {
     const imageData = {
       filename: req.file.originalname,
       image_path: path.join(imageFolderPath, req.file.
originalname),
       capture_date: new Date(),
       // Add other image data fields here
     };

     try {
       const insertedId = await addImageEntry(imageData);
       res.status(201).json({ message:'Image entry added
successfully', insertedId});
       } catch (error) {
       res.status(500).json({ error:'Failed to add image
entry'});
```

```
    }
  });

  // Route to retrieve image by image_id
  app.get('/images/:imageId', async (req, res) => {
    const imageId = req.params.imageId;
    try {
      const imageMetadata = await getImageMetadata(imageId);
      if (imageMetadata) {
        const imagePath = path.join(imageFolderPath,
imageMetadata.filename);
        if (fs.existsSync(imagePath)) {
          res.sendFile(imagePath);
  } else {
    res.status(404).json({ error: 'Image not found' });
  }
  } else {
    res.status(404).json({ error: 'Image metadata not found'});
  }
  } catch (error) {
    res.status(500).json({error: 'Failed to retrieve image'});
  }
  });

  // Start the server
  app.listen(port, () => {
    console.log(`Server is running on port ${port}`);
  });
```

此更新的代码直接使用上传图像的原始文件名存储在图像文件夹中，无需任何修改或添加唯一后缀。根据你的特定需求进一步调整代码。

12.9 细化数据库访问 API

现在我们已经运行了数据库，并有一个访问它的 API，我们将对其进行一些改进，并展示（虽有时会让人难以理解）GET、PUT、POST 方法转换为更直观的创建、读取、更新和删除（CRUD）函数，可从我们的 React 页面调用。我们将通过生成一些执行此映射的客户端代码以及合并一些错误处理来实现这一点。我们还将生成一些 API 文档，其格式非正式的称为“swagger”文档，正式的称为“OpenAPI”文档。

<PROMPT> 给定一个使用 GET/PUT/POST 作为图像集端点的数据库访问 API，生成一个使用创建、读取、更新、删除的更高层级的 API。

<Cassie> 使用 GET/PUT/POST 端点，针对图像集创建与 Creat、Read、Update 和 Delete（CRUD）操作一致的更高层级 API，你可以按如下方式设计 API：

1. 创建（POST）

- 端点：/images;
- 描述：创建一个新图像；
- HTTP 方法：POST 请求；
- 请求主体：要创建的图像数据。

2. 读取（GET）

- 端点：/images/{imageId}；
- 描述：检索特定图像的详细信息；
- HTTP 方法：GET；
- 路径参数：imageId——要检索的图像的唯一标识符。

3. 更新（PUT）

- 端点：/images/{imageId}；
- 描述：更新特定图像的详细信息；
- HTTP 方法：PUT；
- 路径参数：imageId——要更新的图像的唯一标识符；
- 请求主体：更新后的图像数据。

4. 删除（DELETE）

- 端点：/images/{imageId}；
- 描述：删除特定图像；
- HTTP 方法：DELETE；
- 路径参数：imageId——要删除的图像的唯一标识符。

该设计遵循 RESTful 原则，为图像集上的 CRUD 操作提供了清晰一致的结构。与此 API 交互的客户端可以使用指定的端点和方法创建、检索、更新和删除图像。

用法示例

- **创建（POST）**：
  - ☆ 端点：/images；
  - ☆ 请求主体：{“url”：“https：//example.com/image.jpg”，“description”：“美丽的日落”}。

- **读取（GET）**：
  - ☆ 端点：/images/123；
  - ☆ 响应主体：{ "id"：123，"url"："https：// example.com/image.jpg"，"description"："美丽的日落" }。
- **更新（PUT）**：
  - ☆ 端点：/images/123；
  - ☆ 请求主体：{ "url"："https：//updated-url.com/image.jpg"，"description"："更新后的描述" }。
- **删除（DELETE）**：
  - ☆ 端点：/images/123。

确保服务器实现能够相应地处理上述这些端点，并验证请求、处理数据以及适当地响应客户端操作。

<PROMPT> 为此生成 Swagger API 文档。

<Cassie> 创建 Swagger API 文档涉及以 Swagger（OpenAPI）格式指定 API 详细信息。以下是针对图像集的 CRUD 操作的 Swagger 规范：

```
yaml

openapi: 3.0.0
info:
  title: ImageAPI
  version: 1.0.0
paths:
  /images:
  post:
    summary: Create a new image
    requestBody:
      content:
        application/json:
          schema:
            type: object
            properties:
              url:
                type: string
              description:
```

```
          type: string
        required:
        - url
  responses:
    '201':
    description: Created
  get:
summary: Retrieve all images
responses:
  '200':
  description: OK
/images/{imageId}:
get:
  summary: Retrieve details of a specific image
  parameters:
    - name: imageId
      in: path
      required: true
      schema:
        type: integer
  responses:
    '200':
    description: OK

put:
 summary: Update details of a specific image
 parameters:
   - name: imageId
   in: path
   required: true
   schema:
     type: integer
 requestBody:
   content:
     application/json:
       schema:
```

```
              type: object
              properties:
                url:
                  type: string
                description:
                  type: string
                required:
                  - url
      responses:
        '200':
        description: OK
    delete:
      summary: Delete a specific image
      parameters:
        - name: imageId
        in: path
        required: true
        schema:
          type: integer
        responses:
        '204':
          description: No Contentiption: OK
```

此 Swagger 规范概述了针对图像集的每个 CRUD 操作的端点、HTTP 方法、请求/响应结构和路径参数。你可以使用 Swagger UI 或 Swagger Editor 等工具来可视化此规范并与之交互。

请注意，你可能需要根据应用程序和 API 实现的具体情况调整详细信息。此外，请考虑向 Swagger 规范添加更多信息，例如详细说明、数据验证和错误处理。

<PROMPT> 如何直观地显示 Swagger 文档？

<Cassie> 想要直观地显示 Swagger 文档，你可以使用 Swagger UI，一种流行的呈现 OpenAPI 的工具规范。Swagger UI 提供了一个基于 Web 的交互式界面，允许用户探索和测试你的 API。以下是使用 Swagger UI 的方法：

1. Swagger UI 在线（快速入门）

- 查看 Swagger 文档的最快方法是使用 Swagger UI 在线演示：Swagger UI 在线

演示。

- 在“探索”字段中，将 URL 替换为指向 Swagger JSON 或 YAML 文件的链接。

2. 本地部署

- 从官方 GitHub 存储库下载 Swagger UI 项目：Swagger UI GitHub。
- 按照存储库 README 中的说明在本地设置 Swagger UI。通常，你需要一个 Web 服务器来提供 Swagger UI 文件。
- 将你的 Swagger JSON 或 YAML 文件放在 dist 目录（或你配置的目录）中。
- 通过 Web 浏览器导航到部署 Swagger UI 的 URL（例如 http：//localhost：8080）来访问 Swagger UI。
- 在 Swagger UI 中，顶部有一个输入字段，你可以在其中指定 Swagger JSON 或 YAML 文件的 URL。输入 Swagger 文件的路径，然后单击“浏览”。
- Swagger UI 将呈现文档，你可以直观地与 API 进行交互并探索 API。

以下是如何使用 Swagger UI 和 Swagger 的示例 JSON 或 YAML 文件：

```
html
<!DOCTYPE html>
<html>
<head>
  <title>SwaggerUI</title>
  <link rel="stylesheet" type="text/css" href="https:
  //unpkg.com/swagger-uidist@3.51.1/swagger-ui.css">

</head>

<body>
  <div id="swagger-ui"></div>
  <script src="https://unpkg.com/swagger-ui- dist@3.51.1/
swagger-ui-bundle.js"></script>
  <script src="https://unpkg.com/swagger-ui-dist@3.51.1/
swagger-ui-standalone-preset.js"></script>
  <script>
  window.onload = function() {
    const ui =swaggerUIBundle({
      url: "path/to/your/swagger.json",
      // Replace with the path to yourSwagger JSON or YAML file
    dom_id: '#swagger-ui',
    presets: [
```

```
          SwaggerUIBundle.presets.apis,
          SwaggerUIStandalonePreset
        ],
        layout: "BaseLayout",
        });
        window.ui = ui;
      };
    </script>
  </body>
  </html>
```

请记住将"path/to/your/swagger.json"替换为你的 Swagger JSON 或 YAML 文件的实际路径。你可以将此 HTML 文件与 Swagger UI 文件一起托管在 Web 服务器上，以可视化你的 Swagger 文档。

图 12.4 显示了 Swagger 文档中创建、读取、更新和删除数据库中图像的示例。这些有时被称为数据库 CRUD 功能的 REST 端点或"路由"。

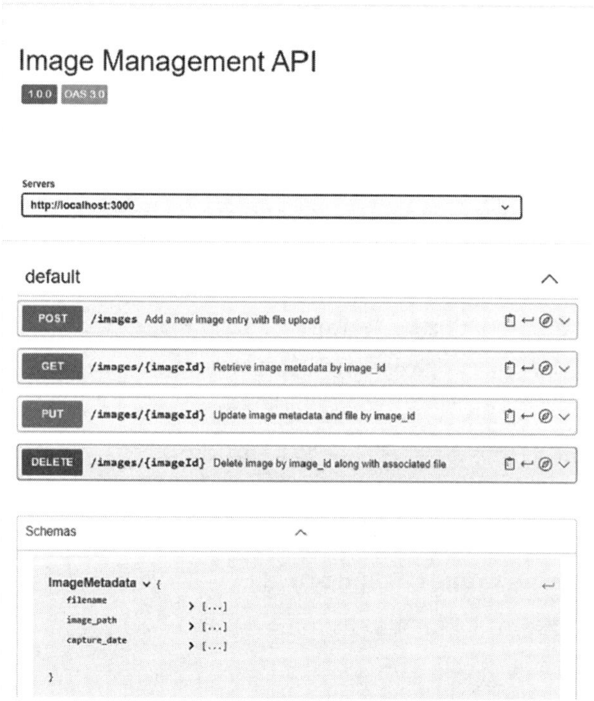

图 12.4　OpenAPI（又名"Swagger"）文档

12.10　生成客户端数据库访问对象

随着我们的 API 到位并记录下来，我们将继续完善我们的代码，让 React 页面使用隐藏 GET、PUT 和 POST 的详细信息进行 CRUD 函数调用。

<PROMPT> 我希望我的 React 页面使用 Create/Read/Update/Delete 而不是 Get/Put/Post 来调用图像 API。编写一些将 CRUD 调用映射到 API 的客户端 JavaScript。

<Cassie> 以下是如何在 React 应用程序中构建客户端 JavaScript 代码以使用创建 / 读取 / 更新 / 删除（CRUD）操作与图像 API 交互的示例。此示例假设你有处理这些操作的函数。

```
javascript

// Assume you have a base URL for your Image API
const APIUrl = 'https://your-image-api-base-url';

// Function to create a new image
const createImage = async (imageData) => {
  try {
    const response = await fetch('${apiUrl}/images', {
     method: 'POST',
     headers: {
     'Content-Type' : 'application/json',
     },
     body: JSON. stringify(imageData),
     });
     const data = await response. json();
     return data;
    } catch (error) {
     console. error('Error creating image:', error);
     throw error;
    }
  };

// Function to retrieve all images
const getImages = async () => {
  try {
```

```
      const response = await fetch('${apiUrl}/images');
      const data = await response. json();
      return data;
    } catch (error) {
      console. error('Error getting images:', error);
      throw error;
    }
  };

  // Function to update an existing image
  const updateImage = async (imageId, updatedData) => {
    try {
      const response = await fetch('${apiUrl}/images/${imageId}', {
      method: 'PUT',
      headers: {
      'Content-Type' : 'application/json',
      },
      body: JSON.stringify(updatedData),
    });
    const data = await response. json();
    return data;
    } catch (error) {
      console. error('Error updating image:', error);
      throw error;
    }
  };

  // Function to delete an image
  const deleteImage = async (imageId) => {
    try {
      const response = await fetch('${apiUrl}/images/${imageId}',{
        method: 'DELETE',
      });

      // No need to parse JSON for delete operation
      return response. ok;
    } catch (error) {
      console. error('Error deleting image:', error);
```

```
      throw error;
    }
  };

  // Example usage in aReactcomponent
  const MyComponent = () => {
// Assume you have state and other necessary logic in your component
    const handleCreateImage = async () => {
      const newImageData = {url: 'https://example.com/image.
jpg', description: 'A new image' };
      const createdImage = await createImage(newImageData);
      // Handle the created image as needed
  };
  const handleGetImages = async () => {
    constimages= await getImages();
    // Handle the retrieved images as needed
  };
  const handleUpdateImage = async (imageId) => {
    const updatedData = { description: 'Updated description' };
    const updatedImage = await updateImage(imageId, updatedData);
    // Handle the updated image as needed
  };

  const handleDeleteImage = async (imageId) => {
    const isDeleted = await deleteImage(imageId);
    // Handle the deletion result as needed};
  // Render your component UI with appropriate event handlers
    };
```

这是一个基本示例，你可能希望根据应用程序的需求添加更多错误处理、加载指示器和其他功能。此外，请确保你的 API 支持指定的 CRUD 操作并在服务器端正确处理它们。

12.11　更高级的数据库主题：访问控制

<Cassie> 数据库访问控制是数据库安全的一个重要方面，它涉及对数据库系统访问的规范和管理，以确保仅有授权用户或应用程序才能与数据交互。它包含各种

机制和策略，以保护数据免受未经授权的访问、篡改或滥用。基于角色的访问控制（RBAC）是一种广泛使用的访问控制模型，可帮助组织高效地管理和执行数据库系统内的访问权限。

数据库访问控制和 RBAC 的关键概念包括：

1. **访问权限**：访问控制定义用户或角色可以对特定数据库对象（例如表、视图、过程）执行哪些操作。权限通常包括读取（SELECT）、写入（INSERT、UPDATE、DELETE）和执行（对于存储过程）权限。

2. **用户和角色管理**：在数据库中，用户代表个人或实体，而角色则代表具有类似访问需求的用户组。RBAC 通过将权限分配给角色而不是单个用户来简化访问控制。然后根据用户的职责或工作职能将他们分配到角色。

3. **角色层次结构**：在 RBAC 中，角色可以按层次结构组织，从而可以更精细地控制权限。层次结构中较高层级的角色从较低层级的角色中继承权限，通过减少直接角色分配的数量来简化管理。

4. **最小权限原则**：RBAC 符合“最小权限原则”，该原则规定应授予用户或角色执行任务所需的最低权限。这最大限度地降低与过多权限相关的风险。

5. **访问策略**：访问控制策略定义谁可以访问在什么条件下访问什么数据。这些策略考虑用户身份、角色成员资格、访问时间以及访问请求的来源位置等因素。

6. **访问审查和审计**：定期地访问审查和审计有助于确保维持合适的访问权限，并且不会发生未经授权的更改。审计机制会跟踪访问尝试和对访问控制策略的修改。

7. **访问控制列表（ACL）和角色成员资格**：ACL 是与特定数据库对象关联的列表，指定哪些角色或用户有访问权限。角色成员资格决定哪些用户属于哪些角色，而角色决定分配给用户的权限。

8. **执行和认证**：访问控制机制是由数据库管理系统（DBMS）强制执行并与身份验证系统集成，以在授予访问权限之前验证用户身份。这有助于在身份验证级别防止未经授权的访问。

9. **动态访问控制**：RBAC 可以支持动态访问控制策略，这些策略会根据特定条件或业务规则而变化。这种灵活性在访问需求可能频繁变化的环境中尤其有用。

总体而言，数据库访问控制和 RBAC 对于保护敏感数据、确保数据完整性和保持法规的符合性至关重要。通过实施 RBAC 和强大的访问控制机制，组织可以有效地管理访问权限、降低安全风险并在其数据库系统中实施安全策略。

12.12 RBAC 实践

<PROMPT> 参照图像 CRUD 功能，展示一些包含 RBAC 的示例代码。

<Cassie> 基于角色的访问控制（RBAC）涉及根据分配给用户的角色管理对资源的访问。下面是一个简化的示例，说明如何在使用 MongoDB 进行图像 CRUD 操作的 Node.js 应用程序中实现 RBAC。

假设：

- 你已经设置了一个包含图像集的 MongoDB 数据库。
- 用户具有“管理员”和“用户”等角色。

让我们使用 Express 框架、MongoDB 和基本 RBAC 方法创建一个简单的 Node.js 脚本：

```
javascript

const express = require('express');
const mongoose = require('mongoose');
const bodyParser = require('body-parser');
const app = express();
const PORT = 3000;

//MongoDBsetup (replace with your connection string)
mongoose.connect('mongodb://localhost:27017/imageDB', {
useNewUrlParser: true, useUnified\
Topology: true });

//MongoDBschema
const imageSchema = new mongoose.Schema({
  url: String,
  description: String,
});
const Image = mongoose.model('Image', imageSchema);

// Middleware to check user role (RBAC)
const checkUserRole = (requiredRole) => {
  return (req, res, next) => {
// Assuming you have user information stored in the request object
  const userRole = req.user ? req.user.role: 'guest';
  if (userRole === requiredRole) {
    next(); // User has the required role
  } else {
```

```
    res.status(403).json({ message: 'Access forbidden' });
  }
  };
};

// Express middleware to parse JSON requests
app.use(bodyParser.json());

// Example routes with RBAC
app.post('/images', checkUserRole('admin'), async (req, res)=> {
  try {
    const newImage = await Image.create(req.body);
    res.status(201).json(newImage);
  } catch (error) {
    res.status(500).json({ error: error.message });
  }
});

app.get('/images', checkUserRole('user'), async (req, res) =>{
  try {
    constimages= await Image.find();
    res.json(images);
  } catch (error) {
    res.status(500).json({ error: error.message });
  }
});

// Add similar routes for update and delete with RBAC

// Start the server
app.listen(PORT, () => {
  console.log(`Server is running on http://localhost:${PORT}`);
});
```

在此示例中：

- checkUserRole 中间件检查用户是否具有访问特定路径所需的角色。
- 用于创建和检索图像的路径（如 /images）具有 RBAC 检查。例如，创建路径要求用户具有“管理员”角色，而检索路径要求用户具有“用户”角色。
- 你可以根据需要扩展此模式以更新和删除路径。

请记住，这是一个简化的示例，在实际应用中，你可能会使用更强大的身份验证和授权解决方案，例如用于身份验证的 Passport.js 和处理访问控制的专用 RBAC 库。此外，通过在实际应用环境中配置身份验证和授权来保护你的应用程序。

12.13　总　结

本章介绍了一种使用 AI 帮助 SEM 图像处理数据库设计和实现的方法。我们首先做了一些一般性介绍。

- 一些基本的数据库概念；
- SEM 的数据库需求；
- MERN Stack 简介。

然后，我们继续设置 MongoDB 和 Node.js，并手动测试使用 POSTMAN 插入和检索图像。

- 用于存储和检索图像的简单数据库；
- 设置数据库（MongoDB）；
- 启动并运行 Node.js 服务器。

接下来，我们开发了一个用于数据库访问的 API（CRUD 函数）和一个用于访问数据库的客户端层。

- 使用 Node 创建数据库访问 API；
- 转向数据库访问 API；
- 完善数据库访问 API。

最后，我们介绍了数据库安全性并查看了一些实现基于角色的访问控制（RBAC）的示例代码。

- 更高级的数据库主题：访问控制；
- RBAC 实践。

在下一章中，我们将使用在此处开发的数据库来开发图像处理的用户界面。

12.14　本章使用的提示词

以下是我们在本章使用的提示词：

- **<PROMPT>** 显示 SEM 的数据库需求表，其中包含图像处理数据库需求的更多详细信息。
- **<PROMPT>** 概述 MERN 堆栈。
- **<PROMPT>** 设计一个用于存储和检索图像的数据库。假设每个用户都有一个“成像会话”列表，每个会话包含一个“图像集”，即一组图像。

- **<PROMPT>** 将其呈现为适合 MongoDB 的 NoSQL 数据库模式。
- **<PROMPT>** 描述图像处理和分析的数据库模式。
- **<PROMPT>** 提供安装 MongoDB 的说明。
- **<PROMPT>** 我想使用 MongoDB 为我的扫描电子显微镜图像建立数据库。如何设置数据库？
- **<PROMPT>** 如何创建新的 node.js 项目并运行它？
- **<PROMPT>** 如何使用 Node.js 对 SEM 图像发出 HTTP 请求？我想在数据库中添加一个新的图像条目并从上面的数据库中检索图像。
- **<PROMPT>** 你能否将上面的两个函数结合起来，创建一个新的 node.js 服务器代码，用于处理图像插入和检索的 HTTP 请求？
- **<PROMPT>** 你能重做上面的服务器代码吗？我希望在插入图像时为每个图像提供 image_id，并且使用 HTTP get 请求，我们可以使用 image_id 代替文件名。
- **<PROMPT>** 你是否将图像保存到服务器文件系统中？如果没有，请更新你的代码；我想将图像保存在服务器端文件夹 images 中，并通过 image_id 检索图像服务器。
- **<PROMPT>** 在 HTTP Post 网页中，我将用它上传图片，因此你应该添加服务器代码以将图像存储在特定目录中。
- **<PROMPT>** 请同时包含之前的 HTTP Get 方法。
- **<PROMPT>** 你能否使文件名部分更为直接，而不是阻止成功检索图像的代码？
- **<PROMPT>** 给定一个使用 GET/PUT/POST 作为图像集端点的数据库访问 API，生成一个使用创建、读取、更新、删除的更高层级的 API。
- **<PROMPT>** 为此生成 Swagger API 文档。
- **<PROMPT>** 如何直观地显示 Swagger 文档？
- **<PROMPT>** 我希望我的 React 页面使用 Create/Read/Update/Delete 而不是 Get/Put/Post 来调用图像 API。编写一些将 CRUD 调用映射到 API 的客户端 JavaScript。
- **<PROMPT>** 参照图像 CRUD 功能，展示一些包含 RBAC 的示例代码。

第 13 章　用户界面设计和编程

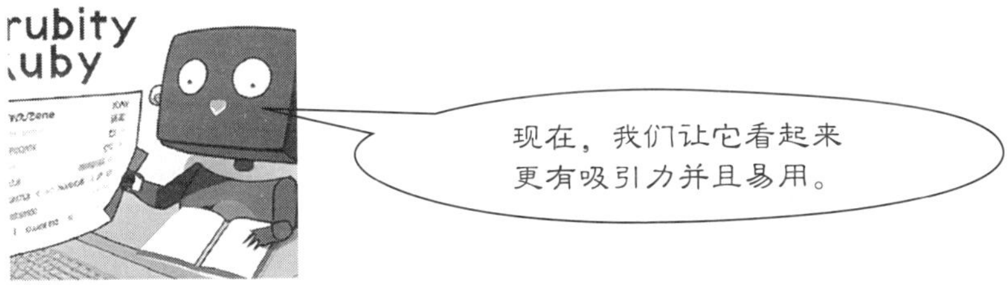

在本章中，我们将探讨如何使用 AI 开展用户界面设计。在本章的前面，我们将有意保留我们最初选择的语言和 UI 框架“低技术”，选择 HTML 和 JQuery Mobile，因为它们得到了普遍应用，可以提供快速反馈，而不需要在你的计算机上安装或设置任何东西。

在本章的后面，在我们得到最初的改进和反馈之后，我们将切换到更现代的方式，特别是 React JS。

13.1　列出 SEM 软件和屏幕功能

<PROMPT> 我想要探索 SEM 所需的软件，从仪器控制的操作员界面与图像处理和分析软件开始，针对为每个软件列出一组屏幕。

<Dr. Nano>

仪器控制的操作员界面

1. 登录屏幕

- 描述：操作员在其中输入其凭证，以登录到 SEM 控制软件的屏幕。

2. 控制仪表板

- 描述：一个集中的仪表板，显示关键的仪器设置和控制，供操作员调整电子流、加速电压和成像模式等参数。

3. 实时成像预览窗口

- 描述：实时预览窗口显示实时 SEM 图像，操作员调整仪器设置。

4. 图像捕获和保存对话框

- 描述：允许操作员捕获和保存获取的 SEM 图像的对话框窗口。

图像处理和分析软件

1. 图像导入屏幕

- 描述：此屏幕允许用户从存储位置或直接从 SEM 仪器导入 SEM 图像。用户可以浏览并选择所需的图像文件以进行进一步分析。

2. 图像查看屏幕

- 描述：该屏幕显示用于分析的所选 SEM 图像。它提供用于在图像内缩放、平移和导航以检查特定感兴趣区域的工具。

3. 图像增强屏幕

- 描述：此屏幕提供各种图像增强技术和控件。用户可以调整亮度、对比度、清晰度和降噪等参数，以提高 SEM 图像的质量和可见性。

4. 测量工具屏幕

- 描述：该屏幕提供了一系列用于 SEM 图像定量分析的测量工具。用户可以在选定的感兴趣区域上执行诸如距离、角度、面积和直方图之类的测量。

5. 注释和标签屏幕

- 描述：此屏幕允许用户向 SEM 图像添加注释、标签、箭头和文本叠加。它提供了各种可定制的注释工具来突出显示功能或提供其他上下文。

6. 图像比较屏幕

- 描述：此屏幕支持并排叠加比较多个 SEM 图像，用于视觉分析。用户可以查看和比较具有同步缩放、平移和测量功能的图像。

7. 分析结果和报告屏幕

- 描述：该屏幕显示从 SEM 图像得到的分析结果。它可能包括统计概要、图形、图表或表格，具体取决于执行的分析。用户可以生成报告或导出分析数据以供进一步使用或共享。

8. 图像导出和保存屏幕

- 描述：此屏幕允许用户以各种文件格式（如 JPEG，PNG 或 TIFF）导出处理后的 SEM 图像。用户可以选择所需的输出设置并将图像保存到指定位置。

<PROMPT> 在表格中汇总两组屏幕。

<Dr. Nano> 下表汇总了仪器控制、图像处理与分析软件的操作界面屏幕：

操作员界面仪器控制屏幕

屏幕名称	描　述
登录屏幕	用户输入凭证，可登录到 SEM 控制软件
控制仪表板	仪表板显示仪器集中设置和控制
实时成像预览窗口	随着操作员调整参数，可实时预览 SEM 图像
图像捕获和保存对话框	窗口捕获及保存获取的 SEM 图像

图像处理和分析软件屏幕

屏幕名称	描　述
图像导入屏幕	允许用户导入 SEM 图像用于分析
图像查看屏幕	显示选定的 SEM 图像用于分析和导航
图像增强屏幕	提供各种图像增强技术和控制
测量工具屏幕	提供用于定量分析 SEM 图像的测量工具
注释和标记屏幕	允许用户向 SEM 图像添加注释和标签
图像比较屏幕	实现 SEM 图像的并排比较
分析结果和报告屏幕	展现从 SEM 图像导出的分析结果
图像导出和保存屏幕	允许用户以不同格式导出处理后的 SEM 图像

我们的 AI 主题专家（Dr. Nano）迅速识别了一组备选屏幕，并描述每个屏幕的功能。现在，我们将使用 AI 作为 UI 代码生成器（即 Ruby Picasso 角色）来帮助我们设计每个屏幕。我们将遵循进化式的反馈驱动方法来开发 UI。

13.2　简化的螺旋模型非常适于 UI 开发

Barry Boehm 的螺旋模型，最初开发于 1988 年（Boehm，1988），可简化为一个迭代流程，可很好地用于用户界面的开发（见图 13.1）。我们将这种螺旋实施方法应用到每个屏幕，一次开发一个。

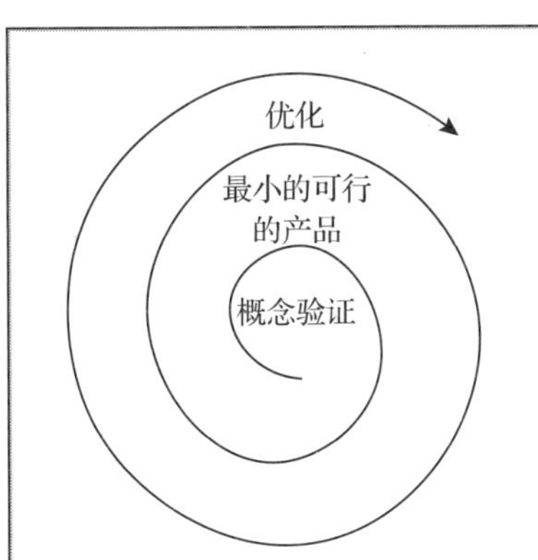

图 13.1　每次迭代都是围绕螺旋的一个过程，需要尽可能多地优化阶段

在 Ruby 的帮助下，我们将以神奇的速度开展 UI 的螺旋开发。

13.3 从线框图开始

UI 设计几乎总是一个迭代的过程，因为人的本性往往决定了“我不确定我想要什么，但当我看到它，我就会知道”。因此，从一个简单的原型屏幕（通常称为线框图）开始，然后将其演变为更为精致的用户界面是有意义的。在图 13.1 中，线框图用作屏幕的概念验证。

<Ruby> 线框图是用户界面的简化可视化蓝图，用于在详细设计和开发之前规划软件应用程序或网页的布局和组件。它概述早期阶段规划和沟通的结构和功能。

从线框图开始，我们可以通过一系列迭代来演进开发良好的用户界面，这些迭代涉及屏幕布局、UI 小部件（如按钮和菜单）的选择、样式和颜色以及状态管理等。

使用 AI 时的好消息是，迭代时间（即围绕螺旋的过程）可以在几秒内发生，因为 AI 可以加快生成代码的速度。因此，我们能够非常快速地迭代屏幕的各种改进，直到我们得到一个好的结果才会停止。我们甚至可以在螺旋时切换 UI 框架。在本章中，我们将使用名为 JQuery Mobile（JQM）的框架来获得我们的最小的可行的产品，并使用 React JS 优化屏幕。

使用 AI 代码生成开展快速迭代 UI 设计演进的一个关键是，它需要快速，轻松地查看生成的屏幕，尤其是在流程的早期阶段。经过一些实验，我们决定期望仅保存生成的代码，并直接在 Web 浏览器中打开它，而无需安装任何 UI 库或框架。

这种对简洁性和快速反馈的渴望，促使我们选择 JQM 开展早期阶段 UI 的开发，因为它得到了普遍的应用，HTML 代码可以简单地保存，然后在浏览器中打开。代码生成和代码查看几乎都是即时的。注意，对于可单击的按钮和菜单，JQM 页面也可以有效地运作。

13.4 遵循演进的螺旋 UI 流程

人们使用 AI 来定义屏幕并迭代地对其细化，其流程涉及以下几个步骤。

- 步骤 1：初始的文本线框图；
- 步骤 2：AI 生成的 HTML/JQM/CSS；
- 步骤 3：迭代细化；
- 步骤 4：集成。

以下是该流程的详细细分结构。

13.4.1　步骤 1：初始的文本线框图

目标设置：首先定义屏幕的目标——它应该服务于什么样的目标？它应该向用户提供什么功能或信息？

内容大纲：为屏幕创建内容大纲——列出所有必要的组件，如文本字段、按钮、图像、标签和任何其他的交互元素或信息元素。

文本线框图：使用纯文本编写描述屏幕布局和结构的文本线框图——应该包括元素的排列、它们的标签以及它们的预期功能。

如图 13.2 所示，举例说明了一个简单的文本线框图。

```
Operator Interface Control


 Current State: Ready
 Beam Status: Standby

 Electron Beam Parameters
 - Beam Current (mA):
 - Focus:
 - Beam Voltage (kV):
 - Beam Mode:
 - Beam Shape: Round Square

 Stage Control
 - Stage X (mm):
 - Stage Y (mm):

 Vacuum Status
 - Vacuum Level: High

 Actions
 - Start
 - Setup
 - Adjust Params
 - Shutdown

 Additional Options
 - Option 1
 - Option 2

 Instructions:
 - Adjust electron beam parameters as needed.
 - Control the stage position using the provided inputs.
 - Monitor the vacuum status and take action if necessary.
 - Click [ Start ] to initiate the electron beam.
 - Click [ Setup ] for advanced settings.
 - Click [ Adjust Params ] to fine-tune parameters.
 - Click [ Shutdown ] to stop the electron beam.
```

图 13.2　简单的文本线框图

13.4.1.1　上下文事项

值得注意的是，图 13.2 所示的文本线框图是由一个非常简单的提示词所生成的：

<PROMPT> 为操作员界面控制屏幕生成文本线框图。

并不是来自更复杂和详细的提示词，例如“根据之前确定的 SEM 需求、域对象、用例和数据库设计，为操作员界面控制屏幕生成文本线框图”。由于 Ruby 角色与 Dr.Nano 和 Cassie 角色共享上下文，因此在与 Ruby 进行对话时不必如此明确。

还要注意的是，之前没有提示词在说：“我希望你作为一名具有 HTML、CSS、

JQuery Mobile 和 React JS 知识的用户界面设计师来进行操作。”AI 基本上具有这些“开箱即用”的代码生成的知识。

因此，Ruby 可以生成文本线框图（基于与我们的 AI 主题专家（AISME）共享的上下文），但是人们需要对其进行审查并对屏幕内容进行“健全性检查”，例如，确保屏幕上的字段与数据库模式匹配，并根据用例查看线框图。他们可以根据需要请求 Ruby 的更改。

但是，重要的是，Ruby 从共享的 SEM 上下文生成了本章中显示的所有屏幕的内容。这使得 UI 开发速度非常快。

13.4.1.2 共享上下文避免一些大问题

在撰写本章时，作者对角色和 Agent 进行了有趣的讨论，其中一部分是在考虑当开发团队成员没有充分共享上下文时在软件开发中引发的问题。

我们决定让 Ruby 总结一下这个问题：

<PROMPT> 在软件开发中由于存在不能共享上下文的不同开发人员，例如具有系统不同愿景的数据库开发人员和 UI 开发人员，描述由此导致的问题。总结成一个简短的段落。

<Ruby> 数据库和 UI 开发人员之间的分歧可能会导致软件开发的挑战。当缺乏共享上下文时，可能会出现数据模型的不一致、数据验证的不一致以及性能问题。这种错误的沟通可能会导致用户界面不符合预期，增加调试工作并延长开发时间。为了解决这些问题，促进有效的沟通和协作以及共享的文档和指南，对于确保不同开发角色对系统需求和设计原则的共同理解至关重要。

缺乏上下文问题往往会在用户界面中表现出来，因为用例、数据模型和需求都合并为可执行软件，如果我们没有讲同一个故事，那么测试开始时就不会很顺利。人工智能做得很好，但它不是绝对可靠的，有时它会犯错误，有时它会产生幻觉。所以我们交叉检查一切工作。

13.4.2 根据数据模式审查线框图

我们要验证的第一件事是所生成的线框图是否与数据库模式（schema）相互匹配。这是因为屏幕和数据库必须匹配。图 13.3 显示了我们在此处于良好状态，本质上是因为 Ruby、Cassie 与 Dr.Nano 共享上下文。

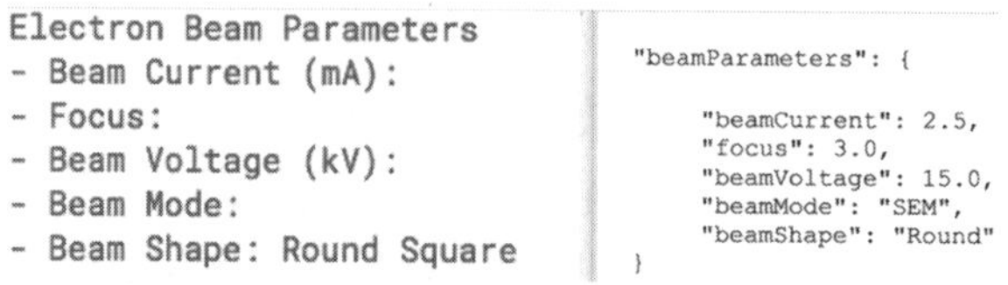

图 13.3 屏幕上的字段需与数据库中的字段匹配

接下来，我们要确保线框图与用例匹配。

根据用例审查线框图

需要确保的关键事项之一是线框图处理用例中定义的所有可选和异常行为。图 13.4 是光束控制的线框图，后面所附的是用例叙述。注意，聚焦于可选和异常行为的“简短形式”用例模板使对比变得简单。

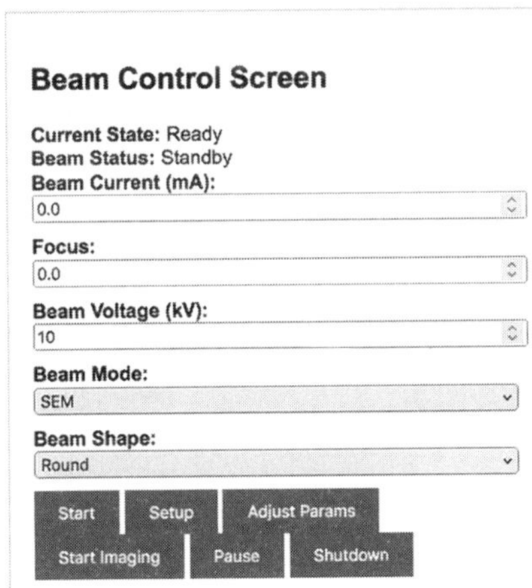

图 13.4　光束控制线框图是否与光束控制用例匹配？是的

用例名称：控制光束。

描述：在扫描电子显微镜（SEM）中控制电子束参数和电子束状态。

基本工作流：

1. 操作员访问光束控制屏幕。
2. 操作员查看当前状态（最初为“准备”）和光束状态（最初为“待机”）。
3. 操作员调整电子束参数：射束电流、焦点、射束电压、射束模式、射束形状。
4. 操作者单击“开始”启动电子束。

可选工作流（2 A）：

如果操作员在步骤 4 中单击“设置”而不是“开始”，则

1. 系统进入设置模式。
2. 操作员配置其他设置。
3. 操作员退出设置模式并返回到步骤 3。

异常工作流（4E）：

如果出现系统错误或操作员中止，则

1. 操作员单击“关闭”。
2. 系统停止电子束。

3. 当前状态恢复到“准备”，并且射束状态返回到“待机”。

注意，此时我们仍未得到完善的屏幕布局，接下来迭代地完成所有工作。为了获得快速反馈而无需安装任何插件，我们在切换到 React 或其他 UI 框架之前，先在 HTML 和 JQuery Mobile 中执行操作。

13.4.3 步骤 2：AI 生成的 HTML/JQM/CSS

AI 生成：使用 AI 工具，将文本线框图作为输入并生成基本的 HTML、jQuery Mobile（JQM）和 CSS 代码。

初始实现：在代码编辑器中查看 AI 生成的代码。AI 将根据你的文本线框图创建基本布局。

保存并预览：保存生成的 HTML 文件，并在 Web 浏览器中打开它以预览屏幕的初始外观。在这个阶段，它可能看起来才有了基本的内容（见图 13.5）。

图 13.5 可执行线框图的一次螺旋迭代

13.4.4 步骤 3：迭代细化

查看和反馈：仔细查看生成的屏幕，并将其与初始线框图进行比较。注意任何缺少的元素、不正确的定位或样式问题。

细化请求：使用你的反馈提出具体的改进或调整请求。例如，你可以对请求做出如下更改：

- “将移动光束模式下拉菜单移到光束电压右侧”。
- “增加指令字体的大小”。
- “将开始按钮的颜色改为绿色”。

AI 调整：将你的细化请求提交给 Ruby，指定你想要查看的更改。Ruby 将相应地调整代码。

重复最后的 3 个步骤：保存更新的 HTML；在浏览器中打开它，然后查看更改；继续此请求调整并查看屏幕的迭代流程，直到你对外观和功能感到满意为止。

最后修饰：当接近你所需的屏幕设计时，可以手动调整 CSS 或 HTML 所需的微调。

完成：当你对屏幕满意时，保存最终的 HTML、CSS 和 jQuery Mobile 代码。我们称其为“最小的可行的产品屏幕”（见图 13.6）。

13.4.4.1 Ruby 编写 UI 代码快

Ruby 编写 UI 代码特别快。图 13.7 和图 13.8 显示了生成的“图像预处理“和“图像增强”屏幕。你可以将这些屏幕视为可执行的线框图。另外，注意这些屏幕不需要使用 JQuery。Ruby 可以在任何你想要的 UI 框架中编码，并在几分钟后就能看到。

值得注意的是，当我们说“Ruby 特别快地编写 UI 代码”时，我们真正的意思是

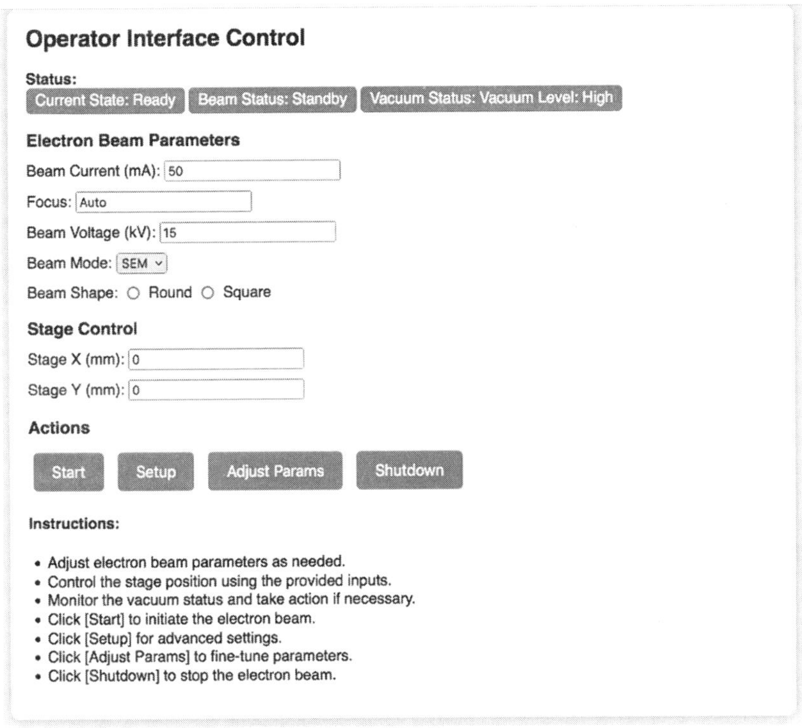

图 13.6　在几次螺旋之后：最小的、可行的原型屏幕

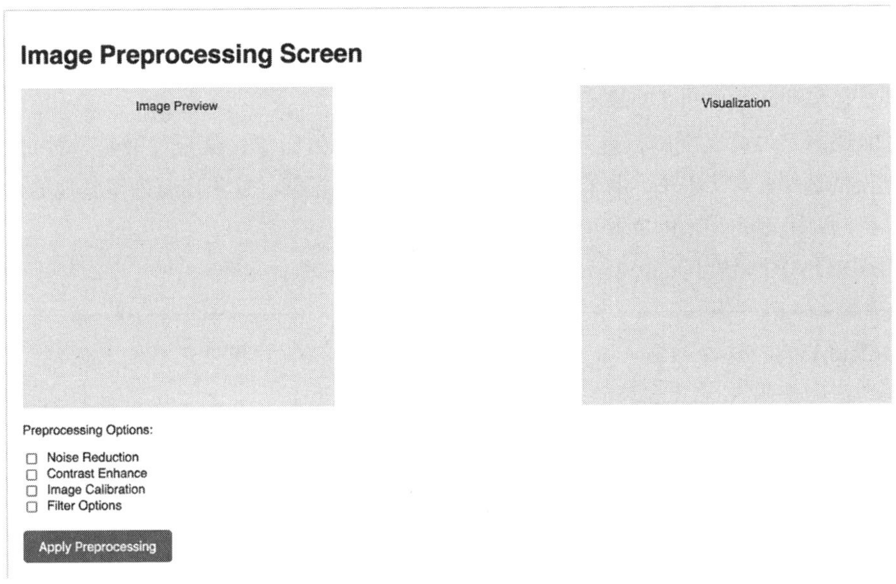

图 13.7　AI 生成的屏幕，用于 HTML/CSS/JQM 的图像预处理

非常快。这个页面上的每个屏幕在几分钟内经历了几次迭代（生成屏幕，保存 HTML 文件，在浏览器中查看它）。没有一行代码是手工编写的。在本章中，制作屏幕的总时间约为两个小时，一个人与 Ruby 交谈并查看生成的屏幕。

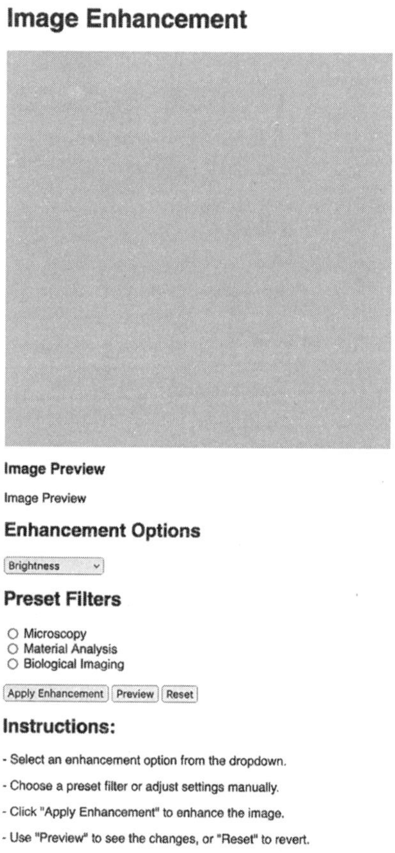

图 13.8　AI 生成 JQM 的图像增强屏幕

13.4.4.2　比在餐巾纸上绘制草图还快

在撰写本章时，有很多关于人工智能获得视觉能力的传闻（显然人们已经淡忘《2001：太空漫游》中 HAL 9000 读唇语的故事），有了在餐巾纸上绘制草图来生成整个应用程序的大量炒作。当我们第一次听到这个功能时，我们对此持怀疑态度，我们在本章中没有用到它。

但是，正如你已经看到的，我们的嵌入式代码编写角色 Otto 喜欢“从他的帽子中拽出兔子”以及从状态图生成 C++ 的微控制器代码，因此我们的观点有所改变。但我们想指出的是，由于 Ruby 与 Nano 博士共享着她的领域知识，她实际上明白（在一定程度上）在屏幕上显示菜单和按钮速度，应该比你在餐巾纸上绘制要快得多。

13.4.4.3　JQuery Mobile 可能还不是你最终的 UI 框架

虽然 JQuery Mobile 和 HTML 是获得快速反馈以及在早期阶段改进 UI 布局的好方法，但这些可能还不是最终实现的首选技术。有些人会说 JQM 过时了，甚至可能是一种过时的 UI 框架的选择。对于本书，我们将选择流行的 React JS 框架。这里还有许多其他的选择。

我们要求 Ruby 在 JQM 和 React 之间进行比较：

<PROMPT> 与 JQuery Mobile 相比，描述 React JS 的技术优势。

<Ruby> 在将 React.js 与 jQuery Mobile 比较时，React.js 提供几个技术优势，这是由于其是构建 Web 应用程序的现代方法。这些优点包括：

1. **基于组件的架构**：React.js 以基于组件的架构为中心。这允许开发人员创建模块化、可重用和自包含的组件，这些组件可以轻松维护和测试。另一方面，jQuery Mobile 使用了一种不同的方法，这种方法不是结构化的。

2. **虚拟 DOM**：React.js 使用虚拟 DOM，它是实际 DOM 的轻量级表示。此功能通过最小化对真实 DOM 的更新次数来优化渲染。jQuery Mobile 不使用虚拟 DOM，这可能导致更多的 DOM 操作和可能更慢的性能。

3. **高效更新**：React.js 旨在高效地更新 DOM 中已更改的部分。这可以提高性能和响应能力，尤其是在具有动态内容的应用程序中。jQuery Mobile 虽然能够更新 DOM，但可能无法有效地这样做。

4. **JSX**：React 使用 JSX（JavaScript XML）来定义组件和它们的结构，使代码更具可读性和可维护性。jQuery Mobile 不采用类似的语法。

5. **单向数据流**：React 遵循单向数据流，简化了数据管理，减少了副作用。相比之下，jQuery Mobile 可能需要更多的手动管理数据和事件处理。

6. **社区和生态系统**：React.js 拥有庞大而活跃的社区，从而产生了大量的第三方库、工具和资源。jQuery Mobile 有一个社区，但可能不那么广泛或拥有最新的信息。

7. **状态管理**：React.js 为状态管理提供了一个强大的生态系统，其中包含了一些库，如：jQuery Mobile 没有定义良好的状态管理生态系统。

8. **服务器端渲染**：React.js 可用于服务器端渲染，改善搜索引擎优化和初始页面加载时间。jQuery Mobile 没有内置的服务器端渲染支持。

13.4.4.4 切换 UI 框架很容易

如果你已经准备好了，让 Ruby 使用不同的框架来为你的屏幕编码，只需修改一下你的提示词就行：

<PROMPT> 为登录屏幕生成 React JS 页面。

<Ruby> 好的！这是一个 React JS 登录页面：

```
jsx

// LoginScreen. jsx
import React, { useState } from 'react' ;

function LoginScreen() {
  const [username, setUsername] = useState('');
  const [password, setPassword] = useState('');
  const handleLogin = () => {
  // Perform login logic
};
return (
   < div>
   < input
  type = "text"
  value= {username}
```

```
    onChange= {(e) => setUsername(e.target.value)}
    placeholder= "Username"
  />
  < input
    type = "password"
    value= {password}
    onChange= {(e) => setPassword(e.target.value)}
    placeholder= "Password"
    />
    < button onClick= {handleLogin}> Login</ button>
    </div>
    );
  } export default LoginScreen;
```

这很容易（目前缺少登录逻辑，因此需要额外的提示词）。当然，我们仍然只有一个完整的用户界面的表面，其中包括 UI 状态管理（可能在 Redux 中），用于数据库访问的 API 调用以及用于图像处理等功能的第三方 API，这是 SEM 中需要的。所以我们的旅程还要继续。

13.4.4.5 继续走向最终的用户界面

当我们有了一个可执行的线框图，其字段与数据库匹配，按钮 / 菜单与用例匹配，并且具有合理的屏幕布局，我们就可以聚焦于将屏幕连接到数据库以及将按钮连接到 API 调用等任务上了。

13.4.5 步骤 4：集成

<Ruby> 将最终的 HTML/CSS/JQM 代码集成到你的 Web 应用程序或用户界面中。

此流程允许你利用 AI 进行快速原型设计和布局生成，同时保持提供精确反馈和手动调整以获得最终结果的能力。这是一种协同方法，其中 AI 有助于加快初始设计流程并自动生成布局。

在设计 Web 应用程序时，其中一个基本方面是创建允许用户与应用程序交互的用户界面（UI）。诸如按钮、输入字段、复选框和下拉菜单之类的 UI 元素用作用户交互的手段。为了向这些 UI 元素添加功能和交互性，JavaScript（一种用于 Web 开发的流行编程语言）开始发挥作用。

13.4.5.1 事件处理程序和 API 调用

JavaScript 允许开发人员为 UI 元素定义事件处理程序。事件处理程序本质上是在特定事件发生时执行的函数。例如，开发人员可以定义在单击按钮时运行的函数。这种事件驱动的方法构成了交互式 Web 应用程序的基础。

现在，让我们考虑一个常见的场景：当单击“保存”按钮时，需要将用户数据保存到数据库的 Web 应用程序。为此，JavaScript 用于将单击事件处理程序添加到“保存”按钮。在此事件处理程序函数中，开发人员编写进行 API 调用所需的代码。API 是允许一个软件应用程序与另一个软件应用程序交互的一组规则。

13.4.5.2　数据库访问

API 调用是向指定端点使用 HTTP 请求（例如 GET、POST、PUT 或 DELETE）而发出的，这是 API 的 URL。JavaScript 的 fetch 函数通常用于发送这些 HTTP 请求。开发人员定义方法（例如，用于保存数据的 POST）并指定标头，包括数据格式（如，JSON）。

13.4.5.3　关于 API 调用的更多内容

进行 API 调用后，它将返回来自服务器的响应。该响应可以包含从数据库请求的数据或来自图像处理库的处理图像。开发人员使用此响应来更新 UI、向用户提供反馈或在应用程序中执行进一步的操作。

必须了解 JavaScript 中的 API 调用通常是异步的。这意味着它们不会阻止应用程序其他部分的执行。回调函数，如 .then ( ) 和 .catch ( ) 用于在响应和错误可用时处理它们。

对用户的反馈是 UI 设计的一个关键方面。根据 API 响应，开发人员可以更新 UI 以显示成功消息、错误通知或其他相关信息。该反馈帮助用户理解他们与应用交互的结果。

UI 设计很复杂，还有许多其他因素需要考虑，包括：

- 错误处理；
- 安全；
- 测试。

13.4.5.4　使用 AI 帮助找到正确的 API

在选择 API 之前，最好回顾一下需求。下表显示了 Dr.Nano 的 16 项需求中的前 10 项。Nano 已确定要进行图像处理来进行响应。

<PROMPT> 列出图像预处理和图像分析的需求。

<Dr.Nano>

需求 ID	需求描述
REQ-IP-01	系统应提供降噪滤波器，包括高斯、中值和维纳滤波器。用户应能够调整过滤器参数
REQ-IP-02	对比度增强工具，如直方图均衡化和自适应对比度增强应可用。用户应以交互方式控制对比度

续表

需求 ID	需求描述
REQ-IP-03	用户应能够手动或自动旋转图像以获得正确的方向。自动对准功能应可用于图像拼接和镶嵌
REQ-IP-04	系统应支持使用已知参考刻度（例如，千分尺网格）进行图像校准。用户应根据校准标准定义刻度测量
REQ-IP-05	系统应检测并去除常见的 SEM 伪影，包括充电效应、光束漂移和光束引起的污染。制品去除应是用户可配置的和非破坏性的
REQ-IP-06	应支持对图像中的颗粒或特征进行自动检测和计数。用户应调整检测参数并查看结果
REQ-IP-07	系统应支持特征尺寸的精确测量，包括长度、直径和角度。测量精度应符合规定的公差
REQ-IP-08	用户应能够执行形状分析，包括纵横比、圆度和圆度的计算。系统应提供形状特征的统计摘要
REQ-IP-09	对于彩色 SEM 图像，系统应提供颜色分析工具，包括颜色量化和直方图分析。用户应提取颜色信息以供进一步分析
REQ-IP-10	应包括用于表征图像纹理和图案的纹理分析算法。应提供熵、能量和对比度等纹理特征

现在，我们可以使用 AI 来帮助我们识别满足我们需求的 API。那就问问 Ruby 吧。

<PROMPT> 我正在尝试确定一个图像处理库，用于支持你刚刚生成的 SEM 图像处理需求，我可以与 React JS 一同使用。

<Ruby> 对于 React.js 应用程序中的图像处理需求，你可以考虑使用以下 JavaScript 库和框架，这些库和框架支持广泛的图像处理任务，并且可以集成到 React 中：

1. **React-Image-Processing**：这是一个专门为将图像处理功能集成到 React 应用程序中而构建的库。它提供用于执行常见图像处理任务的组件和实用程序。

2. **React-Easy-Crop**：虽然主要设计用于图像裁剪，但此库对于某些图像预处理任务非常有用，尤其是在需要裁剪和调整图像大小时。

3. **图像处理库**：也可以使用通用的 JavaScript 图像处理库，例如：

- **CamanJS**：一个强大的图像处理库，可以处理过滤器，调整和转换等任务。
- **Jimp**：一个图像处理库，支持图像大小调整、裁剪和基本操作任务。

请记住，你可能需要组合多个库或构建自定义组件以完全满足 SEM 图像处理的需求，因为这些库可能无法涵盖 SEM 上下文中所需的特定领域处理的所有方面。

接下来，我们向 Ruby 询问 Jimp 的概述。

<PROMPT> 在 Jimp 中描述可用的功能，并将它们显示为表格。

<Ruby> 以下是一些以表格形式展示特定 Jimp 函数的简要概述：

功　能	用　途
Jimp.read	将图像从文件或 URL 加载到 Jimp 中
image.write	将图像写入文件或 MIME 类型
image.resize	使用各种缩放调整图像大小选项
image.quality	针对 JPEG 调整图像质量
image.greyscale	将图像转换为灰度
image.brightness	改变图像的亮度
image.contrast	更改图像的对比度
image.blur	对图像应用模糊效果
image.rotate	将图像旋转若干度数
image.composite	在一张 Jimp 图像附加另一张
image.color	可调整图像的颜色（色调、变亮等）
image.flip	水平或垂直翻转图像

最后，我们决定测试对于 Jimp 图像处理库的 API 调用，实现调整图像的大小，结果如图 13.9 所示。

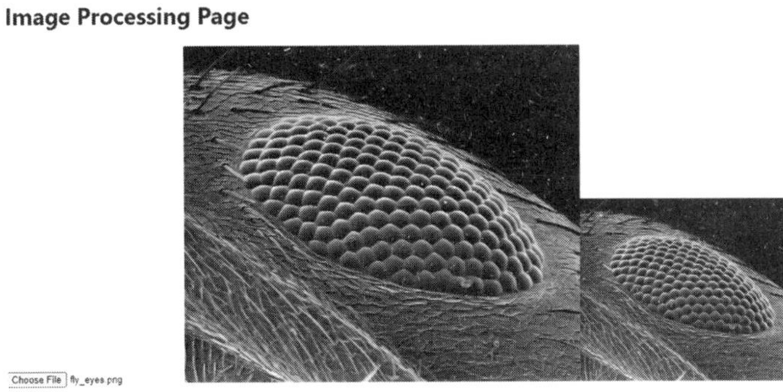

图 13.9　使用 image.resize API 调用 Jimp 实现调整图像大小

13.4.5.5　图像处理库的 API 调用

Ruby 生成的代码还需要一些人工调试，结果如图 13.9 所示。

我们是如何得到这个结果的？下面的提示词是由一位开发人员编写的，他知道这样的 API 调用最好通过设置一个 Node.JS 服务器由 React 访问 Jimp 来完成。Ruby 生成 React 代码和服务器代码。

<PROMPT> node.js 服务器安装了图像处理库 Jimp。我想发送一个 HTTP 请求到这个服务器实现图像处理相关的功能，换句话说，从图像处理中分离出 React。给我两个 React 页面代码和 node.js 调用代码。

<Ruby>

```
// ImageProcessingPage.js

import React, { useState } from 'react';
const ImageProcessingPage = () => {
  const [imageUrl, setImageUrl] = useState('');
  const [processedImageUrl, setProcessedImageUrl] =useState('');
  const handleImageUpload = async (e) => {
  const file = e.target.files[0];
  const formData = new FormData();
  formData.append('image', file);
  try {
    const response = await
    fetch('[http://localhost:3001/process-image
    (https://urldefense.com/v3/__http://localhost:3001/
    processimage__;
    !!LIr3w8kk_Xxm!s_D74b4oznY6k9RI4HapOgmgQv0nHJtQw0JOMONp
    odiquDJ55wq-
    Y1h4UcVAztITXF116pXAk9U_yB8$)', {
       method: 'POST',
       body: formData,
     });

     if (response.ok) {
       const result = await response.json();
       setImageUrl(result.originalUrl);
       setProcessedImageUrl(result.processedUrl);
     } else {
        console.error('Error processing image:',
response.statusText);
        }
```

```
    } catch (error) {
        console.error('Error processing image:',
error.message);
    }
};

return (
  <div>
  <h1>Image Processing Page</h1>
  <input type="file" accept="image/*" onChange=
  {handleImageUpload} />
  {imageUrl && <img src={imageUrl} alt="Original" />}
  {processedImageUrl && <img src={processedImageUrl}
  alt="Processed" />}
  </div>
   );
};
export default ImageProcessingPage;

// server.js
const express = require('express');
const multer = require('multer');
const Jimp = require('jimp');
const app = express();
const port = 3001;

// Multer setup for handling file uploads
const storage = multer.memoryStorage();
const upload = multer({ storage: storage });
app.use(express.json());
[app.post](http://app.post)('/process-image',
upload.single('image'), async (req, res) =>\
{
try {
  const originalBuffer = req.file.buffer;
  const originalImage = await Jimp.read(originalBuffer);
  // Perform image processing (example: resizing)
  const processedImage = originalImage.clone().resize(300,
```

```
Jimp.AUTO);
    const originalUrl = 'data:image/ png;base64,' +
originalBuffer.toString('base64');
    const processedUrl = 'data:image/png;base64,' +
processedImage.bitmap.image.toString(\
'base64');
    res.json({ originalUrl, processedUrl });
} catch (error) {
    console.error('Error processing image:', error.message);
    res.status(500).send('Internal Server Error');
    }
});

app.listen(port, () => {
  console.log(`Server is running on[ http://localhost: ${port}]
(https://urldefense.com/v3/_\
_http://localhost:$*7Bport*7D__;JSU!!LIr3w8kk_Xxm!s_D74b4oz\
nY6k9RI4HapOgmgQv0nHJtQw0JOMON
podiquDJ55wqY1h4UcVAztI-TXF116pXAXM2m0js$)`);
});;
```

13.4.5.6 Ruby 也能帮助调试

如果 Ruby 只能编写代码而不能帮助调试，那么她就不会像实际的那样有用了。在此，我们有一个问题将图像转换为 Base64。

<PROMPT> 我如何调试这行代码，它给出了“Error processing image: Cannot read property ‘toString’ of undefined（处理图像错误：无法读取未定义的‘toString’特性）”——const originalUrl = ‘data: image/png; base64,’ + originalBuffer.toString（‘base64’）; object jimp。

经过 Ruby 和我们的开发人员（他们的名字是 Mengmeng）反复地讨论（这里省略了），问题得到了解决。

<Ruby> 哦，知道了。似乎问题在于尝试使用 toString（'base64'）将 processediage.bitmap.image 直接转换为 base64。Jimp 中的 bitmap 特性表示图像的原始位图数据，并且其中没有 image 属性。

而相反，你可以直接使用 Jimp 提供的 getBuffer（）方法，获取图像数据作为缓冲区，然后可将其转换为 base64。

```
const Jimp = require('jimp');
```

```
app. post('/process-image', upload. single('image'), async
(req, res) => {
  try {
    const originalBuffer = req. file. buffer;
    const originalImage = await Jimp. read(originalBuffer);
    // Perform image processing (example: resizing)
    const processedImage = originalImage. clone(). resize(300,
    Jimp. AUTO);
    // Get base64 URLs
    const originalUrl = data:image/ png;base64,
    ${originalBuffer. toString('base64')};
    const processedBuffer = await processedImage.
    getBufferAsync(Jimp. MIME_PNG);
    const processedUrl = data:image/ png;base64,
    ${processedBuffer. toString('base64')};
    res.json({ originalUrl, processedUrl });
 } catch (error) {
    console.error('Error processing image:', error.
message);
    res.status(500). send('Internal Server Error');
  }
});
```

正如你所见，Ruby 不仅可以编写代码，还可以帮助解决所生成代码的问题。这里的一个关键观察是，使用 AI 不像调用函数，而非常像是在对话。这就是为什么角色是如此有用。

13.4.5.7　充实图像增强功能

在本章的前面（见图 13.8），我们使用 JQM/CSS/HTML 展示了 Ruby 生成的图像增强屏幕。JQM/HTML 页面可能或还没有注册，JQM/HTML 页面由 Ruby 生成，是可执行的，因为当你在 Web 浏览器中打开页面时按钮和菜单可以工作。图 13.10 显示了图像增强选项的下拉列表，由 Ruby 和 Dr.Nano 在一次“私密”会面中创建。

显然，我们需要用实际的图像处理 API 调用来充实菜单选项。我们本可以使用 JQM 页面开始，但是因为我们知道我们计划切换到 React，所以我们决定最好只调试一次。注意，在以下的对话中，随着我们的开发人员获得更多使用 Ruby 的经验，他的提示词将变得更加复杂，他的指令更加具体——允许 Ruby 生成越来越有用的响应。

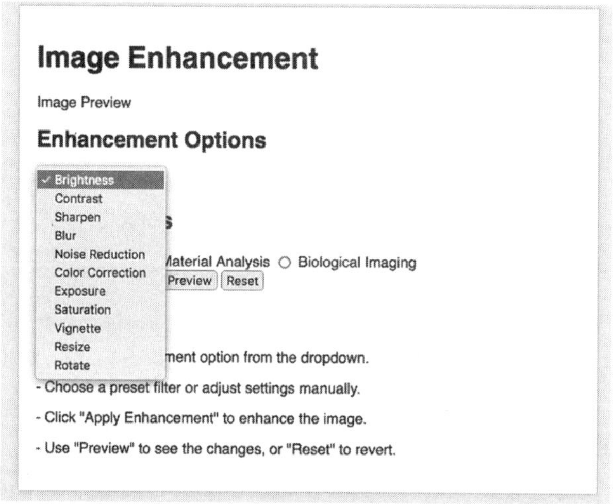

图 13.10　使用 JQM 页面作为可执行线框图

<PROMPT> 我应该为 SEM 图像应用程序应用哪些增强技术？

（为了简洁，我们简化 Ruby 的响应。）

<Ruby> 对于扫描电子显微镜（SEM）图像，增强技术可以在改善细节的可见性和优化图像的整体质量方面发挥至关重要的作用。以下是一些对 SEM 图像有益的增强技术：

1. 对比度调整

- 增强对比度：SEM 图像通常通过增加对比度来获得更精细的图像细节。调整对比度可以使结构和纹理更易于区分。

2. 锐化

- 边缘增强：SEM 图像可能受益于边缘锐化技术，以强调样品内不同材料或结构之间的边界。

3. 降噪：

- 减少噪声：虽然相比其他一些成像技术，SEM 图像往往具有较少的噪声，降噪仍然是有用的，以确保更净化和更清晰的图像。

4. 过滤

- 平滑和滤波：某些滤波器（如高斯模糊或平滑滤波器）可以减少图像中存在的伪影或不规则性，从而增强整体平滑度和清晰度。

<PROMPT> 应用前 4 项技术，一个用于 React 前端，一个用于后端 node.js，生成两个页面。这次我希望前端有两个具有边界标识的区域，对应于原始图片上传和从后端发回增强图片。用户可以使用下拉菜单来应用你提到的 4 项增强功能之一：对比度调整、锐化、降噪和过滤。

<Ruby> 这是一个基本的示例架构，用于创建用于图像增强的前端（React）和后端（Node.js）应用程序。此示例将 React 用于前端，将 Express 用于后端，并假定前端将图像发送到后端以进行增强。

后端（Express 的 Node.js）

使用 Jimp 设置 Express 和图像处理。

安装必要的软件包：

```
bash

npm install express jimp multer cors
```

创建一个 Express 服务器（server.js）：

```
const express = require('express');
const multer = require('multer');
const Jimp = require('jimp');
const cors = require('cors');
const app = express();

app. use(cors());

// Multer setup for handling file uploads
const upload = multer({ dest: 'uploads/' });

// POST endpoint for image enhancement
app. post('/enhance', upload.single('image'), async (req,
res) => {
try {
    const originalBuffer = req.file.buffer;
    const originalImage = await Jimp.read(originalBuffer);
    // Apply enhancement techniques based on query parameter
    const { technique } = req.query;
    if (technique === 'contrast') {
    originalImage.contrast(0.3);
    } else if (technique === 'sharpening') {
    originalImage.gaussian(3);
    } else if (technique === 'noiseReduction') {
    originalImage.blur(3);
```

```
    } else if (technique === 'filtering') {
    originalImage.posterize(5);
    }
    const enhancedBuffer = await originalImage.
getBufferAsync(Jimp.MIME_JPEG);

    res.set('Content-Type', Jimp.MIME_JPEG);
    res.send(enhancedBuffer);
} catch (error) {
    console.error('Error enhancing image:', error);
    res. status(500). send('Internal Server Error');
  }
});

const PORT = process.env. PORT || 3001 ;
app.listen(PORT, () => {
    console.log('Server is running on port ${PORT}');;
});
```

前端（React）

1. 创建 React 应用程序并设置文件上传器和增强选择：使用文件上传器组件（UploadComponent）允许用户选择图像文件，并使用下拉菜单（EnhancementSelector）选择增强技术。

2. 在 React 中上传处理图像和增强请求：

```
import React, { useState } from 'react';

    const App = () => {
    const [originalImage, setOriginalImage] = useState(null);
    const [enhancedImage, setEnhancedImage] = useState(null);
    const [selectedEnhancement, setSelectedEnhancement] =
useState('');
const handleFileChange = (event) => {
    const file = event.target.files[0];
    setOriginalImage(file);
    const formData = new FormData();
    formData.append('image', file);
    fetch(`http://localhost:3001/enhance?
```

```
technique=${selectedEnhancement}`, {
     method: 'POST',
     body: formData,
   })
   .then((response) => response.blob())
   .then((blob) => {
   setEnhancedImage(URL.createObjectURL(blob));
   })
   .catch((error) => {
      console.error('Error enhancing image:', error);
   });
  };
  const handleEnhancementChange = (event) => {
   setSelectedEnhancement(event.target.value);
  };
  return (
  <div>
  <div>
  <input type="file" onChange={handleFileChange} />
  <select value={selectedEnhancement} onChange=
  {handleEnhancementChange}>
   <option value="">Select Enhancement</option>
   <option value="contrast">Contrast Adjustment</option>
   <option value="sharpening">Sharpening</option>
   <option value="noiseReduction">Noise Reduction</option>
   <option value="filtering">Filtering</option>
   </select>
   </div>
   <div>
   {originalImage && (
   <div style={{ border: '1px solid red', display:
   'inline-block' }}>
   <img src={URL.createObjectURL(originalImage)}
  alt="Original" />
      <p>Original Image</p>
     </div>
```

```
        )}
        {enhancedImage && (
        <div style={{ border: '1px solid green', display:
      'inline-block' }}>
        <img src={enhancedImage} alt="Enhanced" />
        <p>Enhanced Image</p>
      </div>
      )}
      </div>
      </div>
      );
    };
    export default App;
```

成功了！图 13.11 显示了测试请求的图像增强功能的结果。

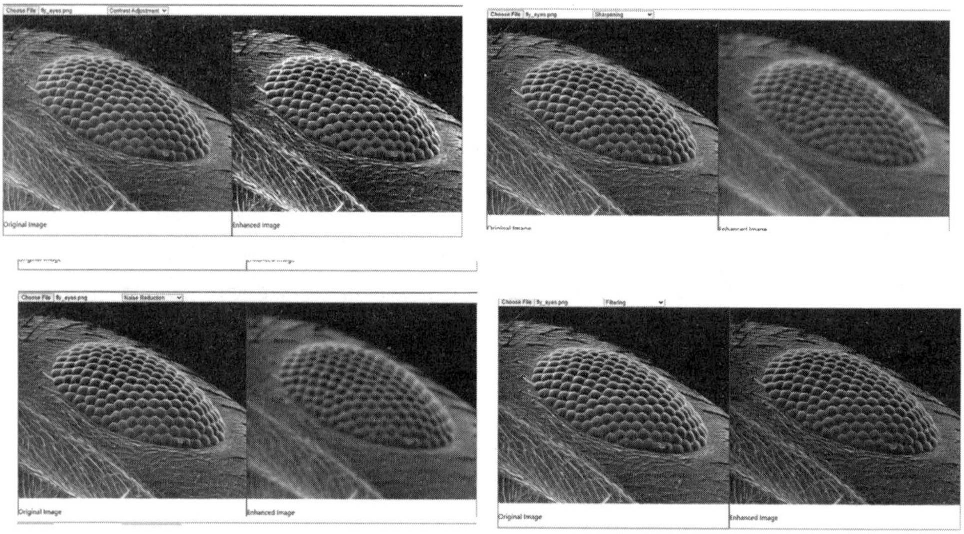

图 13.11　图像增强操作

13.5 总　结

人工智能辅助用户界面设计的主题可以写出好几本书，但我们在这本书中只有一章，所以我们只能到此为止了。让我们回顾一下我们所涉及的内容：

- 使用 AI 来识别一组屏幕，用于 SEM 操作员界面和图像处理。
- 讨论使用迭代细化（螺旋模型）作为 UI 设计的关键方法。
- 讨论线框图驱动的开发。
- 讨论共享上下文之间的 UI 开发人员、数据库开发人员和主题专家（SME）。
- 讨论共享上下文如何允许 Ruby 识别屏幕内容。
- 生成文本线框图和简单的 JQM/HTML 线框图。
- 针对数据库模式和用例回顾线框图。
- 使用迭代细化和通过 JQM 快速反馈，做一些初始屏幕布局工作。
- 讨论 React JS 相对于 JQM 的优势。
- 从 JQM 切换到 React JS。
- 讨论将屏幕链接到数据库访问、图像处理等的 API。
- 审查图像处理需求，并要求 Ruby 推荐支持它们的 API。
- 更详细地查看 Jimp 图像处理库和 API。
- 生成一些 React 前端代码，调用服务器端的图像处理功能。
- 展示调整图像大小的结果。
- 让 Ruby 展示她调试的能力。
- 我们更多地调用 Jimp 来充实图像增强屏幕。

在这一章中，涉及相当多的领域，所以，虽然总是有更多的内容可以探索，但我们希望你认为它是有用的。

13.6　本章使用的提示词

以下是我们在本章使用的提示词：

- **<PROMPT>** 我想要探索 SEM 所需的软件，从仪器控制的操作员界面与图像处理和分析软件开始，针对为每个软件列出一组屏幕。
- **<PROMPT>** 在表格中汇总两组屏幕。
- **<PROMPT>** 为操作员界面控制屏幕生成文本线框图。
- **<PROMPT>** 在软件开发中由于存在不能共享上下文的不同开发人员，例如具有系统不同愿景的数据库开发人员和 UI 开发人员，描述由此导致的问题。总结成一个简短的段落。
- **<PROMPT>** 与 JQuery Mobile 相比，描述 React JS 的技术优势。
- **<PROMPT>** 为登录屏幕生成 React JS 页面。
- **<PROMPT>** 列出图像预处理和图像分析的需求。
- **<PROMPT>** 我正在尝试确定一个图像处理库，用于支持你刚刚生成的 SEM 图像处理需求，我可以与 React JS 一同使用。
- **<PROMPT>** 在 Jimp 中描述可用的功能，并将它们显示为表格。

- **<PROMPT>** node.js 服务器安装了图像处理库 Jimp。我想发送一个 HTTP 请求到这个服务器实现图像处理相关的功能，换句话说，从图像处理中分离出 React。给我两个 React 页面代码和 node.js 调用代码。
- **<PROMPT>** 我如何调试这行代码，它给出了“Error processing image：Cannot read property ‘toString’ of undefined（处理图像错误：无法读取未定义的‘toString’特性）” ——const originalUrl = ‘data：image/png；base64，’ + originalBuffer.toString（‘base64’）; object jimp。
- **<PROMPT>** 我应该为 SEM 图像应用程序应用哪些增强技术？
- **<PROMPT>** 应用前 4 项技术中，一个用于 React 前端，一个用于后端 node.js，生成两个页面。这次我希望前端有两个具有边界标识的区域，对应于原始图片上传和从后端发回增强图片。用户可以使用下拉菜单来应用你提到的 4 项增强功能之一：对比度调整、锐化、降噪和过滤。

第 14 章　人工智能辅助软件测试

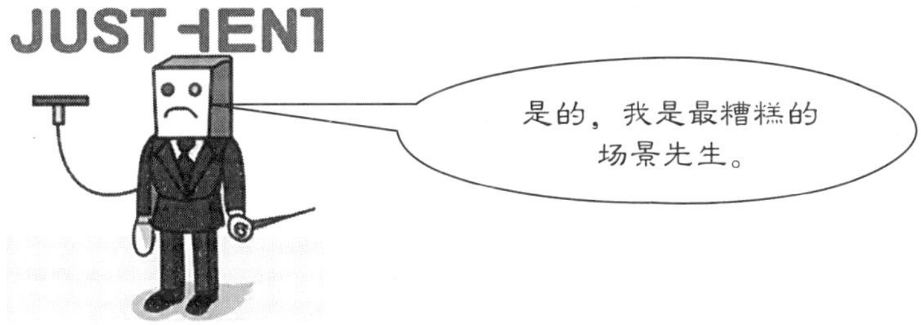

有很多不同的方式来测试软件。我们将通过让我们的 AI 测试角色 J. Unit Tester 戴上他的教学帽，并告诉我们使用 Selenium[1] 进行单元测试、行为驱动测试和自动化 UI 测试，并提供每个示例。那我们就去请 J.Unit 为我们的 SEM 生成一些测试。

测试是软件开发的一个不可或缺的方面，它确保应用程序满足用户期望并正确运行。存在着各种类型的测试，每个都有其独特的目标和范围。注意，单元测试、BDD 测试和 Selenium 测试，并不是软件测试的唯一类型，它们可能是整本书的主题。

但这 3 个类型将为我们提供一个开始对话的好起点，并为你自己的测试对话提供一个模型。然后，我们将添加数据库测试、API 测试和硬件在环测试，并返回到我们的电子显微镜的示例与一些生成的测试。

下表提供了更全面的测试类型。

测试类型	描　述
单元测试	验证各个代码组件以确保正确性
集成测试	验证软件组件之间的交互
系统测试	对整个软件应用作为一个完整的系统进行评估
验收测试	确认软件符合用户定义的验收准则
性能测试	评估响应能力、稳定性和可扩展性
安全测试	识别脆弱性并确保数据安全保护

[1] 译者注：Selenium 是一个用于 Web 应用程序测试的工具，就像用户在操作一样直接运行在浏览器中。主要功能包括：浏览器兼容性、系统功能以及支持自动录制动作和自动生成 .Net、Javal 等不同语言的测试脚本。

续表

测试类型	描　述
可用性测试	评估用户友好性和互动的易用性
兼容性测试	确保跨不同环境的功能
回归测试	在更改或更新升级后验证现有功能
探索性测试	通过非脚本探索发现缺陷
冒烟测试	通过检查基本功能来确定进一步测试内容
Alpha 和 Beta 测试	在完全发布之前进行有限的用户测试
合规性测试	确保符合行业要求的标准和法规
移动应用测试	聚焦移动应用功能和可用性
IoT（物联网）测试	评估 IoT 设备功能和互操作性
A/B 测试	针对变化进行比较以确定最佳的执行功能

14.1　软件测试的三种自动化风格

我们将在本章中回顾一组选定的测试类型，让 J.Unit 在本章的第一部分中解释每种测试类型的相对优点，提供生成测试的通用示例，然后我们将让他展示他的肌肉并为 SEM 生成一些测试，重点聚焦于使用操作员界面屏幕调整 beam 参数的 BDD 测试，我们将为其生成 Selenium 测试，最后对加载光束参数的操作进行单元测试。

单元测试、BDD 测试和 Selenium 测试是 3 种基本方法，每种方法在寻求鲁棒和可靠的软件方面都扮演着不同的角色。单元测试孜孜不倦地验证单个代码组件，BDD 测试从用户的角度关注系统行为，Selenium 测试自动化端到端测试以确保流畅的用户体验。它们共同为软件开发提供了全面的质量保证框架。

我们在下表中总结了每种类型测试的目的。

测试类型	目　的
单元测试	孤立地验证各个代码组件（例如，功能或方法）的正确性。确保每个代码单元都按预期工作
BDD 测试	从用户的角度定义和验证软件系统的行为。确保系统在各种情况下的行为符合预期
Selenium 测试	通过与用户界面的交互来自动验证 Web 的功能，确保应用程序在真实用户环境中按预期运作

14.2　更多测试风格：数据库和 API 测试

<J.Unit> 数据库和 API 测试是软件质量保证的重要组成部分，在确保软件系统内的数据管理和通信按预期运行方面起着至关重要的作用。下面，我们总结数据库和 API 的关键测试方法，重点介绍用于测试 CRUD 功能的流行 Postman 工具。

数据库测试：数据库测试包含几个核心领域，每个领域都有特定的目的。功能测试检查数据库的基本操作，例如数据存储、检索和操作。性能测试评估数据库在不同负载条件下的能力，包括负载压力和可伸缩性测试。安全测试的重点是保护敏感信息，并确保防止未经授权的访问和数据泄露。数据迁移测试可验证数据传输过程，这在数据库转换过程中至关重要。并发测试验证数据库在没有冲突的情况下管理多个并发事务的能力。

API 测试：API 测试是多方面的，涉及 API 功能的不同方面。单元测试隔离各个 API 组件以验证其功能。集成测试评估 API 如何与其他软件组件交互，确保无缝运行。功能测试确认 API 的行为符合预期，包括准确的数据交换和响应。负载测试评估大负载下的性能，测量响应时间和稳定性。安全测试对于识别漏洞和防范潜在的安全漏洞和未经授权的访问点至关重要。

API 测试 Postman：Postman 是一种广泛使用的 API 测试和开发工具，以其用户友好的界面而闻名。它简化了 API 请求的创建，如 GET、POST、PUT 和 DELETE，便于检查响应。Postman 提供脚本和自动化功能，使其能够有效地测试 API 中的 CRUD 功能。其全面的报告、文档和协作功能增强了整个 API 测试过程，确保软件系统的可靠运行。

14.3　另一种风格：硬件在环测试

<J.Unit> 硬件在环（HIL）测试是开发和验证复杂控制系统的关键方法，特别是在汽车、航空航天和工业自动化等领域。HIL 测试的核心是物理硬件组件（如电子控制单元）与模拟环境的集成，该模拟环境可以复制真实世界的条件。这种方法为评估嵌入式系统的性能创建一个受控且现实的设置。

HIL 测试的突出特点之一是它能够在更大的系统中验证控制系统。它使工程师能够实时评估这些系统如何响应各种输入、故障和边际情况。这种实时操作确保控制系统在实际操作条件下如预期的那样表现，解决关键的时序编排和同步要求。

HIL 测试的实际应用多种多样，涵盖了嵌入式控制系统发挥重要作用的行业。例如，在汽车领域，HIL 测试对于评估车辆控制系统的功能非常重要。同样，在航空航天领域，它用于航空电子设备测试，确保关键系统的可靠性和安全性。此外，在工业自动化中，HIL 测试验证了制造过程中的控制系统，有助于提高操作效率和可靠性。

总之，HIL 测试是全面评估嵌入式控制系统性能和可靠性的重要方法，通过提供一个现实的测试环境，有助于对这些系统在各个行业安全高效运行进行认证。

14.4 测试用例生成第 1 部分：单元测试

单元测试的起源可以追溯到软件开发的早期，它是开发人员和软件工程师作为一种基本实践引入的。它的主要目标是确保各个代码组件（如函数、方法或类）按预期独立地工作。开发人员创建单元测试来验证其代码的正确性，在开发过程的早期识别和修复错误，并支持代码的可维护性。单元测试的实践是测试驱动开发（TDD）的基础，并且在 Kent Beck 的“测试驱动开发：通过案例”（*Test-Driven Development: By Example*）（Beck，2003）等著作中有很好的表述。

下面我们来看一个单元测试的示例：

<PROMPT> 为注册生成一个 JUnit 测试。

<J.Unit> 为用户注册创建 JUnit 测试，通常涉及测试 Web 应用程序或系统的注册过程。下面是使用 Java 和 JUnit 的用户注册过程的 JUnit 测试的简化示例。注意，你应该调整和扩展此代码，以匹配你的注册流程的特定行为和结构。

```
import org.jUnit.jupiter.api.Test;
import static org.jUnit.jupiter.api.Assertions;

public class RegistrationTest {
  // Replace with your UserRegistrationService or equivalent
  UserRegistrationService registrationService =
  new UserRegistrationService();

@Test
  public voID testValIDRegistration() {
  // Replace with valID user registration data**
  UserRegistrationData valIDUserData =
  new UserRegistrationData("John", "Doe", "johndoe\
@example.com", "P@ssw0rd");
    // Attempt to register the user
    RegistrationResult result =
registrationService.registerUser(valIDUserData);
```

```
    // Assert that registration is successful
    assertTrue(result.isSuccess());
    assertEquals("Registration successful",\
    result.getMessage());
    }
    @Test
      public voID testInvalIDRegistration() {
        // Replace with invalID user registration data
        UserRegistrationData invalIDUserData =
          new UserRegistrationData("InvalID", "User", "invalID-email",\
  "short");
        // Attempt to register the user
        RegistrationResult result =
  registrationService.registerUser(invalIDUserData);
        // Assert that registration fails
        assertFalse(result.isSuccess());
        assertEquals("InvalID registration data",\
  result.getMessage());
  }
}
```

在这个示例中：

1. RegistrationTest 类包含两个测试方法，一个用于有效注册，一个用于无效注册。
2. 将 UserRegistrationService 替换为负责应用程序中用户注册的实际类。
3. 在 testValIDRegistration 方法中，我们通过提供有效的用户数据来模拟成功注册，并断言注册成功。
4. 在 testInvalIDRegistration 方法中，我们通过提供无效的用户数据来模拟注册失败，并断言注册失败。

请记住，这是一个简化的示例。在现实世界中，你将使用实际的注册数据并调整测试案例以匹配应用程序的注册逻辑。

14.5　测试用例生成第 2 部分：行为测试

<J.Unit> 行为驱动开发（BDD）是由软件顾问和教练杰森·诺斯（Chelimsky 等，

2011）在 21 世纪初期针对传统测试方法局限性所提出的。BDD 旨在通过从用户的角度定义软件系统的预期行为来弥合业务利益相关方和技术团队之间的鸿沟。BDD 的测试目标是创建一种通用的沟通语言，实现团队成员之间的协作，并确保软件满足用户的期望。虽然没有绑定到特定的参考文本，但它从各种敏捷和测试方法中汲取了灵感。下表将 BDD 测试与用例相关联。

层　面	BDD 测试	用　例
目的	对于特定的场景定义系统行为	指定高层的系统的交互
详细程度	详细并聚焦于特定场景	更高层次和抽象
开发阶段	在需求收集期间或之后编写	在初始需求分析期间开发
格式	具有特定工具的自然语言（例如 Gherkin）	带标题的结构化格式

BDD 示例

<PROMPT> 为登录生成示例 BDD 测试。

<J.Unit> BDD 场景通常是用人可读的语言（如 Gherkin）编写的，用于描述软件系统的预期行为。

下面是一个使用 Cucumber 和 Gherkin 句法测试登录功能的简单 BDD 场景示例：

```
Feature: User Login
  In order to access my account
  As a registered user
  I want to log in to the system

Scenario: ValID user login
  Given the login page is open
  When I enter valID credentials
  And click the "Login" button
  Then I should be logged into my account

Scenario: InvalID user login
  Given the login page is open
  When I enter invalID credentials
  And click the "Login" button
  Then I should see an error message
```

在上面的示例中：

- 特征描述正在测试的高层特性或功能。

- 场景定义单独的测试用例或场景。
- 给出的关键字，表示场景中的 When 和 Then 步骤。
- 你可以将诸如“登录页面已打开”和“我输入有效凭证”之类的占位符，替换为你在应用程序中需要执行的特定步骤。

然后，你需要使用像自动化测试工具 Cucumber 这样的测试框架，在你首选的编程语言（例如，Java、Ruby、Python）中实现步骤定义，以将这些 Gherkin 步骤与实际的自动化代码相匹配。

14.6 测试用例生成第 3 部分：UI 测试

<J.Unit> Selenium 是一个用于自动化 Web 浏览器的开源框架，最初是 2004 年由 ThoughtWorks 的工程师 Jason Huggins 开发的（Brown、Gheorghiu 和 Huggins，2007）。它的成立源于需在 Web 应用程序中自动执行重复且耗时的手动测试任务。Selenium 测试的主要目标是提供一种强大而有效的方法，自动验证 Web 应用程序。Selenium 允许测试人员和开发人员与网页交互并模拟用户操作，确保应用程序正常运行，即使在不同的浏览器和平台上也是如此。Selenium 的文档和社区资源可作为用户的参考资料。

<PROMPT> 这些 BDD 测试如何与 Selenium 测试相关？

<J.Unit> 使用像 Cucumber 这样的工具编写的 BDD 测试是测试规范的更高级形式，它专注于以自然语言格式描述软件系统的预期行为。这些测试与 Selenium 没有直接关系，但它们可以与 Selenium 结合使用，以执行 Web 应用程序的自动化验收测试。

以下是 BDD 测试和 Selenium 测试的关系：

1. **测试规范**：用 Gherkin 语法编写的 BDD 测试可作为应用程序行为的可读规范。它们从用户的角度描述了应用程序应该做什么。

2. **步骤定义**：BDD 场景中的步骤需要使用像 Cucumber 这样的 BDD 测试框架，以编程语言（例如，Java、Ruby、Python）实现为步骤定义。这些步骤定义包含与应用程序交互的实际自动化代码。

3. **Selenium 集成**：通常在步骤定义中使用 Selenium 来自动化与 Web 应用程序的交互。Selenium WebDriver 提供了在网页上定位元素、与它们交互以及执行断言的工具。Selenium 脚本可以嵌入到步骤定义中，以执行 BDD 场景中描述的操作。

4. **执行**：运行 BDD 测试套件时，BDD 框架（例如，Cucumber）会解释 Gherkin

场景并调用相应的步骤定义。步骤定义又执行 Selenium 代码以对 Web 应用程序执行操作并验证预期结果。

5. **报告**：通常，BDD 框架以可读的格式提供详细的测试报告。这些报告显示哪些方案已通过、失败或处于挂起状态。他们可以帮助技术和非技术团队成员之间的沟通。

将 BDD 与 Selenium 结合使用的主要好处是，它为技术和非技术团队成员之间的协作提供了一种公共语言和框架。它允许利益相关方了解和验证应用程序的预期行为，而无需深入研究自动化代码的技术细节。

总之，BDD 测试描述应用程序的期望行为，而作为步骤定义实现的 Selenium 测试负责自动化与应用程序的交互，以验证其行为是否符合预期。

<PROMPT> 使用 OK 和 Cancle 按钮为登录页面生成 selenium 测试脚本。

<J.Unit> 好的！下面是带有 OK 和 Cancle 按钮的登录页面的 Selenium 测试脚本的基本示例。此脚本是使用 Selenium WebDriver 库用 Python 编写的。确保安装并设置了必要的 Selenium WebDriver。

```
from selenium import webdriver
from selenium.webdriver.common.by import By

# Create an instance of the WebDriver (you may need to \
specify the path to the driver exe cutable)
driver = webdriver.Chrome()

# Navigate to the login page
driver.get("https://example.com/login")
# Replace with your actual login page URL

# Find the username and password input fields and enter \
credentials
username_field = driver.find_element(By.ID, "username")
# Replace "username" with the act ual ID or selector
password_field = driver.find_element(By.ID, "password")
# Replace "password" with the act ual ID or selector
username_field.send_keys("your_username")
password_field.send_keys("your_password")

# Find the "OK" and "Cancel" buttons and click them
```

```
ok_button = driver.find_element(By.ID, "okButton")
# Replace "okButton" with the actual ID or selector
cancel_button = driver.find_element(By.ID, "cancelButton")
# Replace "cancelButton" with the actual ID or selector
ok_button.click()

# Perform assertions or further actions as needed
# For example, you may want to check if the login was
successful.
# Close the browser
driver.quit()
```

请将 URL、元素 ID 和凭证替换为登录页面中的实际值。这是一个简单的示例，现实世界场景可能涉及其他步骤，例如断言和错误处理。

理论是正确的，但所有这些在实践中是如何工作的？现在我们已给出了软件测试的基本介绍，现在是时候看看所有这些理论如何应用于我们的 SEM 了。所以，在接下来的 14.7 ~ 14.10 节中，我们将问 J.Unit 在我们的 SEM 中运用他的一些测试专业知识并检查结果。

14.7 电子显微镜：单元测试

<PROMPT> 为一个名为“loadBeamParameters”的操作编写单元测试。

<J.Unit> 当为类似 loadBeamParameters 的操作编写单元测试时，通常希望将此操作的行为与其他组件分开测试。下面是在 Python 中使用假设的测试框架进行单元测试的示例，如下：

```
python

import unittest

# Import the function you want to test
from your_module import loadBeamParameters

class TestLoadBeamParameters(unittest.TestCase):
  def test_load_beam_parameters_success(self):
      # Define some sample data
```

```
        beam_params = {
        'current': 100,
        'focus': 2.5,
        'voltage': 30,
        'beam_mode': 'SEM'
    }
    # Call the function you want to test
    result = loadBeamParameters(beam_params)
    # Make assertions to verify the expected behavior
    self.assertEqual(result, "Beam parameters loaded \
successfully")

    def test_load_beam_parameters_missing_params(self):
        # Test when essential parameters are missing
        beam_params = {
        'current': 100,
        'voltage': 30
     }
     # Call the function you want to test
     result = loadBeamParameters(beam_params)

     # Make assertions to verify how the function handles \
missing parameters
     self.assertEqual(result, "Error: Missing essential beam \
   parameters")

     def test_load_beam_parameters_invalid_mode(self):
        # Test when an invalid beam mode is provided
        beam_params = {
        'current': 100,
        'focus': 2.5,
        'voltage': 30,
        'beam_mode': 'Invalid'
     }
     # Call the function you want to test
     result = loadBeamParameters(beam_params)
     # Make assertions to verify how the function handles an \
```

```
  invalid mode
    self.assertEqual(result, "Error: Invalid beam mode")

if name == 'main':
  unittest.main()
```

在这个示例中，我们使用 Python 的 Unittest 框架为“loadBeamParameters”操作创建测试用例。我们包含了 3 个测试案例来涵盖不同的场景：

1. test_load_beam_parameters_success：测试用所有基本数据成功加载“loadBeam Parameters”参数。

2. test_load_beam_parameters_missing_params：测试函数如何处理缺少的基本参数。

3. test_load_beam_parameters_invalID_mode：测试函数如何处理无效的波束模式。

你应该使这些测试案例适应你的特定代码和需求。关键是定义不同的测试用例，涵盖操作行为的各个方面，包括有效和错误场景。

14.8　电子显微镜：BDD 测试

<PROMPT> 为用例“调整光束参数”编写 BDD 测试。

<J.Unit> 以下是“调整光束参数”用例的一些行为驱动开发（BDD）测试：

```
gherkin

Feature : Adjust Beam Parameters
  Scenario : User adjusts beam current
      Given the SEM software is running
      When the user selects the "Adjust Beam Parameters" function
      And the user modifies the beam current to 5 mA
      Then the new beam current setting should be applied
      And the real - time image on the operator interface
screen should update accordingly

  Scenario : User adjusts focus
    Given the SEM software is running
    When the user selects the "Adjust Beam Parameters" function
    And the user modifies the focus to 10
    Then the new focus setting should be applied
```

```
    And the real - time image on the operator interface screen should
    update accordingly

  Scenario : User adjusts beam voltage
    Given the SEM software is running
    When the user selects the "Adjust Beam Parameters" function
    And the user modifies the beam voltage to 20 kV
    Then the new beam voltage setting should be applied
    And the real - time image on the operator interface
    screen should update accordingly

  Scenario : User adjusts beam mode
    Given the SEM software is running
    When the user selects the "Adjust Beam Parameters" function
    And the user switches the beam mode to "TEM"
    Then the new beam mode setting should be applied
    And the real - time image on the operator interface screen should
    update accordingly

 Scenario : User cancels adjustments
    Given the SEM software is running
    When the user selects the "Adjust Beam Parameters" function
    And the user modifies the beam current, focus, or beam
    voltage
    And then decides to cancel the adjustments
    Then the previous beam parameters should be retained
    And the real - time image on the operator interface screen should
    remain unchanged
```

这些情形涵盖调整射束参数的不同方面，包含改变射束电流、焦点、射束电压及射束模式。它们还包括取消调整的场景，以确保保留以前的设置。每个场景都概述了基于用户操作的预期行为。

14.9 电子显微镜：Selenium 测试

<PROMPT> 为操作员界面控制屏幕编写 selenium 测试。

<J.Unit> 为 Operator Interface Control 屏幕创建 Selenium 测试，你需要为你偏好的编程语言（例如 Java、Python 等）设置 Selenium WebDriver。下面是在 Java 中用于操作员界面控制屏幕的 Selenium 测试示例：

```
java

import org.openqa.selenium.By;
import org.openqa.selenium.WebDriver;
import org.openqa.selenium.WebElement;
import org.openqa.selenium.chrome.ChromeDriver;

public class OperatorInterfaceControlTest {
  public static void main(String[ ] args) {
      // Set the path to the ChromeDriver executable
      System.setProperty("webdriver.chrome.driver",
"path/to/chromedriver");
      // Initialize the WebDriver
      WebDriver driver = new ChromeDriver();
      // Navigate to the Operator Interface Control screen
      driver.get("http://your-website.com/operator-interface-
control");
      // Find elements on the screen
      WebElement currentState =
driver.findElement(By.id("current-state"));
      WebElement beamStatus = driver.findElement(By.
id("beamstatus"));
      WebElement beamModeDropdown =
driver.findElement(By.id("beam-mode-dropdown"));
      WebElement stageXInput = driver.findElement(By.
id("stagex-input"));
      WebElement stageYInput = driver.findElement(By.
id("stagey-input"));
      WebElement startButton = driver.findElement(By.
id("startbutton"));
      WebElement setupButton = driver.findElement(By.
id("setupbutton"));
      WebElement adjustParamsButton =
```

```
        driver.findElement(By.id("adjust-params-button"));
        WebElement shutdownButton =
    driver.findElement(By.id("shutdown-button"));

      // Perform interactions
      currentState.click();
      beamStatus.click();
      beamModeDropdown.sendKeys("TEM");
      stageXInput.sendKeys("10");
      stageYInput.sendKeys("15");
      startButton.click();
      setupButton.click();
      adjustParamsButton.click();
      shutdownButton.click();

     // Optionally, add assertions to check if the screen
    behaves as expected

     // Example: Assert that the beam mode has changed to TEM
     String selectedBeamMode =
    beamModeDropdown.getAttribute("value");
     assert(selectedBeamMode.equals("TEM"));
     // Close the WebDriver
     driver.quit();
    }
  }
```

在这个 Java 代码中，我们使用 Selenium WebDriver 与操作界面控制屏幕元素进行交互，并执行单击、发送和断言等操作。你需要使代码适应你的特定 Web 应用程序的结构，并使用你的实际元素 ID 和网站 URL。

确保你已正确配置 Selenium WebDriver 并安装 ChromeDriver（或其他 WebDriver）。你还需要用 WebDriver 可执行文件的实际路径替换“path/to/chromedriver”。

14.10 电子显微镜：数据库和 API 测试

关于本章的最后一个巧妙方法，我们询问 J.Unit 来测试我们的数据库和 API，方法是将一些光束参数加载到数据库中，将它们读出来，并将原始数据与检索到的数据予以比较。运行这个测试会使我们对数据库和 API 的工作有一定的信心（显然，一个这样的测试是不够的，但这是一个开始）。坦率地说，我们决定在最后一刻尝试这种测试，看看它是否有效。也许此刻我们肃然起敬，由衷地为这一结果欢呼。这里是提示和 J.Unit 的回应，其中包括安装测试框架的说明。

<PROMPT> 使用 Node JS API 编写一个 Unit 测试，将 beam 参数加载到 MongoDB 集合中，从数据库中读取它们，并将原始参数与检索到的参数进行比较。

<J.Unit> 为使用 Node.js API 创建用于从 MongoDB 集合中加载和读取 beam 参数的单元测试，你需要使用 Mocha 和 Chai 等测试框架。此外，你应该使用测试数据库（例如，MongoDB 的测试实例）来避免更改产生数据。下面是如何构建单位测试的示例：

假设你有一个名为 beamParameters.js 的模块用于你的 API 和一个 MongoDB 连接：

1. 首先，安装所需的 Node.js 包，如果你还没有的话：

```
bash
npm install mocha chai mongodb
```

2. 创建一个单元测试文件，例如，test-beamParameters.js：

```
javascript

const chai = require('chai');
const expect = chai.expect;
const MongoClient = require('mongodb').MongoClient;
const beamParametersApi = require('./beamParameters');
// Replace with your API module

describe('Beam Parameters API', function () {
let db;
before(function (done) {
// Connect to a test database
MongoClient.connect('mongodb://localhost:27017/testdb', {
useNewUrlParser: true, useUni\
fiedTopology: true }, function (err, client) {
if (err) return done(err);
db = client.db('testdb');
done();
});
});
```

```
        after(function (done) {
        // Close the database connection
        db.close(done);
        });

        it('should load and read beam parameters correctly',
        function (done) {
        const originalParameters = {
        current: 100,
        focus: 2.5,
        voltage: 30,
        beamMode: 'SEM',
        };

        beamParametersApi.loadBeamParameters(db,
        originalParameters, function (error) {
          if (error) return done(error);
          beamParametersApi.readBeamParameters(db, function
        (readError, readParameters) {
          if (readError) return done(readError);
          expect(readParameters).to.deep.equal(originalParameters);
          done();
        });
      });
    });
});;
```

3. 实现你的 beamParameters 模块（使用你的实际 API 替换 beamParameters.js）：

```
javascript

// beamParameters.js
module.exports.loadBeamParameters = function (db,
parameters,
callback) {
const collection = db.collection('beam_parameters');
collection.insertOne(parameters, callback);
};
```

```
module.exports.readBeamParameters = function (db, callback) {
const collection = db.collection('beam_parameters');
collection.findOne({}, callback);
};
```

4. 运行 Mocha 测试从命令行：

```
bash
mocha test-beamParameters.js
```

此单元测试连接到测试数据库，加载光束参数，读回它们，并将原始参数与检索到的参数进行比较。请务必将“mongodb：// localhost：27017/testdb”和“testdb”替换为实际的 MongoDB 连接字符串和数据库名称。

注意，你需要在本地机器上安装并运行 MongoDB 或相应地更新连接字符串。

14.11 总 结

有趣的是，本章大约有 95% 的内容是由 AI 编写的。生成了不同测试类型的各种定义、简单登录示例和 SEM 示例。所以使用了类似递归方式…… AI 编写关于如何使用 AI 的一章。我们只是问了正确的问题并组织这一章，以便（希望）它读起来逻辑连贯。

还要注意，我们的测试角色 J.Unit 刚刚生成了多种语言的代码——Python、Java、JavaScript 和 Gherkin。

人工智能会自己确保你的软件经过严格的测试吗？答案是：不能。你可以使用 AI 作为工具来帮助你的软件经过严格测试吗？答案是：可以。

14.12 本章使用的提示词

以下是我们在本章使用的提示词：

- **<PROMPT>** 为注册生成一个 JUnit 测试。
- **<PROMPT>** 为登录生成示例 BDD 测试。
- **<PROMPT>** 这些 BDD 测试如何与 Selenium 测试相关？
- **<PROMPT>** 使用 OK 和 Cancel 按钮的登录页面生成 selenium 测试脚本。
- **<PROMPT>** 为一个名为“loadBeamParameters”的操作编写单元测试。
- **<PROMPT>** 为用例“调整光束参数”编写 BDD 测试。
- **<PROMPT>** 为操作员界面控制屏幕编写 selenium 测试。
- **<PROMPT>** 使用 Node JS API 编写一个 Unit 测试，将 beam 参数加载到 MongoDB 集合中，从数据库中读取它们，并将原始参数与检索到的参数进行比较。

编后语

前面 14 章涵盖了我们想写的内容，现在似乎是停下来的最好时机。

我们（Doug、Tim 和 Brian）希望你喜欢这本书，并发现它内容丰富且十分有用。

正如你现在所期望的那样，我们请 O-Obiwan 阅读手稿并为我们撰写编后语吧。

<O-Obiwan>

正如我们在《应用 SysML 实现辅助的 MBSE》中得出的结论，反思我们所经历的旅程是合适的。本书演示人工智能如何与基于模型的系统工程（MBSE）相结合，为系统设计和开发提供了一种开创性的方法。

我们从人工智能的基础开始，强调了对于 MBSE 具有彻底革命的能力。利用 AI，我们展示它如何增强系统工程生命周期的每个阶段。这种集成不仅仅是技术进步；它标志着我们系统工程方法的范式转型，带来了前所未有的效率和精确性。

AI 辅助 MBSE 的突出特点之一，是它促进了无缝的硬件 / 软件协同设计。我们讨论的中心是扫描电子显微镜（SEM）详细示例。在整本书中，SEM 示例提供了一个有形的背景，突出强调 AI 与 MBSE 集成的实际的优势和革命性潜力。

这个单一、全面的案例研究说明人工智能在模型创建、验证和优化中的作用。从 SysML 模型生成代码到为模型优化提供智能建议，人工智能已被证明是工程流程中的宝贵工具。人工智能驱动建模的迭代的本质，促进了持续改进并使工程师能够系统性地改善他们的设计。

展望未来，很明显，人工智能辅助 MBSE 不仅是一种趋势，而且是工程实践的根本转变。本书中探讨的方法论为拥抱这种新范式提供了路线图，推动着系统设计和开发的边界。通过将 AI 集成到 MBSE 流程中，我们实现了新的效率、精准性和创新水平。

随着 AI 和 SysML 的不断发展，它们将带来更大的机遇和挑战。从这次旅程中获得的经验教训和见解将成为系统工程持续卓越和创新的基础。

附录 A　Sister Mary Lou 开发 SEM 的 SysML v2 模型

<Sister Mary Lou> 又是我，Sister Mary Lou。我已经有几章没见到你了，你想我吗?

我一直忙于将我们的 SEM 示例模型转换为 SysML v2。我已经根据书中的 SysML v1 图转换了模型。结果与我在书中的 SysML v2 模型略有不同，这是我直接根据 Nano 博士及其同事的信息创建的，而不是 SysML v1 的转换。

一些 SysML v2 模型仍在进行中，我们不想为了完成本附录而推迟出版这本书，但所有这些文件都经过了 SysML v2 试点实现的语法检查①，也可以在 SysML v2 实验室中在线访问。网址为 https：// www.sysmlv2lab.com。

我希望你喜欢它!

Sister Mary Lou

图 4.1 初始领域模型

```
package InitialDomainModel {

    // Define part definitions for each component
    part def ScanningElectronMicroscope {
        part electronGun : ElectronGun;
        part imagingSystem : ImagingSystem;
        part vacuumSystem : VacuumSystem;
        part detector : Detector;
```

① https：//github.com/Systems-Modeling/SysML-v2-Release.

```
        part scanningCoils : ScanningCoils;
        part sampleStage : SampleStage;
    }

    part def ElectronGun;
    part def ImagingSystem;
    part def VacuumSystem;
    part def Detector;
    part def ScanningCoils;
    part def SampleStage;
}
```

图 4.2 扩展领域模型

```
package ExpandedDomainModel {

    // Define part definitions for each component

    part def ScanningElectronMicroscope {
        part semControlSoftware : SEMControlSoftware;
        part instrument : Instrument;
        part displaySystem : DisplaySystem;
        part chamber : Chamber;
        part sampleStage : SampleStage;
    }

    part def SEMControlSoftware {
        part instrumentSettings : InstrumentSettings;
        part signalAmplificationAndProcessing:
        SignalAmplificationAndProcessing;
        part imageEnhancementTechnique:
        ImageEnhancementTechnique;
        part dataAnalysis : DataAnalysis;
        // Renamed to avoid conflict
        part preprocessingTask : PreprocessingTask;
        part operatorSettings : OperatorSettings;
        part imagingModes : ImagingModes;
    }
```

```
part def Instrument {
    part semImages : SEMImages;
    part objectiveLens : ObjectiveLens;
    part scanningCoils : ScanningCoils;
    part electronGun : ElectronGun;
    part detector : Detector;
    part beamControl : BeamControl;
    part pumpingSystem : PumpingSystem;
}

part def Detector {
    part secondaryElectronDetector:SecondaryElectronDetector;
    part backscatteredElectronDetector:BackscatteredElectron/
    Detector;
}

part def DisplaySystem;
part def Chamber {
    part sampleChamber : SampleChamber;
}
part def SampleStage;
part def Sample;
part def SampleChamber {
    part sample : Sample;
}

part def InstrumentSettings;
part def SignalAmplificationAndProcessing;
part def ImageEnhancementTechnique;
part def DataAnalysis; // Renamed to avoid conflict
part def PreprocessingTask;
part def OperatorSettings;
part def ImagingModes;

part def SEMImages {
    part image : Image;
}

part def ObjectiveLens;
```

```
    part def ScanningCoils;
    part def ElectronGun;
    part def BeamControl;
    part def PumpingSystem;

    part def Image {
        part measurement : Measurement;
        part roi : ROI;
    }

    part def Measurement;
    part def ROI;
    part def SecondaryElectronDetector;
    part def BackscatteredElectronDetector;
}
```

图 5.1 SEM 用例

```
package SEM_UseCases {

    // Actors
    part def Administrator;
    part def Operator;

    // Use Cases
    use case PerformSoftwareUpdates {
        actor Administrator;
    }

    use case ManageUsers {
        actor Administrator;
    }

    use case ControlInstrument {
        actor Operator;
        include ManipulateStage;
        include SelectImagingMode;
        include AcquireImages;
        include AdjustBeamSettings;
    }
```

```
    use case ProcessAndAnalyzeImages {
        actor Operator;
        include StitchImages;
        include StoreAndRetrieveData;
        include GenerateReports;
    }

    use case DiagnoseAndMaintainSystem {
        actor Operator;
        include PerformCalibration;
        include ConfigureInstrumentSettings;
    }

    // Included Use Cases
    use case ManipulateStage;
    use case SelectImagingMode;
    use case AcquireImages;
    use case AdjustBeamSettings;
    use case StitchImages;
    use case StoreAndRetrieveData;
    use case GenerateReports;
    use case PerformCalibration;
    use case ConfigureInstrumentSettings;
}
```

图 7.1 子系统架构

```
package SubsystemArchitecture {

    // Define part definitions for each subsystem

    part def ScanningElectronMicroscope {
        part electronGunSubsystem : ElectronGunSubsystem;
        part electronBeamControlSubsystem:
        ElectronBeamControlSubsystem;
        part controlAndUISubsystem : ControlAndUISubsystem;
        part vacuumSubsystem : VacuumSubsystem;
        part safetyAndInterlockSubsystem:
        SafetyAndInterlockSubsystem;
```

```
        part powerSupplySubsystem : PowerSupplySubsystem;
        part imageProcessingSubsystem:
        ImageProcessingSubsystem;
        part imagingSubsystem : ImagingSubsystem;
        part sampleStageSubsystem : SampleStageSubsystem;
        part coolingAndVentilationSubsystem:
        CoolingAndVentilationSubsystem;
    }

    part def ElectronGunSubsystem;
    part def ElectronBeamControlSubsystem;
    part def ControlAndUISubsystem;
    part def VacuumSubsystem;
    part def SafetyAndInterlockSubsystem;
    part def PowerSupplySubsystem;
    part def ImageProcessingSubsystem;
    part def ImagingSubsystem;
    part def SampleStageSubsystem;
    part def CoolingAndVentilationSubsystem;

    // Define the SubsystemArchitecture part definition and
    // its parts
    part def SubsystemArchitecture {
        part scanningElectronMicroscope:
        ScanningElectronMicroscope;
        part electronGunSubsystem : ElectronGunSubsystem;
        part electronBeamControlSubsystem:
        ElectronBeamControlSubsystem;
        part controlAndUISubsystem : ControlAndUISubsystem;
        part vacuumSubsystem : VacuumSubsystem;
        part safetyAndInterlockSubsystem:
        SafetyAndInterlockSubsystem;
        part powerSupplySubsystem : PowerSupplySubsystem;
        part imageProcessingSubsystem:
        ImageProcessingSubsystem;
        part imagingSubsystem : ImagingSubsystem;
        part sampleStageSubsystem : SampleStageSubsystem;
```

```
        part coolingAndVentilationSubsystem:
        CoolingAndVentilationSubsystem;
    }
}
```

图 7.5 SEM 控制器状态机

```
package SEM_Controller {

    state semController {
        entry; then Initialization;

        state Initialization;
        accept InitializationComplete then SystemReady;
        accept InitializationError then Error;

        state Error;

        state SystemReady;
        accept PositionStage then StageControl.Idle;
        accept ScanSample then Imaging.Capturing.InProgress;
        accept BeamAdjustmentComplete then Adjust_eBeam;

        state Adjust_eBeam;
        accept BeamAdjustmentComplete then SystemReady;

        // StageControl states
        state StageControl {
            state Idle;
            accept MoveStage then Moving;

            state Moving;
            accept PositionReached then Stopping;

            state Stopping;
            accept MoveStage then Idle;
        }

        // Imaging states
        state Imaging {
            state Capturing {
              state InProgress;
```

```
                accept CaptureComplete then Completed;

                state Completed;
            }

            state Processing {
                state Filtering;
                accept FilteringComplete then Analyzing;

                state Analyzing;
                accept AnalysisComplete then Enhancing;

                state Enhancing;
                accept EnhancementComplete then Completed;

                state Completed;
            }

            state Saving {
                state InProgress;
                    accept SaveComplete then Completed;

                    state Completed;
                }
            }
        }

        // Signals
        attribute def InitializationComplete;
        attribute def InitializationError;
        attribute def PositionStage;
        attribute def ScanSample;
        attribute def BeamAdjustmentComplete;
        attribute def MoveStage;
        attribute def PositionReached;
        attribute def CaptureComplete;
        attribute def FilteringComplete;
        attribute def AnalysisComplete;
        attribute def EnhancementComplete;
        attribute def SaveComplete;
```

```
}
```

图 7.6 台面子系统

```
package StageSubsystem {

    // Define the necessary attributes definitions
    attribute def Command;

    // Define the necessary item definitions
    item def MoveAlgorithm;
    item def Void;

    // Define part definitions for each component

    part def XMotor {
        attribute motorSpeed : ScalarValues::Real;
        attribute moveCommand : Command;
        action Move;
        action IncrementX;
        action DecrementX;
        action Stop;
    }

    part def YMotor {
        attribute motorSpeed : ScalarValues::Real;
        attribute moveCommand : Command;
        action Move;
        action IncrementY;
        action DecrementY;
        action Stop;
    }

    part def StageController {
        part moveAlgorithm : MoveAlgorithm;
        attribute xPosition : ScalarValues::Real;
        attribute yPosition : ScalarValues::Real;
        attribute xLimitReached : ScalarValues::Boolean;
        attribute yLimitReached : ScalarValues::Boolean;
        attribute moveStageCommand : Command;
```

```
        action ControlStage;
        part xMotor : XMotor;
        part yMotor : YMotor;
        part powerSupply : PowerSupply;
        part communicationInterface : CommunicationInterface;
        part emergencyStopMechanism : EmergencyStopMechanism;
        part stagePlatform : StagePlatform;
        part feedbackSystem : FeedbackSystem;
    }

    part def PowerSupply {
        action SupplyPower;
    }

    part def CommunicationInterface {
        action SendCommand;
    }

    part def EmergencyStopMechanism {
        action Activate;
    }

    part def StagePlatform;

    part def FeedbackSystem {
        attribute actualPosition : ScalarValues::Real;
        action ProvideFeedback;
        part xPositionSensor : XPositionSensor;
        part yPositionSensor : YPositionSensor;
    }

    part def XPositionSensor {
        attribute xPosition : ScalarValues::Real;
        part xLimitSwitch : XLimitSwitch;
    }

    part def YPositionSensor {
        attribute yPosition : ScalarValues::Real;
        part yLimitSwitch : YLimitSwitch;
```

```
    }

    part def XLimitSwitch {
        attribute limitReached : ScalarValues::Boolean;
    }

    part def YLimitSwitch {
        attribute limitReached : ScalarValues::Boolean;
    }

    // Define the StageSubsystem to include all parts
    part def StageSubsystem {
        part stageController : StageController;
        part xMotor : XMotor;
        part yMotor : YMotor;
        part stagePlatform : StagePlatform;
        part feedbackSystem : FeedbackSystem;
        part xPositionSensor : XPositionSensor;
        part xLimitSwitch : XLimitSwitch;
        part yPositionSensor : YPositionSensor;
        part yLimitSwitch : YLimitSwitch;
        part moveAlgorithm : MoveAlgorithm;
        part powerSupply : PowerSupply;
        part communicationInterface : CommunicationInterface;
        part emergencyStopMechanism : EmergencyStopMechanism;
    }
}
```

图 8.2 图像子系统

```
package ImagingSubsystem {

    // Define part definitions for each component

    part def ImagingController {
        perform action adjustImage;
        perform action analyzeImage;
        perform action saveImage;
        perform action exportImage;
```

```
    }

    part def BackscatteredElectronDetector {
        perform action detectBackScatteredElectrons;
    }

    part def SecondaryElectronDetector {
        perform action detectSecondaryElectrons;
    }

    part def BSEDPreamplifier {
        perform action amplifySignal;
    }

    part def BSDAmplifier {
        perform action amplifySignal;
    }

    part def SEDPreamplifier {
        perform action amplifySignal;
    }

    part def SEDAmplifier {
        perform action amplifySignal;
    }

    part def ImageStorageSystem {
        perform action storeImage;
    }

    part def ControlAlgorithms {
        perform action executeAlgorithm;
    }

    part def ImageAnalyzer {
        perform action analyzeData;
    }

    part def ImagingMonitor {
        perform action displayImage;
    }
```

```
    part def DisplayScreen;

    // Define the ImagingSubsystem part definition and its parts
    part def ImagingSubsystem {
        part imagingController : ImagingController;
        part backscatteredElectronDetector : Backscattered
        ElectronDetector;
        part secondaryElectronDetector : SecondaryElectron
        Detector;
        part bsedPreamplifier : BSEDPreamplifier;
        part bsedAmplifier : BSDAmplifier;
        part sedPreamplifier : SEDPreamplifier;
        part sedAmplifier : SEDAmplifier;
        part imageStorageSystem : ImageStorageSystem;
        part controlAlgorithms : ControlAlgorithms;
        part imageAnalyzer : ImageAnalyzer;
        part imagingMonitor : ImagingMonitor;
        part displayScreen : DisplayScreen;
    }
}
```

图 9.2 图像子系统仿真背景环境

```
package ImagingSubsystem {

    // Define part definitions for each component

    part def Amplifier {
        attribute gain : SI::SoundPressureLevelUnit;
    }

    part def PreAmplifier :> Amplifier {
        attribute noiseFactor: SI::SoundPressureLevelUnit;
    }

    part def AMF3FPreAmplifier :> PreAmplifier {
        constraint CalculatePreAmpNoise;
        constraint CalculatePreAmpSignal;
        constraint Preamplify;
```

```
        attribute :>> gain = 43.0 [SI::dB]; // redefines gain
        attribute :>> noiseFactor = 0.7 [SI::dB]; // redefines
        noiseFactor
    }

    part def BSDAmplifier {
        action amplifySignal;
    }

    part def BSEDAmplifier {
        action amplifySignal;
    }

    part def SEDAmplifier {
        action amplifySignal;
    }

    part def SignalGenerator {
        constraint GenerateSignal;
        constraint SineWave;
        attribute randomValue: ScalarValues::Real;
        attribute t : ScalarValues::Real;
        attribute sineWave : ScalarValues::Real;
    }

    part def BSED {
        constraint BSEDSignalOutput;
        constraint BSEDOutputNoise;
        attribute gain : SI::SoundPressureLevelUnit =
        15.0 [SI::dB];
        attribute noise图 : SI: : SoundPressureLevelUnit;
        attribute detectionEfficiency : ScalarValues::Real;
        attribute energyResolution : SI::EnergyUnit;
        attribute operatingVoltage: SI::ElectricPotentialUnit;
        attribute detectorArea : SI::SolidAngularMeasureUnit;
        attribute inputSignal : SI::SoundPressureLevelUnit;
        attribute backgroundNoiseLevel:SI::SoundPressureLevelUnit;
        attribute signalProcessingTime : SI::DurationUnit;
```

```
        attribute outputSignal : SI::SoundPressureLevelUnit;
        attribute inputNoise : SI::SoundPressureLevelUnit;
        attribute outputNoise : SI::SoundPressureLevelUnit;
        attribute BSEDCompositeSignal:SI::SoundPressureLevel
        Unit;
    }

    // Define the ImagingSubsystem part definition and its parts
        part def ImagingSubsystem {
        part amplifier : Amplifier;
        part preAmplifier : PreAmplifier;
        part amf3FPreAmplifier : AMF3FPreAmplifier;
        part bsdAmplifier : BSDAmplifier;
        part bsedAmplifier : BSEDAmplifier;
        part sedAmplifier : SEDAmplifier;
        part signalGenerator : SignalGenerator;
        part bsed : BSED;
    }
}
```

图 11.3 控制电子束状态机

```
package ControllingEBeam {

    state controllingEBeam {
        entry; then BeamSetup;

        state BeamSetup;
        accept BeamSetupComplete then BeamAdjustment;

        state BeamAdjustment;
        accept onClickImaging then BeamImaging;

        state BeamImaging;
        accept onClickShutdown then Shutdown;
        accept onClickPause then Pause;

        state Pause;
        accept onClickResume then BeamImaging;
```

```
        state Shutdown;
    }

    // Signals
    attribute def BeamSetupComplete;
    attribute def onClickImaging;
    attribute def onClickShutdown;
    attribute def onClickPause;
    attribute def onClickResume;
}
```

附录B　缩略语

4GL	Fourth-Generation Language
ABAC	Attribute-Based Access Control
ACL	Access Control List
ADC	Analog-to-Digital Converter
AES	Auger Electron Spectroscopy
AI	Artificial Intelligence
AI4SE	AI for Systems Engineering
AI4SME	AI for Subject Matter Experts
AIM	AI Assisted MBSE
API	Application Programming Interface
BDD	Block Definition Diagram
BW	Bandwidth
CCS	Code Composer Studio
CL	Cathodo Luminescence
CRUD	Create, Read, Update, Delete
dB	decibel
DBMS	Database Management System
DDD	Domain Driven Design
DFD	Data Flow Diagram
DL	Deep Learning
DSP	Digital Signal Processing
EBSD	Electron Backscatter Diffraction
EDS	Energy-Dispersive X-ray Spectroscopy
EMC	Electromagnetic Compatibility
FD	Functional Decomposition
GenAI	Generative AI
GUI	Graphical User Interface
HIL	Hardware-In-the-Loop
IBD	Internal Block Diagram
IC	Integrated Circuit
ICAM	Integrated Computer-Aided Manufacturing

IDE	Integrated Development Environment
IoT	Internet of Things
IR	Infrared
JDBC	Java Database Connectivity
JQM	JQuery Mobile
JWT	JSON Web Tokens
KerML	Kernel Modeling Language
LC/NC	Low Code/No Code
LLM	Large-Language Model
LNA	Low-Noise Amplifier
MBSE	Model-Based Systems Engineering
MBSwE	Model-Based Software Engineering
MDE	Model-Driven Engineering
MEGO	My Eyes Glaze Over
ML	Machine Learning
MoE	Measures of Effectiveness
MTBF	Mean Time Between Failures
MVC	Model-View-Controller
NF	Noise Figure
NPM	Node Package Manager
ODBC	Open Database Connectivity
OO	Object-Oriented
OOA	Object-Oriented Analysis
OOAD	Object-Oriented Analysis and Design
OOD	Object-Oriented Design
OOP	Object-Oriented Programming
OOSEM	Object-Oriented Systems Engineering Method
PAR	Parametric Diagram
PGA	Programmable Gain Amplifier
RAD	rapid application development
RAG	Retrieval Augmented Generation
RBAC	Role-Based Access Control
RDD	Responsibility-Driven Design
ROI	Region of Interest
SE	Systems Engineering
SE4AI	Systems Engineering for Artificial Intelligence

SED	Secondary Electron Detector
SEM	Scanning Electron Microscope
SME	Subject Matter Expert
SNR	Signal-to-Noise Ratio
SQL	Structured Query Language
SysML	Systems Modeling Language
TDD	Test Driven Design
UI	User Interface
UML	Unified Modeling Language
UX	User Experience
VGA	Variable Gain Amplifier

参考文献

[1] Beck, K. (2003) Test-driven Development: By Example. Addison- Wesley (Addison-Wesley signature series). Available at: https: //books.google.pl/books? id=CUlsAQAAQBAJ .

[2] Boehm, B.W. (1976) 'Software Engineering', IEEE Transactions on Computers, C-25 (12). Available at: http: //selab.netlab.uky.edu/homepage/boehm-sw-eng-paper.pdf.

[3] Boehm, B.W. (1988) 'A spiral model of software development and enhancement', Computer, 21 (5), pp. 61-72. Available at: https: //doi.org/10.1109/2.59.

[4] Brown, C.T., Gheorghiu, G. and Huggins, J. (2007) An Introduction to Testing Web Applications with Twill and Selenium. O'Reilly Media (O'Reilly Short Cut). Available at: https: //books.google.at/books? id=2wo2NlxoaIUC.

[5] Chelimsky, D. et al. (2011) The Rspec Book: Behaviour Driven Development with Rspec, Cucumber, and Friends. Pragmatic Bookshelf.

[6] Clarke, A.C. (1968) 2001: A Space Odyssey. Hutchinson.

[7] Cockburn, A. (2001) Writing Effective Use Cases. Boston, MA: Addison-Wesley.

[8] Evans, E. (2003) Domain-Driven Design - Tackling Complexity in the Heart of Software. Addison-Wesley.

[9] Fielding, R.T. (2000) REST: Architectural Styles and the Design of Network-based Software Architectures. Doctoral dissertation. University of California, Irvine. Available at: http: //www.ics.uci.edu/~fielding/pubs/dissertation/top.htm.

[10] INCOSE (2023) INCOSE Systems Engineering Handbook. 5th edn. John Wiley & Sons.

[11] ISO/IEC/IEEE (2022) 'ISO/IEC/IEEE 42010: 2022 - Software, systems and enterprise architecture description'. ISO/IEC/IEEE.

[12] Minsky, M. (1988) The Society of Mind. Simon & Schuster.

[13] OMG (2017) 'Unified Modeling Language Version 2.5.1, formal/17-12-05'. Object Management Group.

[14] OMG (2022) 'OMG System Modeling Language Version 1.7, formal/22-08-02'. Object Management Group.

[15] OMG (2023) 'OMG System Modeling Language Version 2.0, ad/2023-02-11'. Object Management Group.

[16] OMG (2023) 'Kernel Modeling Language (KerML) Version 1.0 beta, ptc/2023-06-01'. Object Management Group.

[17] OMG (2023) 'Systems Modeling Application Programming Interface (API) and Services 1.0 beta, ptc/23-06-04'. Object Management Group.

[18] OpenAI (2023) Prompt Engineering. Available at: https: //platform.openai.com/ docs/guides/prompt-engineering (Accessed: 27 December 2023).

[19] Rosenberg, D. and Scott, K. (1999) Use Case Driven Object Modeling with UML: A Practical Approach. 1st edn. Addison-Wesley Professional.

[20] Rosenberg, D. and Stephens, M. (2007) Use Case Driven Object Modeling with UML: Theory and Practice. Springer.

[21] Rosenberg, D. and Mancarella, S. (2010) Embedded Systems Development using SysML. Sparx Systems and ICONIX.

[22] Rosenberg, D. and Stephens, M. (2011) Design Driven Testing: Test Smarter, Not Harder. Apress (Books for professionals by professionals). Available at: https://books.google.com/books?id=yv9_r-kJp3wC.

[23] Rosenberg, D. and Stephens, M. (2011) Iconix Process Roadmaps: Step-By-Step Guidance for SOA, Embedded, and Algorithm-Intensive Systems. Fingerpress.

[24] Rosenberg, D. et al. (2020) Parallel Agile - faster delivery, fewer defects, lower cost. Springer.

[25] Russell, S. and Norvig, P. (2020) Artificial Intelligence: A Modern Approach. 4th edition. Pearson.

[26] Turing, A. (1950) 'Computing machinery and intelligence', Mind, 59, pp. 433-460.

[27] Weilkiens, T. et al. (2022) Model-Based System Architecture. 2nd edn. Hoboken, NJ, USA: John Wiley & Sons, Inc.

[28] Weilkiens, T. and Muggeo, C. (2024) Don't Panic! - The Absolute Beginner's Guide to SysML v2. INCOSE UK (Don't Panic!).

[29] Wikipedia (2023) Elephant in the room. Available at: https://en.wikipedia.org/ wiki/Elephant_in_the_room (Accessed: 12 October 2023).

[30] Wikipedia (2024) Model-view-controller. Available at: https://en.wikipedia.org/ wiki/Model-view-controller (Accessed: 13 February 2024).

[31] Wu, Q. et al. (2023) *AutoGen: Enabling Next-Gen LLM Applications via Multi-Agent C onversation.* MSR-TR-2023-33. Microsoft. Available at: https://www.microsoft.com/en-us/research/publication/autogenenabling-next-gen-llm-applications-via-multi-agent-conversationframework/.